VMware vRealize Automation – Das Praxisbuch

Dr. Guido Söldner leitet den Geschäftsbereich Cloud Automation und Software Development bei der Söldner Consult GmbH in Nürnberg. Sein Unternehmen ist auf Virtualisierungsinfrastrukturen auf Basis von VMware, Citrix und Microsoft sowie auf Cloudtechnologien von Amazon, Pivotal und Microsoft spezialisiert. Seine Zertifizierungen umfassen u.a. die Autorisierung als VMware Certified Instructor, Amazon AWS Instructor sowie SpringSource/ Pivotal Trainer.

Diplom-Informatiker Jens-Henrik Söldner leitet den Geschäftsbereich IT-Infrastruktur bei der Söldner Consult GmbH in Nürnberg. Von VMware wurde er jährlich seit 2013 als VMware vExpert ausgezeichnet. Er hält diverse Hersteller-Zertifizierungen wie VMware Certified Mentor Instructor, EMC^2 Instructor und ist langjähriger Microsoft Trainer.

Diplom-Wirtschaftsinformatiker Constantin Söldner leitet den Geschäftsbereich Business- und IT-Consulting bei der Söldner Consult GmbH in Nürnberg. Er ist u.a. als VMware Certified Instructor und Amazon AWS Instructor autorisiert.

Guido Söldner · Jens-Henrik Söldner · Constantin Söldner

VMware vRealize Automation – Das Praxisbuch

Cloud-Management für den Enterprise-Bereich

dpunkt.verlag

Guido Söldner
guido.soeldner@soeldner-consult.de

Jens-Henrik Söldner
jens.soeldner@soeldner-consult.de

Constantin Söldner
constantin.soeldner@soeldner-consult.de

Lektorat: Dr. Michael Barabas
Copy-Editing: Friederike Daenecke, Zülpich
Herstellung: Birgit Bäuerlein
Umschlaggestaltung: Helmut Kraus, www.exclam.de
Druck und Bindung: M.P. Media-Print Informationstechnologie GmbH, 33100 Paderborn

Bibliografische Information der Deutschen Nationalbibliothek
Die Deutsche Nationalbibliothek verzeichnet diese Publikation in der Deutschen Nationalbibliografie; detaillierte bibliografische Daten sind im Internet über http://dnb.d-nb.de abrufbar.

ISBN:
Buch 978-3-86490-218-5
PDF 978-3-86491-635-9
ePub 978-3-86491-636-6

1. Auflage 2015

Wieblinger Weg 17
69123 Heidelberg

5 4 3 2 1 0

Vorwort

Das Thema Cloud Computing wurde in den letzten Jahren in der IT-Branche zum wichtigsten Trend schlechthin. Für viele Unternehmen stellt sich die Frage, wie sie mit diesem Thema umgehen und inwiefern Cloud-Technologien eingeführt werden. Dabei stellt sich eine Reihe von Herausforderungen. So suchen große Unternehmen nach einer Lösung, um Ressourcen in der Private, Public oder Hybrid Cloud besser verwalten zu können. Serviceprovider benötigen ein Produkt, mit denen ihre Unternehmenskunden die beim Hoster bereitgestellten Dienste besser verwalten können, und IT-Abteilungen sind auf der Suche nach einer Lösung, um ihre IT zu automatisieren und somit »cloud ready« zu gestalten.

Bei all diesen Fragestellungen kann VMwares *vRealize Automation* (bzw. *vCloud Automation Center*, wie es vorher benannt war) helfen. Als zentraler Baustein in VMwares *Software Defined Datacenter*-(SDDC-)Strategie hilft es Firmen, Cloud Computing im Unternehmen einzuführen.

Zielgruppe und Aufbau

Dieses Buch richtet sich in erster Linie an versierte Administratoren, die vRealize Automation im Unternehmen einführen möchten. Aber auch Entwickler, Architekten und IT-Leiter, die sich über vRealize Automation informieren wollen, sind angesprochen. Dabei zeigt das Buch zuerst die Architektur von vRealize Automation auf und beschreibt, wie es installiert werden kann. Dabei werden alle Vorgänge Schritt für Schritt erläutert. Anschließend wird gezeigt, wie das Produkt konfiguriert werden kann.

Der Aufbau des Buches im Einzelnen:

Inhaltsverzeichnis

1 Cloud Computing

Dieses Kapitel bietet die Basis zum Verständnis des Cloud Computing. Wir erklären, was Cloud Computing ist, zeigen seine Vorteile auf und stellen die verschiedenen Liefermodelle der Cloud vor. Darüber hinaus beschreiben wir die verschiedenen Servicemodelle der Cloud. Cloud Computing steht zudem nicht für sich allein: Als Basis dienen die Virtualisierung und die Automatisierung. Anschließend wird vRealize Automation vorgestellt.

1.1 Was ist Cloud Computing?

Cloud Computing ist einer der wichtigsten Trends in der IT – und das schon seit einiger Zeit. Technisch formuliert, versteht man darunter das Bereitstellen von Ressourcen (Hard- und Software) als Service. Der Zugang erfolgt dabei in der Regel über das Internet. Der Name ist von einem Wolkensymbol abgeleitet und soll eine Abstraktion der dahinterliegenden komplexen Infrastruktur symbolisieren.

1.1.1 Servicemodelle der Cloud

Um die zahlreichen angebotenen Dienste in der Cloud besser gruppieren und beschreiben zu können, hat das *National Institute of Standards and Technology* (NIST) eine Definition veröffentlicht, die mittlerweile im Markt weitgehend übernommen worden ist. Dabei werden drei Servicemodelle unterschieden:

- IaaS – Infrastructure as a Service
- PaaS – Platform as a Service
- SaaS – Software as a Service

In der Praxis kommt noch ein viertes Modell hinzu:

- XaaS – Everything as a Service

IaaS – Infastructure as a Service

Bei IaaS handelt es sich um die Bereitstellung von Computer-Hardwareressourcen – also Rechen-, Speicher- und Storage-Kapazitäten. Diese IT-Ressourcen werden in einem Rechenzentrum gebündelt und werden Konsumenten auf Basis einer nutzungsabhängigen Abrechnung bereitgestellt. Die bekanntesten Anbieter in der Public Cloud sind sicherlich Amazon mit seinen EC2-Instanzen, Google App Engine oder Microsoft Azure. Technisch basieren IaaS-Dienste auf Virtualisierung. Diese ermöglicht es, einerseits Rechner schnell zu provisionieren und anderseits verschiedene Betriebssysteme parallel und isoliert voneinander auf der gleichen Hardware laufen zu lassen.

Firmen, die ihre Private Cloud errichten wollen, müssen somit in einem ersten Schritt Virtualisierung einführen. Die wichtigsten Virtualisierungsprodukte sind *VMware vSphere*, *Red Hat KVM* oder *Microsoft Hyper-V*. Neben der in diesem Buch beschriebenen *VMware vRealize Automation* ist *OpenStack* eine weitere Alternative zur Implementierung einer privaten Cloud.

PaaS – Platform as a Service

Unter PaaS versteht man die Bereitstellung einer cloud-basierten Umgebung. Diese enthält alles, was für die Unterstützung des Lebenszyklus der Umgebung notwendig ist. Genauso wie bei IaaS muss sich der Konsument keine Gedanken über die der Verwaltung zugrunde liegende Hardware, Software und über das Hosting machen. PaaS-Anbieter konzentrieren sich im Gegensatz zu IaaS-Diensten auf höherwertige Anwendungen und erlauben in der Regel keinen Zugriff auf das darunterliegende Betriebssystem. Da der Markt für PaaS-Dienste sehr vielfältig ist, kann dieser weiter kategorisiert werden:

- **Application PaaS (aPaaS)** helfen Entwicklern, Anwendungen schnell für die Cloud entwickeln zu können. aPaaS-Systeme unterstützen dabei in der Regel verschiedene Programmiersprachen und Frameworks und kümmern sich im Hintergrund um die Provisionierung der virtuellen Maschinen, auf denen die Software laufen soll. Bekannte aktuelle Vertreter von aPaaS-Systemen sind *Amazon Beanstalk*, *VMware (Pivotal) Cloudfoundry*, *CloudBees*, *Google App Engine*, *Heroku* oder *Red Hat Open Shift*.
- **Integration PaaS** versucht verschiedene Cloud-Anbieter miteinander zu integrieren. Vertreter dieses Typs sind *IBM CastIron* oder *Informatica Cloud Services*.

SaaS – Software as a Service

Der letzte Teilbereich des Cloud Computing wird als SaaS bezeichnet. SaaS-Anbieter stellen Kunden ganze Anwendungen zur Verfügung und kümmern sich um alle Aufgaben der Administration und Wartung. Für den Kunden ergibt sich der Vorteil, dass für den Betrieb der Anwendung keine Softwarelizenzen beschafft werden müssen, vielmehr bezahlt der Kunde eine zeitlich getaktete, nutzungsabhängige Gebühr. Bekannte Beispiele für SaaS-Systeme sind die *Salesforce-CRM* oder *Microsoft Office 365*.

XaaS – Everything as a Service

Der Ansatz, alles als Service bereitzustellen, wird auch als XaaS (*Everything as a Service* bzw. *Anything as a Service*) bezeichnet. Oftmals handelt es sich dabei schon um bestehende Prozesse bzw. Dienste, die im Umfeld des Cloud Computing angeboten werden sollen.

1.1.2 Liefermodell der Cloud

Im Cloud Computing werden drei verschiedene Liefermodelle unterschieden:

- Zum aktuellen Zeitpunkt ist die *Public Cloud* das am weiten verbreitete Liefermodell des Cloud Computing. Der größte Anbieter einer Public Cloud ist Amazon, gefolgt von Google und Microsoft. Für die Nutzer ist dieser Ansatz sehr interessant, da keinerlei Kosten in die Rechner- bzw. Datenzentrumsinfrastruktur investiert werden müssen.
- Im Gegensatz dazu haben Firmen die Möglichkeit, ihre eigene Cloud – die *Private Cloud* – zu implementieren. Dies kann beispielsweise mit der VMware vRealize Suite oder OpenStack geschehen.
- Unter *Hybrid Cloud* versteht man den Ansatz, die Private Cloud und die Public Cloud zu kombinieren. Ein bekannter Vertreter von Hybrid-Cloud-Lösungen ist *VMware vCloud Air*.

1.1.3 Elemente des Cloud Computing

Während sich die Anbieter von Cloud Computing noch vor wenigen Jahren auf wenige Dienste (wie das Bereitstellen von Rechen- und Speicherkapazitäten) beschränkt haben, ist das Angebot mittlerweile so groß geworden, dass Firmen ihre ganze IT in der Cloud betreiben können. Gängige Dienste in der Cloud sind dabei:

- Bereitstellen von virtuellen Maschinen
- Erzeugen von *Virtual Private Networks* (VPNs)
- Blockspeicherdienste
- Objektspeicherdienste
- DNS-Dienste
- Bereitstellung von relationalen Datenbanken
- nichtrelationale NO-SQL-Datenbanken
- Monitoring
- Logging
- Queuing-Dienste
- E-Mail
- Kollaboration
- Virtual Desktops
- Finanz-Management

1.1.4 Vorteile des Cloud Computing

Die Verwendung der Cloud bietet für Unternehmen viele Vorteile. Diese sollen im Folgenden kurz vorgestellt werden.

Zuerst müssen sich Unternehmen keine Gedanken über die zu verwendende Hardware machen – die Bereitstellung und Wartung ist komplett im Verantwortungsbereich des Cloud-Betreibers. Das ist vorteilhaft, denn somit muss der Konsument sich nur Gedanken über seine Anforderungen machen, d.h. wie viel Arbeitsspeicher, Storage oder Rechenkapazität er benötigt. Falls sich die Anforderungen ändern, kann der Konsument die zu verwendenden Ressourcen einfach ändern.

Die benötigten Kapazitäten können je nach Bedarf nachgefordert bzw. zurückgegeben werden. Dies stellt insofern einen Vorteil dar, als dass keine Hardwareressourcen auf Reserve vorgehalten werden müssen. Falls beispielsweise nur für das Weihnachtsgeschäft zusätzliche Kapazitäten benötigt werden, müssen diese auch nur für diesen Zeitraum bezahlt werden und können danach sofort wieder freigegeben werden.

Ein weiterer Pluspunkt stellt die Möglichkeit dar, in der Cloud betriebene Anwendungen einfach zu skalieren. In Kombination mit einem Monitoring-System kann dies zudem oft automatisch geschehen. So könnte beispielsweise zur Laufzeit ein Load Balancer überwacht werden. Falls der eingehende Webtraffic steigt, ist es möglich, automatisch einen weiteren Webserver bereitzustellen und diesen als Worker im Load Balancer zu registrieren. Sobald die Last sinkt, können wieder automatisch Webserver freigegeben werden. Dieses Verhalten wird auch als Scale-in oder Scale-out bezeichnet.

Auf finanzieller Ebene bietet Cloud Computing auch Vorteile. Das Abrechnungsmodell der Cloud orientiert sich an dem der Energieversorger – Konsumenten bezahlen nur für die Dienste, die sie benötigen, und gehen keine langfristigen Verpflichtungen ein.

Geld sparen können Unternehmen auch dadurch, dass sie weniger Knowhow vorhalten müssen. Stattdessen liegen die Wartung und der Betrieb im Verantwortungsbereich des Cloud-Betreibers.

1.2 Überblick über VMware vRealize Automation

VMware, als führender Anbieter von Virtualisierungssoftware, bietet schon lange die *vCloud*-Produktserie (diese wurde bei der VMworld 2014 in *vRealize Suite* umbenannt) an, um eine eigene Private Cloud zu implementieren. Für die Verwaltung des *Software-Defined-Data Center* – so nennt VMware seine empfohlene Architektur für das virtualisierte Rechenzentrum – war bis 2013 *vCloud Director* das Flaggschiff. Auf der VMworld 2013 kam es jedoch zum Kurswechsel seitens VMware: Das strategische Management-Produkt für die Private, Public und Hybrid Cloud wurde *vCloud Automation Center*, das jetzt *vRealize Automation* heißt. Dafür hat VMware den vCloud Director für den unternehmensinternen Einsatz abgekündigt (dieser wird jedoch für die Bereitstellung von öffentlichen Clouds sowie als Laborautomatisierungstool weitergeführt). Ursprünglich hat die Firma DynamicOps vRealize Automation entwickelt. VMware hat jedoch im Jahr 2012 DynamicOps übernommen. Während man sich zuerst auf einige kosmetische Produktupdates konzentriert hat, erfolgte Ende 2013 mit der Version 6 ein großes Upgrade.

1.2.1 Funktionalität von VMware vRealize Automation

Für VMware war es 2013 nicht einfach, seinen bisherigen Kunden mitteilen zu müssen, dass vCloud Director mittel- bis langfristig nicht mehr weiter unterstützt wird, hatten doch bisherige Kunden viel Geld in die Anschaffung und Anpassung des vCloud Director investiert. Bei genauer Betrachtung macht aber der Strategiewandel von VMware Sinn.

Während es mit vCloud Director schnell möglich ist, virtuelle Maschinen und Netzwerke automatisiert bereitzustellen, weist er jedoch auch eine Reihe von Schwächen auf. Besonders hervorzuheben ist, dass vCloud Director nur mit ESXi als Hypervisor zusammenarbeiten kann – eine Unterstützung für Fremdprodukte (wie Hyper-V oder KVM) ist nicht vorgesehen. Auch besteht eine enge Kopplung an andere VMware-Produkte, insbesondere an VMware vSphere, das eine Voraussetzung für vCloud Director ist. Mögliche Anpassungen und Erweiterungen der Provisionierung mittels Workflows sind zwar möglich, aber nicht einfach umzusetzen.

Multivendor und Multiplatform Provisioning

vRealize Automation ist in VMwares *Software Defined Data Center*-Strategie ein sehr wichtiges Produkt – es ist darauf ausgelegt, das zentrale Werkzeug für die Verwaltung von Clouds im Unternehmen zu sein.

Bei der Anbindung von Fremdsystemen geht das vCloud Automation Center einen komplett anderen Weg als sein Vorgänger. Bei der Implementierung stand von vornherein die Verwaltung von heterogenen Virtualisierungs- und Cloud-Umgebungen im Vordergrund. Konkret bedeutet dies, dass neben VMware vSphere auch Microsoft-, Citrix- oder KVM-Umgebungen automatisiert werden können. In der Cloud gibt es neben der Unterstützung für VMware vCloud Hybrid Services auch die Möglichkeit, Amazon AWS bzw. OpenStack anzubinden. Auch die Provisionierung auf physische Hardware wird unterstützt. Aktuell werden hier HP, Dell, IBM, Cisco und VCE unterstützt – andere Hersteller werden wohl folgen.

Selfservice-Portal und Richtlinien-Engine

Ein Selfservice-Portal gewährt Administratoren und Benutzern Einlass in die Cloud-Management-Welt. Nach erfolgter Anmeldung am System bzw. dem Mandanten können Administratoren die Umgebung verwalten und Endbenutzer Maschinen anfordern.

Hinter den Kulissen hält vRealize Automation weitreichende Möglichkeiten bereit, um die von Benutzern angeforderten Maschinen auf die dafür vorgesehenen Ressourcen unter Einhaltung von Richtlinien abzubilden. vRealize Automation realisiert diese Berechtigungsrichtlinien mithilfe einer eingebauten Richtlinien-Engine. Der Administrator kann so Ressourcenreservierungen an Gruppen im Vorfeld festlegen, damit die Ressourcen im Bedarfsfall dann auch wirklich zur Verfügung stehen. Daneben kann er Service-Kategorien (z.B. Hardware der First-, Business- oder Economy-Klasse oder Gold/Silber/Bronze) festlegen, damit Nutzer für ihre Maschinen Ressourcen erhalten, die dem tatsächlichen Bedarf oder dem zur Verfügung stehenden Budget entsprechen, und z.B. nichtkritische Testmaschinen nicht die aktuellste Hardware kannibalisieren. Zudem kann der Administrator die Ressourcenbereitstellung über vorgefertigte Workflows von der Genehmigung eines Vorgesetzten abhängig machen, wenn der Benutzer z.B. eine festgelegte Ressourcenausstattung überschreiten möchte. Eine Einschränkung der Aktionen, die Benutzer mit den bereits bereitgestellten virtuellen Maschinen durchführen können, ist dabei auch feingranular konfigurierbar.

Provisionierung von Rechnerverbünden und Netzwerken

Neben der Bereitstellung von einzelnen Maschinen kann vRealize Automation auch komplette Umgebungen samt zugehörigen Netzwerken erzeugen. Notwendig hierzu ist die Erstellung eines sogenannten *Multimachine Blueprints*.

Eigenständige Netzwerke erstellt vRealize Automation jedoch nicht selbst. VMware hat hier den Weg der Abstraktion zwischen vRealize Automation und NSX gewählt. Der maximale Funktionsumfang im Netzwerkbereich besteht bei vRealize Automation im Zusammenspiel von *VMware vSphere* als angebundener Hypervisor und *vCloud Networking and Security (vCNS) 5.5* bzw. dessen Nachfolger NSX.

Mandantenfähigkeit

Ein weiteres Feature ist die Mandantenfähigkeit. Insbesondere für Serviceprovider ist es wichtig, ihren Kunden mittels eigenständig und getrennt definierbaren Benutzer- und Gruppenberechtigungen Zugriff zu gewähren, um eine Isolation der Kunden untereinander zu gewährleisten.

IaaS-, XaaS- und PaaS-Provisionierung

Die eigentliche Hauptfunktion von vRealize Automation ist die Entkoppelung der Provisionierung von den zugrunde liegenden Hypervisoren, Cloud-Umgebungen und über Workflows angebundenen Systemen wie Active Directory, um größere Flexibilität und Kontrolle herzustellen. Da vMware vRealize Automation als strategische Plattform für das Verwalten von Rechenzentren positioniert, sind neben der IaaS-Provisionierung auch XaaS- und PaaS-Konstellationen möglich. Ein typisches Beispiel für ein XaaS-Angebot ist das Anlegen eines neuen Active Directory-Benutzers per Code, das als Workflow im Selbstbedienungsportal individuell aufrufbar ist.

Hierfür stellt VMware die Komponente *Advanced Service Designer* bereit. Mit diesem Werkzeug können Entwickler ein grafisches Frontend für das Aufrufen von Workflows erzeugen, die im vCenter Orchestrator bereitgestellt werden. vRealize Automation lässt auch eine Anbindung von Drittanbietern aus der DevOps-Welt (wie *Puppet* oder *Chef*) zur Erweiterung der Funktionalität zu. Mit PuppetLabs verbindet VMware zudem eine offizielle Partnerschaft.

Service Catalog

Um Endbenutzern das Anfordern von Ressourcen zu ermöglichen, bietet vRealize Automation ihnen einen Service Catalog an. Angelehnt an der gängigen Benutzerführung von App-Stores will VMware damit die Benutzung des Portals vereinfachen.

Financial Management

Da es für viele Anbieter von Rechenzentrumsdienstleistungen unabdingbar ist, angefallene Kosten transparent zu zeigen und weiterzuberechnen, stellt VMware eine Finanzmanagement-Komponente bereit – die *vRealize Business Management Appliance (vorher IT Business Management oder abgekürzt ITBM)*. Diese erlaubt eine transparente Aufschlüsselung aller Kosten, bietet eine Showback-Funktionalität und kann Auslastungs- bzw. Kostenberichte erzeugen. Interessant ist das Tool auch wegen eines weiteren Features: des Kostenvergleichs zwischen verschiedenen Cloud-Anbietern. Anhand der Auslastung einer virtuellen Maschine kann ITBM Ratschläge geben, ob ein Provisionieren in der Public- oder in der Privaten Cloud kostengünstiger ist.

Erweiterbarkeit

VMware trägt dem Bedarf nach Anpassung von Standardsoftware an die eigenen Bedürfnisse Rechnung und bietet dafür eine Automatisierungs- bzw. eine Workflow-Entwicklungsumgebung an – den *VMware vCenter Orchestrator*. Mit Version 6 von vRealize Automation besteht eine enge Integration beider Produkte, so dass praktisch alle Anforderungen mit selbst implementierten Workflows umgesetzt werden können.

2 Architektur und Produktübersicht

Nachdem wir Ihnen im ersten Kapitel einen grundlegenden Überblick über die Themen Cloud und Automatisierung gegeben haben, legen wir jetzt im zweiten Kapitel den Fokus auf die Architektur des *vRealize Automation Center*. Die Hauptkomponenten sind:

- vRealize Automation Center Appliance:
  Dies ist eine vorkonfigurierte virtuelle Appliance im *Open Virtualization Format* (OVF). Sie umfasst die Webkonsole zur Selfservice-Provisionierung und dient als Administrationsoberfläche.
- vRealize Automation Infrastructure as a Service (IaaS):
  Diese Komponente ist für das Zusammenspiel mit Hypervisoren, Cloud-Umgebungen und physischen Rechnern zum Deployen von neuen Rechnern verantwortlich.
- Identity Appliance:
  Diese vorkonfigurierte Appliance stellt Single-Sign-on-Dienste für vRealize Automation bereit. Falls im Unternehmen zumindest auf *vSphere 5.5 Update 1* aktualisiert worden ist, kann VMware vCenter Server diese Funktion übernehmen.

Daneben existiert noch eine Reihe von weiteren Bausteinen, die wir im Folgenden alle detailliert beschreiben werden. Anschließend zeigen wir auf, welche Versionen von vRealize Automation existieren und wie diese sich lizenztechnisch unterscheiden.

2.1 Architekturüberblick

Neben den bereits erwähnten Hauptkomponenten existieren noch weitere Komponenten, die je nach lizenzierter Edition vorhanden sind:

- VMware IT Business Management Suite Standard Edition:
  Mithilfe dieses Tools ist es möglich, die vorhandene Infrastruktur kostentechnisch zu überprüfen. Dabei kann geklärt werden, wie sich Kosten zusammen-

setzen, wer welche Kosten verursacht, wie Systeme ausgelastet sind oder ob sich die Anschaffung neuer Hardware lohnt.

- Application Services (vorher als VMware Cloud Application Director bekannt): Dabei handelt es sich um eine Appliance, mit der komplette Applikationen und Services – d.h. das Zusammenspiel von Betriebssystemen und Applikationen – automatisch deployt und verwaltet werden können.

Das Zusammenspiel dieser Komponenten ist in Abbildung 2–1 genauer dargestellt.

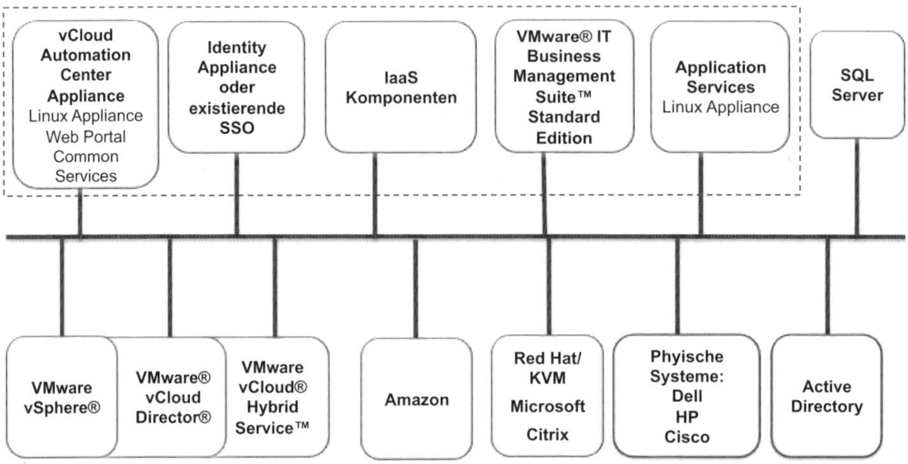

Abb. 2–1 *Logische Architektur von vCloud Automation Center*

Für die erfolgreiche Konfiguration der IaaS-Komponenten ist darüber hinaus noch ein Microsoft SQL Server notwendig. Erwähnenswert ist auch das Zusammenspiel zwischen Active Directory und der Identity Appliance. In den meisten Firmen existiert Active Directory als zentrales Tool zur Verwaltung von Benutzern. Die Identity Appliance ermöglicht eine Anbindung von Active Directory-Umgebungen an vRealize Automation, so dass Benutzer und Gruppen nicht in vRealize Automation verwaltet werden müssen.

Wie wir bereits im ersten Kapitel erwähnt haben, dient vRealize Automation als Cloud-Management-Plattform für Private, Public und Hybrid Clouds. Für die private Cloud werden VMware vSphere, VMware Cloud Director, aber auch Red Hat/KVM, Microsoft Hyper-V oder auch Citrix Xen Server unterstützt. Im Public-Cloud-Bereich kann Amazon angebunden werden. Selbstverständlich darf auch VMware nicht fehlen: vRealize Automation kann VMwares vCloud Air verwalten.

Eine Unterstützung für physische Systeme ist auch gegeben. Zum jetzigen Zeitpunkt werden Systeme mit HP ILO, Dell iDRAC und Cisco UCS unterstützt.

2.2 vRealize-Automation-Komponenten im Detail

2.2.1 vCloud Automation Center Appliance

Die Linux-basierte Appliance stellt sowohl das User-Interface zur Administration als auch das Selfservice-Portal samt Service Catalog für Endbenutzer parat.

Intern besteht die bereits vorkonfigurierte Appliance aus folgenden Komponenten:

- SuSE Linux Enterprise Server (SLES) für VMware
- vPostgresSQL als mitgelieferte Datenbank
- tcServer als Java-Webserver
- vCenter Orchestrator (vCO)
- RabbitMQ Message Broker

2.2.2 vCloud Automation Center Infrastructure as a Service (IaaS)

Die IaaS-Komponente besteht aus verschiedenen Elementen (siehe Abb. 2–2).

- IaaS-Webseite
- Distributed Execution Managers (DEMs)
- Agents
- Model Manager
- Manager Service
- Microsoft-SQL-Server-Datenbank

Die IaaS-Komponenten sind alle in Microsoft .NET implementiert und bildeten in früheren Versionen des Cloud Automation Centers (bis Version 5.2) das alleinige Produkt ab. Folglich müssen sie auch auf Microsoft Windows installiert werden. In den nächsten Abschnitten sehen wir uns diese Komponenten detailliert an.

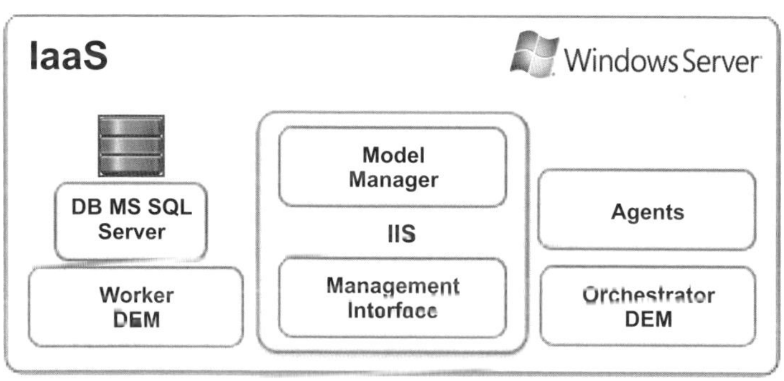

Abb. 2–2 *IaaS-Komponenten*

2.2.2.1 IaaS-Webseite

Die IaaS-Webseite basiert auf dem *Internet Information Server* (IIS) und stellt sowohl den Model Manager als auch das Management Interface zur Kommunikation mit der vCloud Automation Center Appliance dar. Dazu kommuniziert sie mit dem Model Manager, um aktuelle Informationen von den DEMs, Agenten und der Datenbank zu erhalten.

2.2.2.2 Model Manager

Der Model Manager stellt das zentrale Element der IaaS-Komponenten dar. Seine eigentliche Aufgabe ist es, mit externen Systemen sowie Datenbanken zu kommunizieren, Businesslogik zu speichern und diese mittels DEMs auszuführen. Als Beispiel für externe Systeme können *VMware vSphere*, *Microsoft Virtual Machine Manager* oder *Cisco UCS Manager* genannt werden. Intern besteht das Model aus folgenden Bestandteilen:

Data Model und REST-Schnittstelle

Die IaaS-Komponenten speichern alle ihre Daten in einer Microsoft-SQL-Server-Datenbank. Der Zugriff auf diese Daten erfolgt jedoch über eine REST-Schnittstelle. Die Daten werden nach außen als Entitäten veröffentlicht. Beispiele für Entitäten sind alle durch vRealize Automation verwalteten virtuellen Maschinen, alle Hosts oder der verfügbare Speicher.

REST-Webservices

Representational State Transfer (REST) ist ein Architekturstil, mit dem Webservices realisiert werden. Aufgrund seiner Einfachheit, Kompatibilität und Skalierbarkeit stellt dieser Ansatz heute die beliebteste Technik dar, um Webservices zu implementieren.

Security-Informationen zum Zugriff auf Daten und Workflows

Zusätzlich speichert der Model Manager, wer welche Daten sehen kann und welche Aktionen ausgeführt werden können.

Workflows

Wie bereits gesagt, ermöglicht vRealize Automation das Provisionieren von virtuellen und physischen Maschinen auf unterschiedlichen Plattformen. Jedoch schaut der Provisionierungsprozess je nach zu bereitstellendem System unterschiedlich aus. Die dazugehörigen verschiedenen Workflows und deren auszuführende Schritte sind im Model gespeichert. Zusätzlich zu den bereits vorgegebenen Workflows ist es in vRealize Automation möglich, eigene Workflows zu implementieren, die auch im Model Manager gespeichert werden. Beispielsweise könnte nach Abschluss einer Provisionierung ein Skript ausgeführt werden oder ein Ereignis mitgeloggt werden. Zusammengefasst kann man sagen, dass diese Workflows beschreiben, welche einzelnen Aktivitäten durch vRealize Automation ausgeführt werden.

Events und Trigger

Zur Laufzeit muss vRealize Automation zu jeder Zeit wissen, ob eine neue Workflow-Instanz erzeugt und ausgeführt werden soll. In der Regel geschieht dies auf Wunsch des Benutzers, der zum Beispiel eine neue virtuelle Maschine anfordert. Technisch ist es aber möglich, zusätzliche Events und Trigger zu hinterlegen. Ein Event kann eine Änderung der Daten im Model sein, das Starten einer Aktion durch einen Auftragsplaner (Scheduler), eine Benutzeraktion oder der Zugriff einer externen Applikation. Nachdem ein Ereignis aufgetreten ist, muss der Model Manager entscheiden, ob mittels eines Triggers ein Workflow gestartet werden soll. Events definieren somit, wann eine Aktivität bzw. ein Workflow ausgeführt werden soll.

Informationen zur verteilten Ausführung von Workflows

Die letzte offene Frage ist, welche Workflows an welchem Ort ausgeführt werden. Dies stellt eine durchaus relevante Frage dar, weil vRealize Automation verschiedene Hypervisoren bzw. Cluster an unterschiedlichen Standorten verwalten kann. Um Workflows auszuführen, kommuniziert der Model Manager mit Distributed Execution Managers (DEMs). DEMs werden im nächsten Abschnitt genauer erläutert – kurz gesagt führen diese die Workflows aus.

In der Praxis kann es unterschiedliche Strategien zum Ausführen von Workflows bzw. zum Provisionieren von Maschinen geben. Beispielsweise kann eine Maschine an einem Ort erzeugt werden, der möglichst nah an vRealize Automation angebunden ist. Wenn es weltweit verschiedene Standorte gibt, ist es jedoch auch manchmal notwendig, einen Rechner physisch möglichst nah beim Endbenutzer zu provisionieren. Eine weitere Möglichkeit wäre wiederum, die verfügbaren Datacenter möglichst gleichmäßig auszulasten.

Um diesen Anforderungen nachzukommen, können im Model Manager *Skills* hinterlegt werden. Dabei handelt es sich um eine einfache Zuordnung zwischen Workflows und DEMs. Jeder Workflow kann auf diese Art und Weise die Skills definieren, die er zum Ausführen benötigt. Ist einem DEM dieser Skill auch zugeordnet, kann der Model Manager diesen DEM mit der Ausführung eines Workflows beauftragen.

Eine weitere Besonderheit beim Zusammenspiel zwischen dem Model Manager und dem DEM ist, dass der DEM den benötigten Code zusammen mit allen benötigten Ressourcen (z.B. aufzurufenden Skripten) vom Model Manager herunterladen kann.

Dabei fragen DEMs in regelmäßigen Abständen beim Model Manager an, ob gerade Workflows zur Ausführung anstehen. Falls dies zutrifft, wird der Workflow samt allen notwendigen Artefakten heruntergeladen (siehe Abb. 2–3).

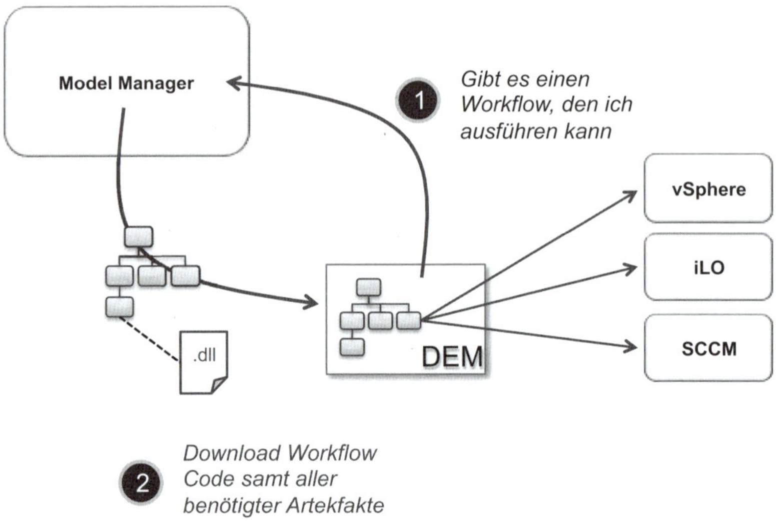

Abb. 2–3 *Zusammenspiel zwischen Model Manager und DEM*

2.2.2.3 Manager Service

Der Manager Service (auch bekannt als *vCloud Automation Center Service*) ist für die Koordination und Kommunikation zwischen den vRealize-Automation-Agenten, der vRealize-Automation-Datenbank, Active Directory und SMTP zuständig. Um Daten von der vRealize-Automation-Datenbank abzurufen, kommuniziert dieser Dienst mit dem Model Manager.

2.2.2.4 Distributed Execution Managers (DEMs)

Unter DEMs versteht man bei vRealize Automation diejenigen Komponenten, die mit dem Model Manager interagieren und Workflows auf externen Systemen ausführen. Es existieren zwei verschiedene DEM-Typen:

- Ein *DEM Orchestrator* kommuniziert mit dem Model Manager und plant die Ausführung von Workflows. Diese führt der DEM Orchestrator jedoch nicht selber aus, sondern übergibt sie einem DEM Worker. Der Orchestrator überwacht vielmehr die konkrete Ausführung und gibt in regelmäßigen Abständen Rückmeldung über den aktuellen Zustand an den Model Manager. Es kann zur gleichen Zeit nur einen aktiven DEM Orchestrator geben. Es empfiehlt sich aber aus Redundanzgründen, einen zweiten passiven DEM Orchestrator bereitzustellen, der beim Ausfall des primären DEM Orchestrators aktiviert werden kann.

- *DEM Worker* übernehmen die tatsächliche Ausführung der Workflows. Im Gegensatz zum DEM Orchestrator können verschiedene DEM Worker zur gleichen Zeit aktiv sein. Während es sich empfiehlt, den DEM Orchestrator möglichst nahe am vRealize Automation Server zu installieren, sollten DEM Worker in der Nähe der externen Systeme konfiguriert werden.

2.2.2.5 Agenten

Jedoch haben DEMs nicht immer genug Logik implementiert, um auf allen externen Plattformen alle Aufrufe selbst durchführen zu können. Aus diesem Grund ist diese Logik in Agenten ausgelagert worden. (Genauer gesagt gilt dies vor allem für Systeme, für die historisch als Erstes eine Anbindung implementiert wurde – neuerdings wurde die DEM-Logik für externe Systeme direkt erweitert, wie zum Beispiel für KVM). vRealize Automation Center besitzt dabei folgende verschiedene Agentenarten:

- *Virtualisierungs-Proxy-Agenten* werden benutzt, um Daten von virtualisierten Umgebungen abzurufen (zum Beispiel bereits vorhandene Templates oder Cluster-Informationen) oder um virtuelle Maschinen zu provisionieren. Virtualisierungs-Proxy-Agenten werden als Windows-Dienst installiert und existieren für vSphere-, Hyper-V- oder Xen-Server. Beachten Sie aber, dass nicht für jeden Hypervisor ein Agent installiert werden muss. So gelingt die Integration mit KVM-Hypervisoren beispielsweise ohne den Einsatz von Agenten.
- Die zweite Gruppe von Proxies dient zur *Virtual Desktop Integration* (VDI). Als Beispiel können hier *External Provisioning Integration* (EDI) oder *VDI Windows PowerShell*-Agenten genannt werden.
- *Windows Management Instrumentation*-(WMI-)Agenten ermöglichen das Sammeln von Daten (zum Beispiel ermitteln sie den Active Directory-Status eines Rechners) für Rechner, die von vRealize Automation verwaltet werden. Dies ist vor allem für das Provisionieren mittels WIM (Windows Imaging File Format) relevant.

Aber auch auf den zu provisionierenden Gastbetriebssystemen können Agenten installiert werden. Dabei ist aber zu beachten, dass diese bereits im Template vorinstalliert sein müssen. Guest-Agenten ermöglichen folgende Funktionalitäten:

- Nach der Provisionierung können Disk-Operationen ausgeführt werden. Dies umfasst beispielsweise das Partitionieren, das Formatieren oder das Mounten von Festplatten.
- Sobald eine Maschine provisioniert ist, ist es oft notwendig, ein Skript auszuführen. Auf diese Art und Weise kann der Rechner weiter konfiguriert werden bzw. kann weitere Software nachinstalliert werden.
- Oft ist es auch notwendig, weitere Netzwerkkarten des Betriebssystems zu konfigurieren. Dazu bietet vRealize Automation spezielle Network Operations

- Auch die *Application Services* (vormals *Application Director*) benötigen einen Guest-Agenten.

Guest-Agenten stehen sowohl für Windows als auch für Linux zur Verfügung.

2.2.2.6 SQL Server

Wie bereits besprochen, speichern die IaaS-Komponenten ihre Daten alle in eine separate Datenbank. Zum jetzigen Zeitpunkt ist zwingend ein Microsoft SQL Server notwendig. Andere Datenbanken werden nicht unterstützt. Falls vRealize Automation für Hochverfügbarkeit ausgelegt werden soll, empfehlen sich auch hier entsprechende Maßnahmen, wie zum Beispiel die Konfiguration eines SQL-Server-Clusters.

2.2.3 VMware Identity Appliance

Wir haben bereits erwähnt, dass die VMware Identity Appliance als vorkonfigurierte Appliance zum Download bereitsteht. Der Einsatz ist notwendig, falls vSphere noch nicht auf Version 5.5 Update 1 oder höher vorliegt. Sie ist aber auch notwendig, wenn vRealize Automation als Stand-alone-Produkt ohne vSphere im Einsatz ist.

2.2.4 vRealize Business Standard Edition

Gerade in Rechenzentren und in größeren Umgebungen ist es wichtig, an genaue Auskünfte über anfallende Kosten zu kommen und diese auch gegenüber Dritten transparent darlegen zu können. Für VMware-basierende Umgebungen gab es dafür den *vCenter Chargeback Manager*. Dieses Tool ist mittlerweile als *vRealize Business* erhältlich. vRealize Automation liefert ab der Advanced Edition die vRealize Business Standard Edition mit. So lassen sich nicht nur die Kosten in VMware-Umgebungen finanziell betrachten, vielmehr gibt das Tool auch für die anderen angeschlossenen Systeme Auskunft. Auch ist es möglich, zu ermitteln, welche Provisionierungsart günstiger ist. So kann sich durchaus herausstellen, dass es nicht ratsam ist, weitere Hardware für die private Cloud anzuschaffen und vielmehr Maschinen in die Public Cloud zu verschieben bzw. anzulegen. Insgesamt können mittels des Tools u.a. folgende Fragen beantwortet und Aufgabenstellungen gelöst werden:

- Wie hoch sind die Gesamtkosten?
- Was umfassen diese Kosten?
- Woraus bestehen diese Kosten?
- Wer konsumiert Dienste und wie viel kosten diese?
- Wie teuer ist das Anbieten von gewissen Diensten?
- Welche Kosten fallen pro Abteilung an?
- Erzeugen von detaillierten Kostenberichten für die einzelnen Auftraggeber

Abbildung 2–4 zeigt exemplarisch, wie vRealize Business einen Kostenvergleich zwischen der privaten Cloud, Amazon AWS und Windows Azure darstellt.

Wie bei vielen anderen VMware-Produkten auch, ist die vRealize Business Standard Edition als vorkonfigurierte Appliance in die Umgebung einzubinden.

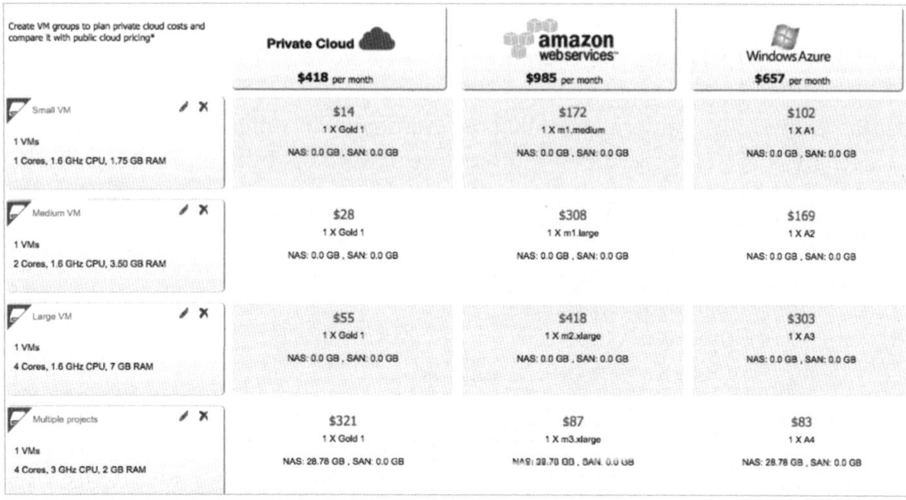

Abb. 2–4 *Kostenvergleich mit vRealize Business*

2.2.4.1 Application Services

Durchaus interessant ist auch die Integration der Application Services (Application Director). Mit der neuen Version 6.0 von vRealize Automation ist dieses bisher eigenständige und relativ unbekannte Produkt (unter dem Namen *vFabric Application Director*) ein Bestandteil der vRealize Automation Enterprise Edition geworden.

Die Idee hinter dem Produkt ist, dass Applikationen als Ganzes unabhängig von der darunterliegenden Cloud-Technologie bereitgestellt bzw. überwacht werden können. Dabei bezieht sich der Begriff Applikation nicht nur auf ein einzelnes Programm, sondern sogar auf einen ganzen Software-Stack, der über verschiedene virtuelle Maschinen verteilt sein kann.

Ein derartiger Stack heißt in Application Director *Application Blueprint.* Abbildung 2–5 zeigt einen derartigen Application Blueprint, der eine Webanwendung aus drei verschiedenen Komponenten umfasst: einen vorgeschalteten Load Balancer, verschiedene JBoss-Applikationsserver und eine Datenbank im Backend. Aufgrund der Tatsache, dass die zu bereitstellende Lösung einen Service darstellt, spricht man hier auch von einen Platform-as-a-Service (PaaS).

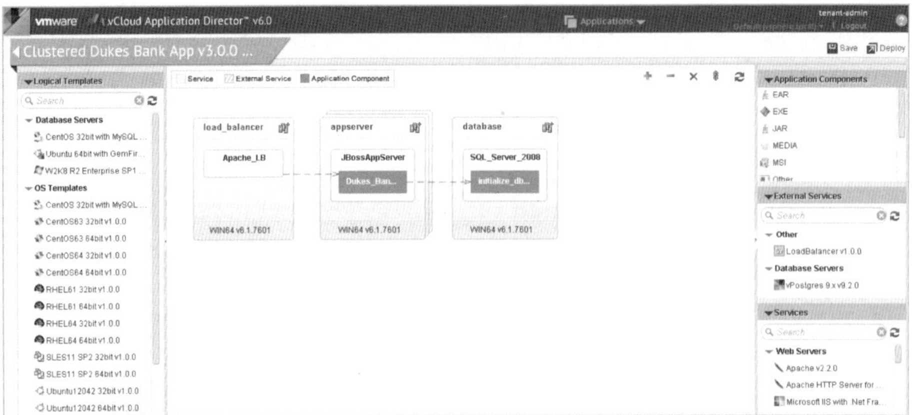

Abb. 2–5 *Erstellen eines Application Blueprint*

Bei einer Erstellung eines Application Blueprint wird nur definiert, welche Services benötigt werden. Es handelt sich also um eine logische Beschreibung der Applikation. Was fehlt, ist die Festlegung, auf welcher Infrastruktur ein derartiger Application Blueprint zum Einsatz kommt. Dieser Vorgang geschieht vollkommen losgelöst davon, auf welcher Plattform der Blueprint zum Einsatz kommen soll.

Im Hintergrund wird diese Aufgabenstellung durch den *Cloud Abstraction Layer* gelöst. Dazu wird nur mit der Cloud-API interagiert, so dass es keine Rolle spielt, ob die Software nun auf vSphere-Maschinen, auf Amazon Machine Images oder auch auf Hyper-V bereitgestellt wird.

Die Application-Services-Komponente von vRealize Automation erlaubt neben der Definition der Application Blueprints auch deren Veröffentlichung in einen Service Catalog. Dies ist sowohl der eigene Service Catalog der Application Services als auch der von vRealize Automation.

Wie bei vRealize Automation ist das Anfordern eines Service aus dem Service Catalog sehr einfach und ziemlich schnell. Dadurch, dass alle Prozesse im Hintergrund automatisiert sind, kann eine verteilte Anwendung in wenigen Minuten bereitgestellt werden. Dies ist insofern bemerkenswert, als dass im Vergleich dazu eine manuelle Bereitstellung mehrere Tage dauern kann.

Darüber hinaus können Blueprints in den Application Services leicht angepasst werden. Dies kann mittels Skripting geschehen. VMware arbeitet jedoch auch mit Anbietern wie Puppet, um bereits geschriebene Module in den Application Services wiederverwenden zu können.

In diesem Buch gehen wir jedoch nicht genauer auf die Application Services ein, sondern belassen es stattdessen bei einer kurzen Vorstellung des Produkts.

2.2.5 VMware vCenter Orchestrator

Ein weiterer Bestandteil von vRealize Automation ist der *vCenter Orchestrator* (vCO). Dieser wird jedoch nicht als eigenständige Komponente installiert bzw. deployt, sondern ist Teil der vCloud Automation Center Appliance und muss nur noch aktiviert werden. Jedoch ist es nicht zwingend notwendig, den auf der Appliance enthaltenen Orchestrator zu nutzen. Vielmehr können Sie den Orchestrator auch als Stand-alone-Produkt nutzen oder die im vCenter beinhaltete Version verwenden.

In diesem Kapitel wurde bereits angesprochen, dass das Bereitstellen von Betriebssystemen manchmal noch zusätzliche Anpassungen erfordert. Die Möglichkeiten sind hier vielfältig. Dies kann zum Beispiel die Installation weiterer Software nach dem Deployment sein. Auch kleine Anpassungen sind von Zeit zu Zeit notwendig. Viele Firmen haben beispielsweise ein IP-Adress-Management-Tool, das die IP-Vergabe von Maschinen im Unternehmensnetzwerk regelt. Es könnte auch sein, dass die zu vergebenden Rechnernamen durch eine Configuration-Management-Datenbank (CMDB) vergeben werden. Eine andere Anforderung wäre wiederum, dass eine virtuelle Maschine, wenn sie nicht mehr gebraucht wird, noch eine Weile behalten wird – aber eben auf einen billigeren Datenspeicher verschoben wird.

Was haben diese Szenarien gemeinsam? Sie lassen sich alle mit Orchestrator lösen bzw. automatisieren. Da der Orchestrator das zentrale Orchestrierungstool in der VMware-Welt darstellt, ist es ziemlich naheliegend, dass dieser auch bei vRealize Automation ab Version 6 Regie bei der Orchestrierung führt. (Bei älteren Versionen von vRealize Automation wird für die Orchestrierung ein Tool namens *Service Designer* mitgeliefert oder kann alternativ mit *Visual Studio* und *Microsoft Windows Workflow Foundation* benutzt werden – diese Tools können aber auch noch weiterhin benutzt werden.)

Einsatzgebiete von Orchestrator

Workflows in Orchestrator können an verschiedenen Stellen eingesetzt werden.

Einerseits können sie direkt an Blueprints gebunden werden (ein Blueprint entspricht kurzgefasst einem Template einer bereitzustellenden Maschine). In diesem Fall definieren sie, welche Aktionen während des Lebenszyklus einer Maschine ausgeführt werden bzw. möglich sind. Abbildung 2–6 zeigt konzeptionell, wie nach einer Genehmigung einer Anfrage (Approval) eine Auftragsbestätigung (AB) erzeugt wird. Darüber hinaus wird nach der Provisionierung ein benutzerdefiniertes Skript ausgeführt. Zur Laufzeit können Benutzer jederzeit ein Backup der Maschine anfordern.

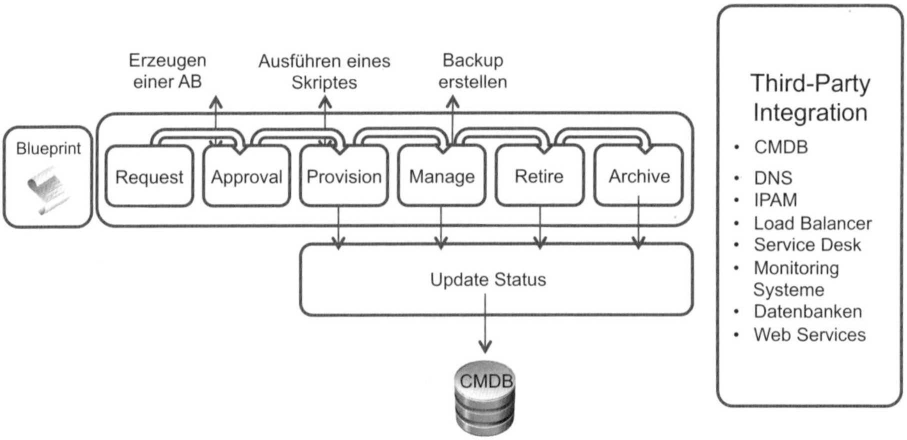

Abb. 2–6 *Anpassung von Workflows mit Orchestrator*

Die zweite Möglichkeit, Orchestrator zu nutzen, besteht darin, entweder fertige Workflows direkt in vRealize Automation aufzurufen oder neue Workflows zu implementieren und dann im Service Catalog von vRealize Automation zu veröffentlichen. Dies müssen nicht unbedingt vRealize-Automation-spezifische Workflows sein, vielmehr können beliebig im Datacenter anfallende Aufgaben veröffentlicht werden, die einerseits automatisierbar, andererseits durch Endbenutzer direkt ausführbar sind. Klassische Beispiele sind hier das Anlegen von neuen Active-Directory-Benutzern oder das Erstellen neuer Postfächer.

Diese Art von Workflows und Diensten hat auch einen Namen: *Anything-as-a-Service* (XaaS). Damit dies alles funktionieren kann, wird in vRealize Automation ein Frontend zum Aufrufen der Workflows benötigt. Dieses kann mit dem *Advanced Service Designer* erstellt werden, der in der vRealize Automation Appliance enthalten ist.

2.2.6 vCloud Networking and Security (vCNS) und NSX

Zwei Produkte, die eigentlich gar nicht zu vCloud Automation Center gehören, aber dennoch oft in Verbindung damit gebracht werden, sind einerseits *vCloud Networking and Security* (vCNS) und neuerdings auch *VMware NSX*.

Diese Produkte bieten die folgenden Funktionalitäten an:

- Erzeugen von kompletten logischen Netzwerken
- Provisionieren von Networking- und Security-Gateways. Dies kann Firewalls, NAT-Router, Load Balancing, VPN oder DHCP Services umfassen.
- Erzeugen von VXLAN-basierten logischen Netzwerken. Dabei handelt es sich um logische Layer-2-Netzwerke, die verschiedene Standorte umfassen können.
- Data Security, die es ermöglicht, Daten nach sensitiven Informationen (wie Kreditkartendaten) zu untersuchen

Das Zusammenspiel zwischen vCNS/NSX und vRealize Automation ist vor allem dann interessant, wenn Maschinen nicht nur in einem vorhandenen Netzwerk bereitgestellt werden sollen, sondern wenn für die Maschinen vorher ein dediziertes und sogar isoliertes Netzwerk erzeugt werden soll. Dies kann beispielsweise für immer wieder zu deployende Schulungsumgebungen oder auch für Testumgebungen interessant sein, in denen die Produktivumgebung in einer nahezu identischen Umgebung nachgestellt werden soll.

2.3 Lizenzierung von vCloud Automation Center

Wie bei vielen Produkten von VMware gibt es auch bei vCloud Automation Center je nach Feature-Level verschiedene Editionen: eine Standard-, eine Advanced- und eine Enterprise-Version. Das Produkt kann darüber hinaus entweder als Stand-alone-Produkt oder als Teil der vCloud Suite lizenziert werden. Im letzteren Fall ist aber zu beachten, dass nur Private Clouds, die auf vSphere oder auf Cloud Director basieren, verwaltet werden können. Auch kann in der Stand-alone-Variante die Standard Edition nicht lizenziert werden, d.h., es steht nur die Advanced bzw. die Enterprise-Version zur Verfügung. Falls Sie sich für die Stand-alone-Variante entscheiden, müssen Sie neben der Serverlizenz noch die Anzahl der zu verwaltenden Systeme lizenzieren. Diese werden in Packs zu je 25 Systemen lizenziert.

Für tiefgreifende Anpassungen – wie zum Beispiel das Implementieren von komplexen Workflows mit Visual Studio – kann zusätzlich das vCloud Automation Center Development Kit erworben werden. Dieses muss dann pro vRealize-Automation-Instanz lizenziert werden.

In Tabelle 2–1 werden die verschiedenen Versionen und deren verfügbaren Features genauer aufgezeigt.[1] Dabei bedeutet »Provisioning und Management von Services« die Verwaltung von Systemen, die bereits provisioniert wurden und nur verwaltet werden.

Feature	Standard	Advanced	Enterprise
Provisioning und Management von Services			
Infrastrukturservices (nur vSphere und vCloud)	✘	✘	✘
Laufender Betrieb der Infrastruktur: Neukonfiguration, Snapshot	✘	✘	✘
Angepasste Services		✘	✘
Infrastrukturservices (anbieterübergreifende virtuelle, physische und Public-Cloud-Umgebung)		✘	✘
Anwendungsservices (virtuell, Private und Public Cloud)			✘
Laufender Betrieb der Anwendungen: Update, Rollback			✘

→

1. Quelle: *http://www.vmware.com/products/vcloud-automation-center/compare.html*

Feature	Standard	Advanced	Enterprise
Methode für die Softwarebereitstellung			
Hypervisor- und vApp-Klone	✘	✘	✘
Software-Bereitstellungstools für verschiedene Anbieter (z.B. BMC BladeLogic, HP Server Automation, Microsoft SCCM, NetApp FlexClone, Citrix Provisioning Server, Linux Kickstart/AutoYast, Windows WIM Imaging PXE Boot und weitere)		✘	✘
Bereitstellung integrierter Multitier-Anwendungen			✘
Nutzung vorhandener Services bei neuen Anwendungsbereitstellungen (z.B. Produktions-Load-Balancer)			✘
Governance und Kontrollen			
Definitionsrichtlinien für Geschäftsregeln, Ressourcenzuweisung und Infrastrukturservices	✘	✘	✘
Mandantenfähigkeit und Genehmigungen		✘	✘
Anwendungsdefinition und Richtlinien für die Release-Automatisierung			✘
Business-Management			
Kostenrückbelastung und Kostendarstellung innerhalb des gesamten Produkts – mehr dazu unter: *http://www.vmware.com/de/products/vrealize-automation/compare.html*		✘	✘
Integration in VMware ITBM Standard Edition (Managementlösung für IT-Kosten)		✘	✘
Erweiterbarkeit			
vCenter-Orchestrator-Integration	✘	✘	✘
Optionales vCloud Automation Center Development Kit (SDK)	✘	✘	✘
VMware-Cloud-Management-Marketplace-Lösungen	✘	✘	✘
Advanced Service Designer		✘	✘
Integration in Lösungen für das Konfigurationsmanagement, z.B. Puppet, Chef und SaltStack			✘

Tab. 2–1 *Übersicht über die vRealize-Automation-Features nach Editionen*

2.4 Zusammenfassung

In diesem Kapitel haben wir die Architektur von vRealize Automation und dessen notwendigen Komponenten vorgestellt. vRealize Automation besteht aus einer Vielzahl von verschiedenen Komponenten, die eng miteinander verzahnt sind. Mit diesem Wissen kann in den nächsten Kapiteln das Design bzw. die Installation von vRealize Automation angegangen werden.

3 Design und Deployment-Architektur

Nachdem wir in den vorigen Kapiteln vRealize Automation samt seiner Architektur und seinen Komponenten im Detail vorgestellt haben, soll nun geklärt werden, mit welchen Hardware-Anforderungen seitens vRealize Automation gerechnet werden kann. Damit vRealize Automation im täglichen Betrieb auch ausfallsicher ist und performant genug arbeiten kann, müssen Sie sich auch Gedanken zur Skalierbarkeit bzw. Hochverfügbarkeit machen.

Dieses Kapitel geht genau auf diese Themen ein. Zuerst klären wir, welche Ressourcen die einzelnen Komponenten benötigen und wie diese hochverfügbar gemacht werden können. Daraufhin stellen wir verschiedene Möglichkeiten des Deployments (in kleinen, mittleren und großen Umgebungen) vor.

3.1 Physisches Design

3.1.1 Hardware-Voraussetzungen

vRealize Automation besteht aus einer Reihe von verschiedenen Appliances und virtuellen Maschinen, auf denen die einzelnen Komponenten verteilt sind. Da die Hardware-Anforderungen beträchtlich sind, sollten Sie diese vor der Installation genauer betrachten. In Tabelle 3–1[1] sind diese aufgelistet. Die Tabelle ist dabei so aufgebaut, dass in der linken Spalte die Serverrolle dargestellt wird. Die zweite Spalte zeigt die darauf laufenden Komponenten an (wie sie in Kap. 2 vorgestellt wurden). Die Minimal- bzw. empfohlenen Hardwareressourcen folgen in den nächsten Spalten.

1. Quelle: vCloud Automation Center Reference Architecture

Serverrolle	Komponenten	Minimum	Empfohlen
Identity Appliance		CPU: 1 vCPU RAM: 2 GB Disk: 2 GB	
vCenter Automation Center Appliance	tc Server vPostgresSQL VMwareSLES	CPU: 2 vCPU RAM: 8 GB Disk: 10 GB	CPU: 4 vCPU RAM: 16 GB Disk: 30 GB
IaaS-Webserver	IaaS-Website Model Manager	CPU: 2 vCPU RAM: 4 GB Disk: 40 GB	CPU: 2 vCPU RAM: 8 GB Disk: 40 GB
Infrastructure Manager Server	Manager Server DEM Orchestrator	CPU: 2 vCPU RAM: 2 GB Disk: 40 GB	CPU: 2 vCPU RAM: 4 GB Disk: 40 GB
DEM Server	ein oder mehrere DEM Worker	Pro DEM Worker: CPU: 2 vCPU RAM: 2 GB Disk: 40 GB	Pro DEM Worker: CPU: 2 vCPU RAM: 6 GB Disk: 40 GB
Proxy-Server	Proxy-Agent	CPU: 2 vCPU RAM: 4 GB Disk: 40 GB	CPU: 2 vCPU RAM: 4 GB Disk: 40 GB
vPostgres Virtual Appliance		CPU: 2 vCPU RAM: 2 GB Disk: 20 GB	CPU: 2 vCPU RAM: 4 GB Disk: 20 GB
Microsoft MSSQL-Datenbank		CPU: 2 vCPU RAM: 8 GB Disk: 40 GB	CPU: 8 vCPU RAM: 16 GB Disk: 80 GB

Tab. 3–1 *Hardwarevoraussetzungen*

Für alle Komponenten gilt darüber hinaus, dass die Netzwerkverbindung mindestens 1 GBit/s ermöglichen sollte.

3.1.2 Installationsvoraussetzungen

Da vRealize Automation keinen monolithischen Block darstellt, sondern aus verschiedenen Einzelkomponenten besteht, muss für jede Komponente einzeln geprüft werden, auf welchem Betriebssystem sie installiert werden kann. Für die einzelnen Komponenten bedeutet dies Folgendes (vRealize Automation Version 6.1):

IaaS-Komponenten

Unterstützte Betriebssysteme:

- Microsoft Windows Server 2008 R2 SP1
- Microsoft Windows 2012 SP1
- Microsoft Windows 2012 R2

Webserver:

- IIS 2008 R2 7.5
- IIS 2012

Active Directory

- Active Directory 2008
- Active Directory 2012

Microsoft SQL Server

Unterstützte SQL Server:

- SQL Server 2008 R2 SP1 oder SP 2
  - Enterprise, Standard, Express
- SQL Server 2012 mit oder ohne SP1
  - Enterprise, Standard, Express
- SQL Server 2014
  - Enterprise, Standard, Express

vRealize-Automation-Appliance-Datenbanken

- vPostgres Appliance 9.2.4
- PostgreSQL 9.2.4
- PostgreSQL 9.2.6
- PostgreSQL 9.3.4

Authentifizierung

- Identity Appliance 6.1
- vSphere SSO 5.5 U2a
- vSphere SSO 5.5 U2

3.1.3 Überlegungen zur Hochverfügbarkeit und Skalierbarkeit

Nachdem nun klar ist, welche Anforderungen an die einzelnen Komponenten gestellt werden, müssen Sie sich als Nächstes klarmachen, für welche Umgebung vRealize Automation Center bereitgestellt werden soll. Während für einfache Test- und Schulungsumgebungen eine einzelne vCloud Automation Appliance sowie ein IaaS-Server völlig ausreichend ist, drängen sich in mittleren und größeren Umgebungen ganz andere Fragestellungen auf. Typische Überlegungen können beispielsweise sein:

- Wie kann Hochverfügbarkeit garantiert werden?
- Skaliert meine Umgebung?
- Wie kann vRealize Automation über verschiedene Standorte hinweg implementiert werden?
- Welche Last kann vRealize Automation bewältigen?

Dazu gibt es vonseiten VMwares verschiedene Deployment-Profile – für kleine, mittlere und große Umgebungen. Diese sprechen wir im Laufe des Kapitels noch an. Zuerst beschreiben wir aber die einzelnen Komponenten hinsichtlich Hochverfügbarkeit und Skalierbarkeit im Detail.

Falls Sie überlegen, vRealize Automation in einer einfachen Testumgebung zu installieren, können Sie vorerst die folgenden Überlegungen überspringen und direkt zu Kapitel 4 »*Installation*« vorblättern.

Identity Appliance

Seit der Version *vSphere 5.5 Update 1* enthält der vCenter Server eine Single-Sign-on-Komponente. Damit diese genutzt werden kann, muss jedoch in vRealize Automation 6.1 mindestens auf Update 2 aktualisiert werden. Falls dies nicht möglich ist, können Sie alternativ die mit vRealize Automation mitgelieferte Identity Appliance einsetzen. In beiden Fällen wird ein vSphere HA-aktivierter Cluster zur Bereitstellung der Hochverfügbarkeit empfohlen.

vRealize Automation Appliance

Bei der vRealize Automation Appliance sind die anzustellenden Überlegungen schon deutlich komplizierter. Diese Appliance besteht aus einem VMware SLES Server, dem Webserver *tc Server*, einer PostgreSQL-Datenbank, einem RabbitMQ-Messaging-Server und einer Orchestrator-Instanz. Bei der vRealize Automation Appliance ist Hochverfügbarkeit bzw. Skalierbarkeit mittels eines Aktiv-Aktiv-Clusters möglich. Damit dies geschehen kann, ist aber eine Reihe von Vorarbeiten notwendig, denn jede Appliance in dem Cluster muss zustandslos agieren. Konkret bedeutet dies:

- Bereitstellen eines Load Balancers. Hier müssen Sie beachten, dass vRealize Automation keinen eigenen Load Balancer bereitstellt. Stattdessen kann entweder ein Load Balancer von vCloud Networking and Security (vCNS), NSX oder ein Third-Party Load Balancer wie Apache zum Einsatz kommen. Damit Endbenutzer bei Serverzugriffen ihre HTTP-Sitzung behalten können, sollte Session Affinity zwischen dem Load Balancer und den Webservern eingerichtet werden. Auf diese Art und Weise landen alle Zugriffe der Endbenutzer immer wieder beim gleichen Webserver.
- Da die Hochverfügbarkeit mittels einer Aktiv-Aktiv-Konfiguration eingerichtet wird, müssen die Daten in einer zentralen Datenbank gespeichert werden. Somit muss eine separate PostgreSQL- oder vPostgreSQL-Datenbank instal-

liert werden. Natürlich ist es möglich, die Datenbank für sich auch wieder hochverfügbar zu konfigurieren.
- Der dritte Schritt besteht darin, eine externe Orchestrator-Instanz zu verwenden. Auch diese kann bei Bedarf im Cluster-Modus ausgeführt werden.

Am schwierigsten stellt sich jedoch die Lage bei den IaaS-Komponenten dar. Auch diese stellen keinen monolithischen Block dar, sondern bestehen aus verschiedenen Einzelkomponenten. Diese wurden bereits in Kapitel 2 »*Architektur und Produktübersicht*« vorgestellt, sollen aber an dieser Stelle dennoch kurz wiederholt werden:

- Der IaaS-Webserver stellt den Model Manager und das IaaS-User-Interface bereit. Während der Model Manager das zentrale Gehirn des IaaS-Servers darstellt, wird das User-Interface durch die letztere Komponente generiert. Dieses User-Interface wird aber nicht vom Endbenutzer direkt abgerufen, sondern von der vRealize Automation Appliance als Intermediär konsumiert und von dort angezeigt. Darüber hinaus dient es als Schnittstelle zwischen DEMs, Proxy-Agenten und der Datenbank.
- Der Manager Service koordiniert die Kommunikation zwischen der Datenbank, LDAP oder Active Directory und dem SMTP-Server.
- Distributed Execution Manager (DEMs) sind für die Kommunikation mit Fremdsystemen zuständig.
- Proxy-Agenten speichern die Logik, um Informationen für externe Hypervisoren abzurufen und um Ressourcen auf diesen zu provisionieren.

Auch bei diesen Komponenten gilt, dass sie in kleinen Umgebungen und in Testumgebungen auf einer einzelnen Maschine installiert werden können. In größeren Umgebungen ist es aber unabdingbar, diese Elemente aus Gründen der Skalierbarkeit und Hochverfügbarkeit zu verteilen.

vCloud Automation Center IaaS-Webserver

Genauso wie die vRealize Automation Appliance unterstützt der IaaS-Webserver eine Aktiv-Aktiv-Cluster-Konfiguration. Aus diesem Grund wird auch hier ein Load Balancer benötigt. Im Gegensatz zum Zugriff auf die vRealize Automation Server Appliance wird hier aber keine Session Affinity benötigt. Stattdessen kann als Load-Balancing-Methode »Least Response Time« konfiguriert werden, d.h., derjenige IaaS-Webserver mit der schnellsten Reaktionszeit wird zur Bearbeitung des Requests herangezogen.

Bei der Installation eines zusätzlichen Model Managers ist aber Vorsicht geboten. Dieser darf dann nur mit der Model-Manager-Webkomponente installiert werden, da die Datenkomponente nur einmal vorhanden sein darf – das ist in der Regel der erste Server im Deployment.

Für die Bewältigung der Anfragen benötigen Webserver in erster Linie CPU-Ressourcen Es empfiehlt sich daher, den entsprechenden Server mit einem Monitoring-Tool zu beobachten. Benutzer bemerkten Engpässe in der Leistung vor allem durch auftretende Latenzzeiten im Browser. Falls ein Engpass auftritt, ist es einfacher, den Server als Erstes vertikal zu skalieren, d.h. zusätzlich CPU-Prozessoren, Speicher und die Netzwerkkapazität zu erhöhen. Falls dies nicht reicht, können zusätzliche Server ins Deployment aufgenommen werden.

Infrastructure Manager Server

Im Gegensatz zu den bisher genannten Diensten und Servern lässt sich der Infrastructure Manager Server nicht in einer Aktiv-Aktiv-Cluster-Konfiguration betreiben, sondern nur als Aktiv-Passiv-Failover. Dies sollte aber kein Problem darstellen, denn ein einzelner Server reicht für die Verwaltung Zehntausender virtueller Maschinen. Gleiches gilt für den DEM Orchestrator. Dieser kann nur einmal in einer vRealize-Automation-Umgebung laufen. Ein zweiter DEM Orchestrator kann den primären DEM Orchestrator jedoch monitoren und im Bedarfsfall zum aktiven DEM Orchestrator werden. Da er darüber hinaus kommunikationstechnisch stark an den Manager Server gekoppelt ist, empfiehlt es sich, diese beiden Komponenten auf einen Server zu installieren.

Um Hochverfügbarkeit für den Manager Server sicherzustellen, müssen daher die entsprechenden Komponenten auf verschiedenen Knoten installiert werden. Der Sekundärserver läuft dann in einem *Disaster-Recovery Cold Standby*-Modus. Hier müssen Sie beachten, dass dies keinen automatischen Failover beinhaltet, d.h., der Sekundärserver muss manuell gestartet werden.

DEM Worker

Während der DEM Orchestrator wie beschrieben nahe am Manager Server installiert werden sollte, sollte ein DEM Worker nahe am Hypervisor betrieben werden. Er ist dafür verantwortlich, mit externen Systemen zu kommunizieren und Workflows auszuführen.

Jeder DEM Worker kann bis zu 15 Workflows gleichzeitig ausführen. Falls mehr als 15 Workflows zur Ausführung anstehen, ist eine parallele Verarbeitung nicht mehr möglich. Stattdessen werden die abzuarbeitenden Workflows in eine Warteschlange gelegt. Weiterhin existieren neben den Provisionierungsworkflows auch eine Reihe weiterer Workflows, wie zum Beispiel zum Datenabgleich zwischen vSphere und vRealize Automation.

Beim Installieren und Hinzufügen von weiteren DEM Workern ist weiterhin auf die Lokalität zu achten. DEM Worker sollten in der Nähe der Ressourcen laufen, mit denen sie kommunizieren. Falls zum Beispiel der vRealize Automation Server in Berlin installiert ist, die Maschine aber in ein Datacenter in Paris provisioniert wird, sollte der DEM Manager in das Datacenter von Paris installiert werden.

Bevor weitere DEM Worker hinzugefügt werden, sollte zuerst eine vertikale Skalierung in Betracht gezogen werden. DEM Worker führen Workflows aus, und diese sind vor allem rechentechnisch intensiv. Es empfiehlt sich daher, die CPU und Speicherauslastung zu monitoren, und bei Bedarf mehr Ressourcen zuzuweisen. Falls dies nicht möglich ist, kann das Scheduling der Workflows überprüft werden, so dass zu gewissen Tageszeiten eventuell auftretende Lastspitzen gemindert werden können.

Proxy-(Agenten-)Server

Neben dem Zusammenspiel mit dem DEM Worker zur Ausführung von Provisionierungsworkflows haben Agenten auch die Aufgabe, Datensammlungsworkflows auf vSphere-, Xen- oder Hyper-V-Umgebungen auszuführen, um die vRealize-Automation-Datenbank mit den externen Hypervisoren auf täglicher Basis abzugleichen. In Umgebungen mit vielen Tausend VMs empfiehlt es sich, darauf zu achten, dass derartige Workflows nur stattfinden, wenn nicht mit paralleler Last zu rechnen ist. Standardmäßig können bis zu zwei parallele Datensammlungsläufe stattfinden. Falls dieser Wert in größeren Umgebungen nach oben gesetzt wird, kann es technisch zu Performanzeinbußen kommen.

Um eine gewisse Hochverfügbarkeit zu gewährleisten, empfiehlt es sich, in mittleren und größeren Umgebungen auch den Proxy-Server redundant auszulegen.

Datenbankserver

Die letzte Komponente, die betrachtet werden soll, ist der Datenbankserver. Für die Speicherung der IaaS-Daten benutzt vRealize Automation *Microsoft SQL Server*. Da der Datenbankserver für vRealize Automation eine kritische Komponente darstellt, ist eine dedizierte Instanz zu empfehlen. Diese kann Instabilität vermeiden, die durch andere Datenbanken bzw. Applikationen verursacht sein kann. Darüber hinaus kann die ganze I/O-Bandbreite allein durch das vRealize Automation Center genutzt werden.

Eine Erhöhung der Verfügbarkeit muss mit Datenbank-Bordmitteln geschehen. Für den Microsoft SQL Server empfiehlt sich hier unter anderem ein Clustering.

3.2 Deployment-Architektur

Nachdem wir die einzelnen Komponenten hinsichtlich Skalierbarkeit und Redundanz eingehend betrachtet haben, wollen wir nun die Frage klären, wie eine Installation von vCloud Automation Center dimensioniert werden soll.

Um bei dieser Fragestellung eine Antwort zu erleichtern, wird zwischen kleinen, mittleren und großen Umgebungen unterschieden. Im Folgenden sollen diese

Szenarien einzeln beschrieben werden. Dabei betrachten wir jedoch nur den Kern von vRealize Automation, ein zusätzliches Bereitstellen der Application Director bzw. der IT Business Management Appliances soll nicht behandelt werden.

Kleine Umgebungen

Eine kleine Umgebung umfasst bis zu 1000 verwaltete Maschinen und 2500 Einträge im Service Catalog. Es können bis zu zehn Bereitstellungen parallel stattfinden. Abbildung 3–1 zeigt ein derartiges Deployment.[2]

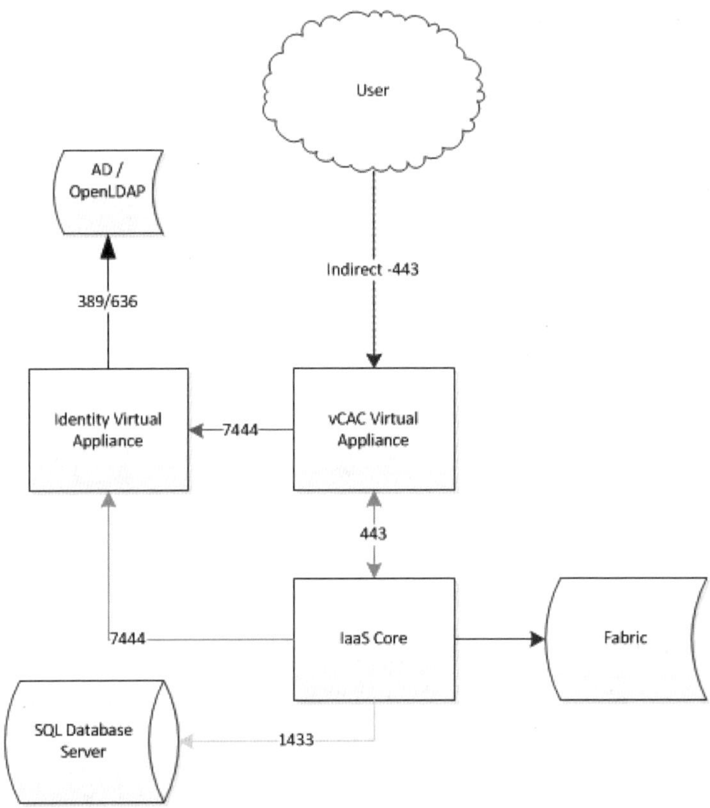

Abb. 3–1 *Deployment für kleine Umgebungen*

Neben den verschiedenen Komponenten sind auch die Ports dargestellt, die für die Kommunikation benötigt werden. Wichtig ist, dass der Zugriff auf die Identity Appliance über Port 7444 erfolgt. Der Zugriff auf LDAP ist über Port 369 möglich – bzw. über Port 633, falls die Kommunikation verschlüsselt stattfinden soll. Der Konsolenzugriff zur Konfiguration der vRealize Automation Appliance erfolgt standardmäßig über Port 5480.

2. Quelle: vCloud Automation Center Reference Architecture

Mittlere Umgebungen

Von mittleren Umgebungen spricht man dagegen, wenn bis zu 10.000 Maschinen und 2500 Catalog-Einträge verwaltet werden sollen. Die Anzahl der gleichzeitigen Bereitstellungen beläuft sich auf bis zu 50 Stück.

Soll eine Umgebung für solche Größenordnungen bereitgestellt werden, reicht ein einfaches Deployment nicht mehr – vielmehr sollten die Komponenten verteilt werden (siehe Abb. 3–2).

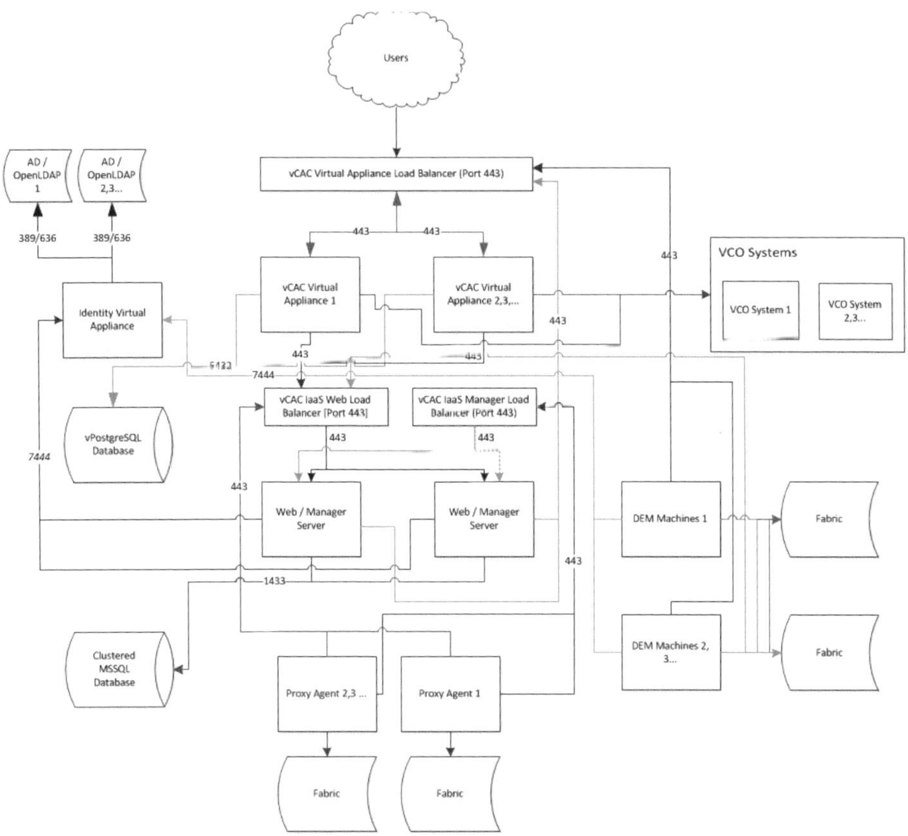

Abb. 3–2 *Deployment für mittlere Umgebungen*

Für die vRealize Automation Appliance bedeutet dies, dass die vPostgresSQL-Datenbank als separate Appliance bereitgestellt und in einer Aktiv-Aktiv-Clusterkonfiguration betrieben werden sollte. Wie bereits gesagt wurde, wird hierfür ein zusätzlicher Load Balancer benötigt.

Für die Windows-Maschinen gelten folgende Überlegungen:

- Die IaaS-Webserver, Manager-Server, der DEM Orchestrator und die Model-Manager-Komponenten können alle auf eine Maschine installiert werden. Aus Redundanz- und Skalierbarkeitsgründen sollten diese aber in einer Aktiv-Aktiv- bzw. Aktiv-Passiv-Konfiguration betrieben werden. Dafür wird je ein Load Balancer benötigt.
- Es gibt zwei DEM-Server, die als Aktiv-Aktiv-Cluster laufen.
- Auch die Proxy-Agenten laufen in einer Aktiv-Aktiv-Konfiguration.
- Die Microsoft-SQL-Server-Datenbank ist geclustert.

Große Umgebungen

Falls bis zu 50.000 Maschinen mit 2500 Catalog-Einträgen verwaltet werden sollen, ist ein Deployment für große Umgebungen vorzunehmen. In diesem Fall werden auch bis zu 100 gleichzeitige Bereitstellungen ermöglicht (siehe Abb. 3–3).

Während die Konfiguration der vRealize Automation Appliance in diesem Fall genauso wie im mittleren Szenario erfolgen kann, sollten die IaaS-Komponenten weiter verteilt werden:

- zwei verschiedene IaaS-Webserver
- zwei verschiedene Manager-Server (inkl. DEM Orchestrator)
- mindestens zwei DEM-Worker-Server
- zwei Proxy-Agenten
- Die Microsoft-SQL-Server-Datenbank ist geclustert.

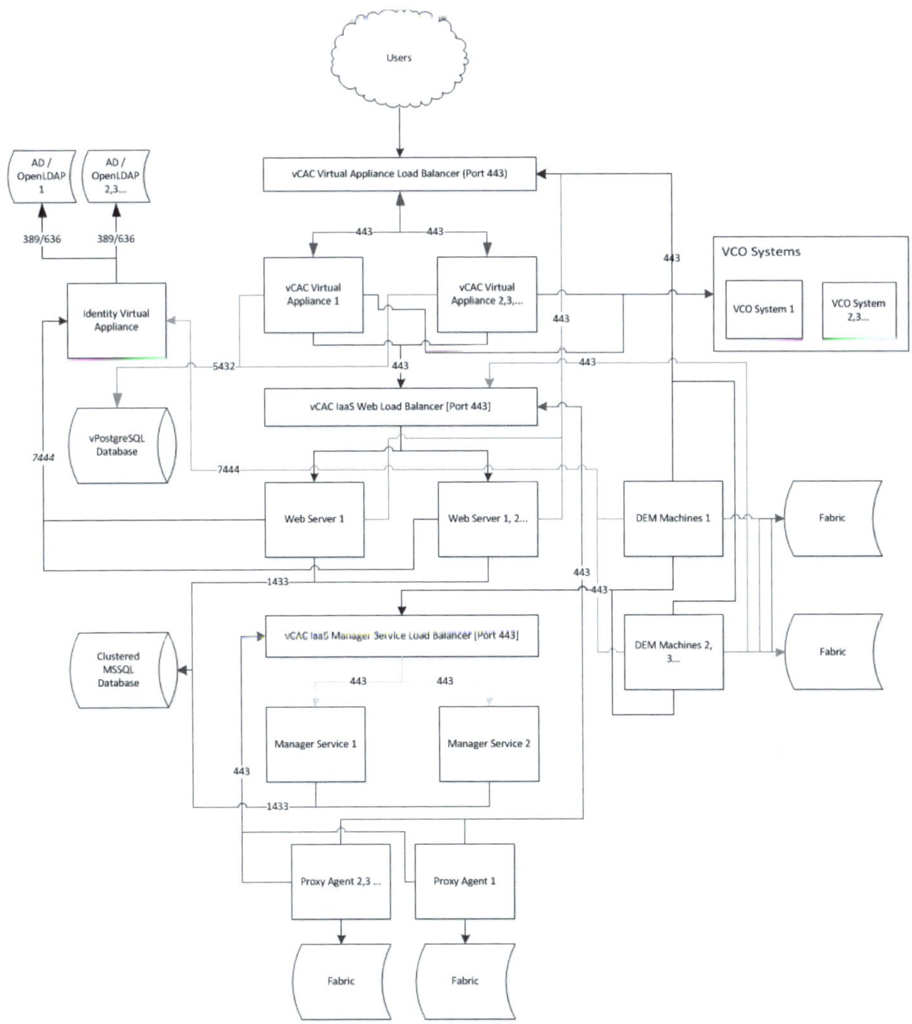

Abb. 3–3 *Deployment-Architektur für große Umgebungen*

3.3 Zusammenfassung

Dieses Kapitel hat Ihnen einen Überblick über die Hard- und Softwarevoraussetzungen gegeben. Danach haben wir verschiedene Deployment-Szenarien (klein, mittel und groß) vorgestellt. Dabei ist das kleine Szenario nicht nur für Testzwecke interessant, sondern kann in vielen Umgebungen in Kombination mit VMware HA genauso umgesetzt werden.

4 Installation

Nachdem wir in den vorigen Kapiteln die Architektur, die verschiedenen Komponenten von vRealize Automation und die Deployment-Möglichkeiten detailliert besprochen haben, wollen wir in diesem Kapitel die Installation erläutern.

Im Rahmen dieses Buches stellen wir die Installation für kleine Umgebungen nach. Dies bedeutet, dass eine Identity Appliance, eine vRealize Automation Appliance und ein IaaS-Server zum Einsatz kommen.

Die eigentliche Konfiguration der Cloud Management Platform ist jedoch noch nicht Bestandteil des Kapitels. Diese wird später ausführlich in Kapitel 5 beschrieben.

4.1 Installationsschritte

Da die Installation umfangreich ist, zählen wir zuerst alle notwendigen Schritte auf. Diese werden im Anschluss detailliert beschrieben.

1. Zuerst müssen die Voraussetzungen für die Installation überprüft werden.
2. Im zweiten Schritt wird die Identity Appliance deployt. Falls schon eine SSO-Komponente (vCenter 5.5 Update 2 oder neuer) vorhanden ist, benötigt man nur die Verbindungsdaten, andernfalls muss die Identity Appliance deployt werden.
3. Die vRealize Automation Appliance muss bereitgestellt werden.
4. Konfiguration der vRealize Automation Appliance
5. Überprüfen der IaaS-Voraussetzungen
6. Installieren der IaaS-Komponenten

Tipp: Regelmäßig Snapshots erstellen

Die Installation ist sehr aufwendig, und somit können bei der Konfiguration leicht Fehler entstehen. Die Fehlersuche kann jedoch sehr umfangreich sein. Damit Sie nicht von Neuem mit der Installation beginnen müssen, sollten Sie unbedingt nach einem erfolgreichen Schritt einen Snapshot erstellen, so dass Sie in einem späteren Fehlerfall dorthin zurückkehren können.

4.1.1 Voraussetzungen überprüfen

Bevor Sie mit der eigentlichen Installation beginnen können, müssen Sie die Voraussetzungen überprüfen. Dies umfasst folgende Schritte:

- Für alle zu deployenden Maschinen müssen korrekte Domänennamen eingerichtet werden, da vRealize Automation intern für die Namensauflösung den *Fully Qualified Domain Name* (FQDN) benutzt. Achten Sie bei der Namensvergabe darauf, dass Rechnernamen keinen Unterstrich (»_«) enthalten können.
- Falls die Daten für die vRealize Automation Appliance in einer separaten Datenbank gespeichert werden, muss diese Datenbank vorbereitet werden. Standardmäßig wird die Appliance mit einer lokalen PostgreSQL-Datenbank geliefert. Falls eine dedizierte Datenbank installiert werden soll, muss PostgreSQL (oder vPostgreSQL) mindestens in der Version 9.2.4 vorliegen.
- Für die IaaS-Komponenten wird ein Microsoft SQL Server benötigt (die erlaubten Server-Versionen haben wir in Kap. 3 aufgelistet). Damit sich vRealize Automation mit der Datenbank verbinden kann, muss allerdings Folgendes konfiguriert sein:
  - Für den MS SQL Server ist das TCP/IP-Protokoll aktiviert.
  - Der *Microsoft Distributed Transaction Coordinator Service* (MS DTC) ist auf jedem SQL-Knoten eingeschaltet.
  - Die entsprechenden Netzwerk-Ports zwischen vRealize Automation und Datenbank werden durch keine Firewalls blockiert.
  - Falls SQL Server Express benutzt wird, ist es notwendig, dass der SQL-Server-Browserdienst gestartet ist.
- Je nach Deployment-Szenario müssen die entsprechenden Ports zwischen den Rechnern freigeschaltet sein (siehe Kap. 3).
- Die Hardware-Voraussetzungen müssen erfüllt sein (siehe Kap. 3).
- Damit die virtuellen Appliances auch bereitgestellt werden können, muss natürlich auch sichergestellt sein, dass ein Zugriff mit den entsprechenden Rechten auf dem vCenter-Server vorhanden ist.
- Für die Kommunikation zwischen seinen Komponenten benutzt vRealize Automation SSL. Obwohl selbst generierte Zertifikate möglich sind, sind diese dennoch nicht in Produktivumgebungen empfehlenswert, besonders dann, wenn Netzwerkverkehr über verschiedene Standorte hinweg erfolgt.
- Damit vRealize Automation erfolgreich installiert und betrieben werden kann, ist darüber hinaus eine korrekte Zeitsynchronisation notwendig. Für die Konfiguration stehen dabei folgende Möglichkeiten zur Verfügung:
  - Konfiguration über NTP: Hier muss darauf geachtet werden, dass Port 123 geöffnet ist.
  - Bei den Windows-Komponenten kann die Zeitsynchronisation über den W32Time-Dienst erfolgen.
  - Alternativ kann eine Zeitsynchronisation über die VMware Tools erfolgen.

Für die Installation der IaaS Windows Komponenten gelten weitere Voraussetzungen. Diese werden detailliert in Abschnitt 4.1.4 beschrieben.

4.1.2 Bereitstellung und Konfiguration der Identity Appliance

Nachdem alle Vorarbeiten abgeschlossen wurden, kann mit der Bereitstellung der Identity Appliance begonnen werden. Die dazu notwendigen Schritte werden im Folgenden dargelegt. Als Client dient der klassische Windows-vSphere-Client.

1. Öffnen Sie den vSphere-Client, und wählen Sie im Menü **File > Deploy OVF Template**.
2. Klicken Sie auf der **Source**-Maske auf den **Browse**-Knopf, und suchen Sie die Identity-Appliance-Datei mit der `.ova`- oder `.ovf`-Dateiendung. Wählen Sie dann **Open** und danach **Next**.
3. Überprüfen Sie die Werte auf der **OVF Template Details**-Maske, und klicken Sie dann auf **Next**.
4. Bestätigen Sie das **End User Licence Agreement** mit **Accept**, und fahren Sie mit **Next** fort.

   Auf der Maske **Name and Location** müssen Sie einen eindeutigen Namen für Ihre Virtual Appliance vergeben. Schreiben Sie den Namen in die **Name**-Textbox, und wählen Sie unten das Data Center sowie den Ordner aus, an dem Sie die Virtual Appliance bereitstellen wollen. Klicken Sie danach auf **Next**.
5. Auf dem Dialogfeld **Host/Cluster** müssen Sie den Cluster auswählen, an dem die virtuelle Maschine deployt werden soll. Klicken Sie dann auf **Next**.
6. Auf der Seite **Resource Pool** muss der entsprechende Resource Pool ausgewählt werden. Klicken Sie dann auch wieder auf **Next**, um fortzusetzen.
7. Unter **Disk Format** kann ausgewählt werden, ob die Festplatte der Maschine mit der Methode *Thick Provisioned Lazy Zeroed*, *Thick Provisioned Eager Zeroed* oder *Thin Provisioned* deployt wird. Klicken Sie nach Ihrer Auswahl **Next**.
8. Im nächsten Schritt wird das Netzwerk ausgewählt, das mit der Appliance verbunden sein wird. Wählen Sie das entsprechende Netzwerk aus der **Destination Network**-Dropdown-Liste, und fahren Sie dann mit **Next** fort.
9. Auf der anschließenden **Properties**-Dialogbox müssen die folgenden Werte konfiguriert werden:
   - Vergeben Sie unter **Enter passwort** und **Confirm passwort** das Root-Passwort, das zum Einloggen in die Virtual Appliance Console benutzt werden soll.
   - Legen Sie in der **Hostname** TextBox einen Hostname für die virtuelle Appliance fest.
   - Tragen Sie unter **DNS** den oder die DNS-Server für die Appliance ein.
   - Vergeben Sie unter **Network 1 IP Address** eine IP-Adresse für die Appliance.

- Definieren Sie zum Schluss unter **Network 1 Netmask** die Subnet-Maske.
- Klicken Sie auf **Next.**

10. Auf der Maske **Ready to Complete** wird der Konfigurationsvorgang abgeschlossen. Wählen Sie **Power on after deployment**, und beenden Sie mit **Finish.**

Nach wenigen Minuten ist der Deployment-Vorgang abgeschlossen. Im nächsten Schritt muss die Identity Appliance konfiguriert werden. Für das Bereitstellen wird darüber hinaus empfohlen, zuerst mit Self-Signed-Zertifikaten zu arbeiten, um die prinzipielle Funktionsfähigkeit zu überprüfen. Die Zertifikate können später problemlos ausgetauscht werden.

1. Öffnen Sie einen Webbrowser, und navigieren Sie zu der Identity Appliance. Geben Sie dazu den vollqualifizierten Domänennamen im folgenden Format ein:

```
https://<identity-hostname.domain.name>:5480
```

2. Akzeptieren Sie, dass die Seite nicht vertrauenswürdig ist.
3. Loggen Sie sich mit dem Benutzernamen **root** und Ihrem vergebenen Passwort am System ein.
4. Klicken Sie auf die **System**-Registerkarte und dann auf **Time Zone.** Wählen Sie aus der Dropdown-Liste **System Time Zone** die Zeitzone für Ihre Appliance (siehe Abb. 4–1).

Abb. 4–1 *Einrichten der Zeitzone*

5. Wechseln Sie auf die **SSO**-Registerkarte. Beachten Sie, dass SSO noch nicht konfiguriert ist. Der rote Text stellt daher keine Fehlermeldung, sondern den Status dar (siehe Abb. 4–2)

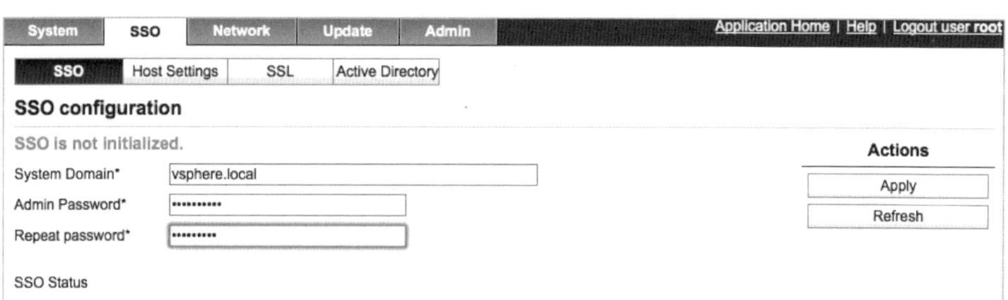

Abb. 4–2 *SSO-Registerkarte*

Der Standardname für die **System Domain** lautet **vsphere.local**. Dabei handelt es sich um die Default-Domain der Identity Appliance. Später wird mit diesem Namen ein Standardmandant (Default Tenant) erzeugt. Ändern Sie dieses Textfeld nicht. Darüber hinaus müssen Sie das **Admin Password** vergeben. Der Username lautet **administrator@vsphere.local.**

Klicken Sie auf **Apply**, nachdem Sie alle Werte ausgefüllt haben. Beachten Sie, dass der Vorgang mehrere Minuten dauern kann, und brechen Sie ihn nicht ab.

6. Klicken Sie auf die Registerkarte **Host Settings**, sobald die grüne Erfolgsmeldung erscheint.
7. Überprüfen Sie, ob der vollqualifizierte Rechnername im **SSO Host Name**-Textfeld richtig auf dem Dialogfeld erscheint. Am Ende des Namens muss der Port mit angefügt werden (:7444). Klicken Sie dann auf **Apply**.
8. Wechseln Sie auf die Registerkarte **SSL**, um ein SSL-Zertifikat zu erstellen:
   - Wählen Sie aus dem Menü **Choose Action** den Menüpunkt **Generate Self Signed Certificate.**
   - Geben Sie unter **Common Name** den vollqualifizierten Namen (FQDN) Ihrer Identity Appliance an.
   - Unter **Organization** können Sie Ihre Organisation (z.B. den Firmennamen) eintragen.
   - Im Feld **Organizational Unit** haben Sie die Möglichkeit, Ihre Organisationseinheit (beispielsweise den Abteilungsnamen oder auch einen Ort) einzutragen.
   - Wählen Sie ein Land.
   - Klicken Sie auf **Replace Certificate.**

   Der darauf folgende Vorgang dauert wenige Minuten. Anschließend sehen Sie die Zertifikatsdetails auf dem Bildschirm.
9. Im nächsten Schritt erfolgt die Anbindung an **Active Directory**. Klicken Sie hierzu auf die Registrierkarte **Active Directory** (siehe Abb. 4–3). Dort müssen folgende Werte eingetragen werden:
   - der Active Directory-**Domain Name**
   - der **Domain User** im Format **user@domain**
   - Ihr Passwort
   - Klicken Sie daraufhin auf **Join AD Domain.**

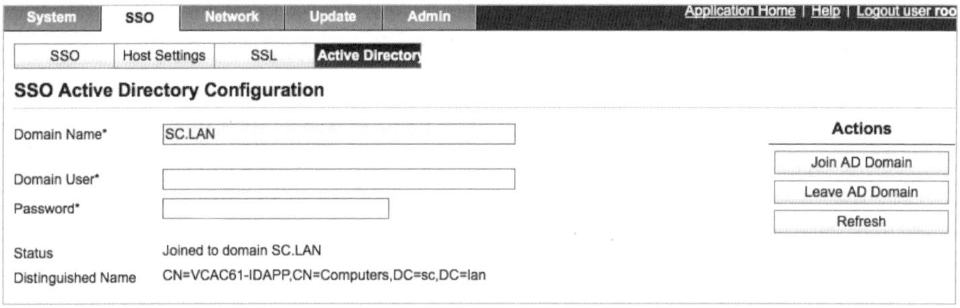

Abb. 4–3 *Active Directory-Integration*

Einrichten der Zeitsynchronisation

Der letzte Schritt bei der Konfiguration der Identity Appliance besteht darin, die Zeitsynchronisation einzurichten. Dieser Vorgang muss auf der vRealize Automation Appliance genauso durchgeführt werden – aus diesem Grund soll er nur einmal beschrieben werden.

1. Klicken Sie oben auf der **Admin**-Registerkarte auf **Time Settings.**
2. Wählen Sie aus der Dropdown-Liste **Time Sync Mode** eine Option:
   - Falls Sie das *Network Time Protocol* (NTP) nutzen wollen, wählen Sie **Time Server.** Geben Sie dann die IP-Adresse des Zeitservers an.
   - Falls Sie die Zeitsynchronisation über die VMware Tools regeln wollen, wählen Sie **Use Host Time** aus.
   - Klicken Sie auf **Save Settings.**
3. Überprüfen Sie, ob der Wert für die **Current Time** korrekt ist.

4.1.3 Bereitstellung und Konfiguration der vRealize Automation Appliance

Der nächste Schritt während der Installation ist das Bereitstellen und Konfigurieren der vRealize Automation Appliance. Da aber der Deployment-Prozess bei der vRealize Automation Appliance genauso wie bei der Identity Appliance durchzuführen ist, verzichten wir an dieser Stelle auf seine Beschreibung und fahren stattdessen direkt mit der Konfiguration der Appliance fort:

1. Öffnen Sie einen Webbrowser, und navigieren Sie zu der Identity Appliance. Geben Sie dazu den vollqualifizierten Domänennamen im folgenden Format ein:

   ```
   https://<vrealize-automation-appliance.domain.name>:5480
   ```

2. Akzeptieren Sie, dass die Seite nicht vertrauenswürdig ist.
3. Loggen Sie sich mit dem Benutzernamen **root** und Ihrem vergebenen Passwort am System ein.

4. Klicken Sie auf die **System**-Registerkarte und dann auf **Time Zone**. Wählen Sie aus der Dropdown-Liste **System Time Zone** die Zeitzone für Ihre Appliance.
5. Als Nächstes wechseln Sie zur Registerkarte **vCAC Settings**. Unter dem Menüpunkt **Host Settings** muss bei der Textbox **CAFE**[1] **Host Settings** der vollqualifizierte Name der vRealize Automation Appliance eingetragen werden. Speichern Sie den Wert mit **Save Settings**.
6. Im Menüpunkt **SSL** kann das SSL-Zertifikat für die vRealize Automation Appliance eingespielt bzw. ein neues Zertifikat generiert werden (siehe Abb. 4–4). Führen Sie folgende Schritte aus:

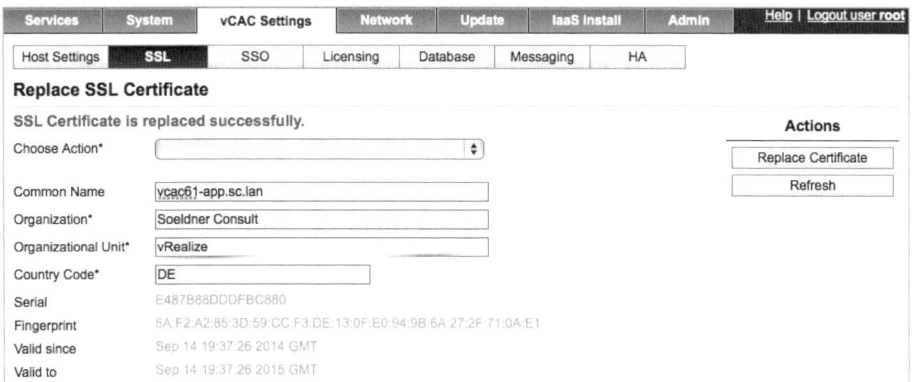

Abb. 4–4 *SSL-Einstellungen*

- Wählen Sie **Generate Self Signed Certificate** unter dem Menüpunkt **Choose Action**.
- Tragen Sie Ihre Organisation (z.B. den Namen Ihrer Firma) unter **Organization** ein.
- Im Feld **Organizational Unit** haben Sie die Möglichkeit, Ihre Organisationseinheit (beispielsweise den Namen Ihrer Abteilung oder auch einen Ort) einzutragen.
- Wählen Sie ein Land aus.
- Klicken Sie auf **Replace Certificate**. Wie bei der Identity Appliance dauert dieser Vorgang wiederum ein paar Minuten.

7. Als Nächstes erfolgt die Anbindung an die SSO-Appliance (bzw. an den vCenter Server). Dazu müssen Sie auf die Registerkarte **SSO** wechseln:
   - Tragen Sie in der Textbox **SSO Host and Port** den vollqualifizierten Namen und den Port der SSO-Komponente ein. Dabei müssen Sie das Format <host.domain name>:7444 verwenden.
   - Akzeptieren Sie den Wert **vsphere.local** im Textfeld **SSO Default Tenant**.

1. Die Abkürzung CAFE steht für *Cloud Automation Framework Extensibility*.

- Als **SSO Admin User** ist **administrator@vsphere.local** festzulegen.
- Im Textfeld **SSO Admin Password** tragen Sie das in der SSO-Komponente vergebene Passwort ein.

Tipp

Der SSO-Hostname muss exakt so angegeben werden wie bei der Konfiguration der SSO-Appliance. Falls dort nur eine IP-Adresse hinterlegt worden ist, muss im Hostname-Feld auch eine IP-Adresse eingetragen werden. Seit Version 6.1 müssen Sie auch auf Groß- und Kleinschreibung achten.

- Anschließend kann der Vorgang mit **Save Settings** abgeschlossen werden. Bestätigen Sie mit **Yes**, wenn Sie eine Zertifikatswarnung erhalten. Der anschließende Vorgang dauert wieder wenige Minuten. Bei erfolgreicher Konfiguration erscheint im Feld **SSO Status** der Wert **Connected** (siehe Abb. 4–5).

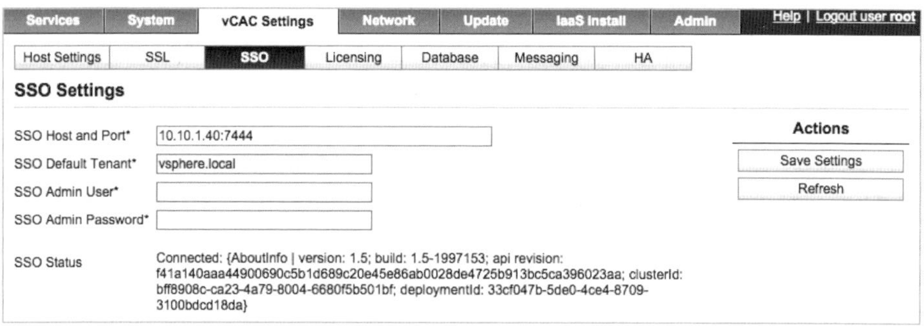

Abb. 4–5 *Anbindung an die SSO-Appliance*

8. Der Lizenzschlüssel muss auf der Registrierkarte **Licensing** eingespielt werden. Tragen Sie im Textfeld **New Licence Key** Ihren Lizenzschlüssel für vRealize Automation ein, und klicken Sie auf **Submit Key**.

4.1.4 Installation und Konfiguration der IaaS-Komponenten

Die Installation der IaaS-Komponenten ist im Vergleich zu den Appliances deutlich aufwendiger, da Sie zuerst einige Windows-Konfigurationsvorarbeiten vornehmen müssen.

IaaS-Server-Voraussetzungen

Generell gilt, dass der Benutzer, der die Installation ausführt, lokale Administrationsberechtigungen haben sollte. Darüber hinaus sollte beachtet werden, dass Database-Owner-Berechtigungen auf die MS-SQL-Server-Datenbank vorhanden sein müssen. Bei einer verteilten Installation muss zusätzlich ein Domänenbenutzer mit lokalen Administrationsrechten auf jeden Knoten benutzt werden.

Die Voraussetzungen sind im Einzelnen:

- Installation von Microsoft .NET 4.5.1
- PowerShell muss ab Version 2.0 installiert sein. (Bei Windows Server 2008 R2 SP1 ist bereits PowerShell 2.0 enthalten, bei Windows Server 2012 PowerShell 3.0.)
- Installation von Java 1.7 64 Bit. Setzen Sie die `%JAVA_HOME%`-Umgebungsvariable, bzw. fügen Sie `%JAVA_HOME%\bin\java.exe` in die PATH-Umgebungsvariable ein.

Tipp: Vorsicht bei der Installation von Microsoft .NET bei vRealize Automation 6.0

Bei der Installation von Microsoft .NET auf einem alten IaaS-6.0-Server müssen Sie unbedingt darauf achten, dass Sie .NET in der Version 4.5.0 installieren. vRealize Automation ist nur mit dieser .NET-Version lauffähig; andere Versionen, wie 4.5.1, laufen nicht mit vRealize Automation. Sie sollten daher als Erstes .NET 4.5.0 installieren. Eine parallele Installation von 4.5.0 – falls 4.5.1 schon auf dem Rechner installiert ist – ist nicht so einfach möglich.

Für den IIS-Webserver müssen Sie folgende Vorarbeiten durchführen:

- Zuerst müssen zusätzliche IIS-Module lauffähig sein:
  - WindowsAuthentication
  - StaticContent
  - DefaultDocument
  - ASPNET
  - ISAPIExtensions
  - ISAPIFilter
- Es müssen IIS-Authentifizierungseinstellungen geändert werden:
  - Aktivieren Sie die Windows-Authentifizierung.
  - Deaktivieren Sie die anonyme Authentifizierung.
  - Aktivieren Sie die Option **Negotiate Provider**.
  - Aktivieren Sie den NTLM Provider.
  - Schalten Sie den *Windows Authentication Kernel Mode* ein.
  - Deaktivieren Sie die *Windows Authentication Extended Protection*.
- Weiterhin ist es notwendig, folgende *IIS Windows Process Activation Service*-Rollen zu aktivieren:
  - ConfigurationApi
  - NetEnvironment
  - ProcessModel
  - WcfActivation (nur bei Windows2008)
  - HttpActivation
  - NonHttpActivation

IaaS Manager Service

Auch für den IaaS Manager Service gelten Voraussetzungen:

- Das Microsoft .NET Framework muss in der Version 4.5.1 installiert sein.
- PowerShell 2.0 (Windows 2008) bzw. PowerShell 3.0 (Windows 2012)
- Der *SecondaryLogOnService* muss für das Installationskonto konfiguriert sein.

Automatisierte Konfiguration

Glücklicherweise existiert auf den Blogseiten von VMware ein PowerShell-Skript[2], das diese Vorarbeiten automatisiert. Das Skript kann prinzipiell out-of-the-box gestartet werden. Die zu benutzenden Pfade können aber im Skript abgeändert werden. Bitte beachten Sie jedoch, dass VMware keinerlei Support für das Skript anbieten kann. Es empfiehlt sich daher, sich das Skript vorher anzuschauen und an die eigene Umgebung anzupassen, falls diese von einer Standardinstallation abweicht. Das Skript kann wie folgt ausgeführt werden:

1. Prüfen Sie die Voraussetzungen für das Ausführen des Skripts:
   - Microsoft .NET 4.5.1 muss installiert sein.
   - Das Skript muss mit Administratorberechtigungen ausgeführt werden.
2. Öffnen Sie die PowerShell-Kommandozeile mit Administratorberechtigungen.
3. Wechseln Sie in den Ordner des Skripts.
4. Führen Sie den Befehl `Set-Execution-Policy unrestricted` aus, und bestätigen Sie die darauf folgende Meldung.
5. Starten Sie das Skript. Die Installation dauert wenige Minuten (siehe Abb. 4–6).

Nachdem alle Vorbereitungen abgeschlossen sind, können Sie mit der Installation der vRealize-Automation-Komponenten beginnen. Im Folgenden gehen wir davon aus, dass ein SQL Server installiert wurde.

Der erste Schritt besteht darin, das IaaS-Installationsprogramm herunterzuladen. Da dieses auf der vRealize Automation Appliance gespeichert ist, muss im Browser eine Verbindung zu diesem geöffnet werden. Öffnen Sie dazu die Seite

```
<hostname.domain.name>:5480/installer/.
```

Klicken Sie daraufhin auf den Link **Download the setup.exe** (siehe Abb. 4–7).

---

2. Das Skript kann unter der URL *http://blogs.vmware.com/PowerCLI/2014/09/vcac-6-1-pre-req-automation-script-released.html* heruntergeladen werden.

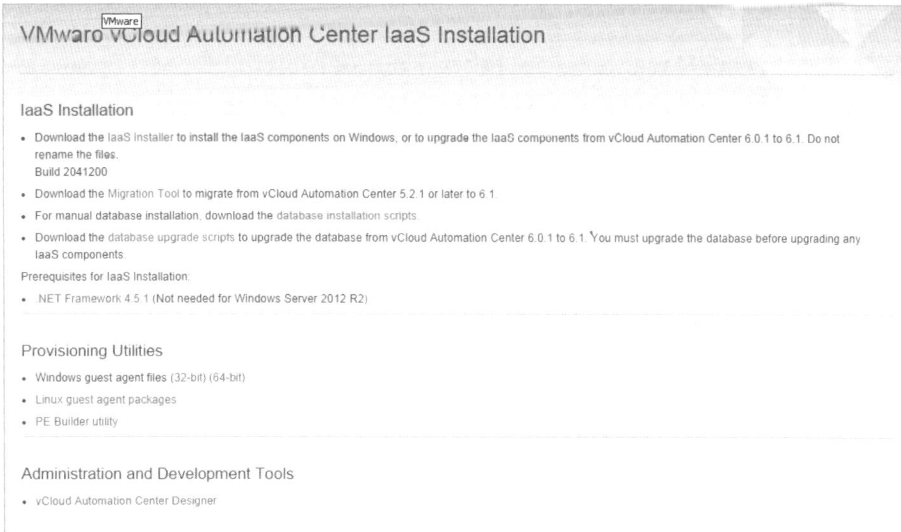

Abb. 4–6 *Ausführen des PreReq-Skriptes*

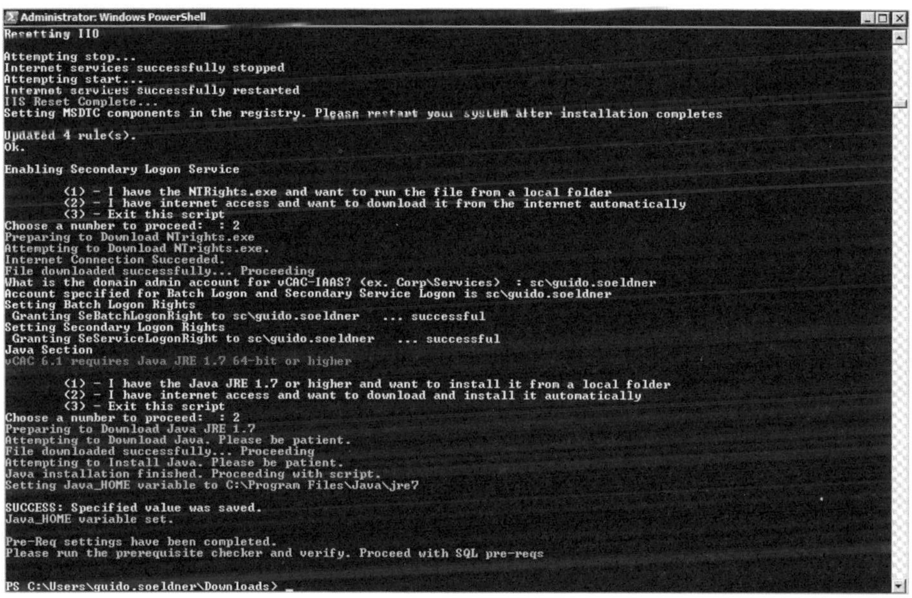

Abb. 4–7 *Download des vRealize Automation Installer*

Damit das auszuführende Setup später weiß, an welchem Ort die vRealize Automation Appliance zu finden ist, enthält der Dateiname den Hostnamen der Appliance (also `setup__hostname@5480.exe`). Ändern Sie diesen Dateinamen bitte nicht.

Tipp: Snapshot erstellen

An dieser Stelle empfiehlt es sich, das System herunterzufahren und einen Snapshot zu erstellen. So kann im Fehlerfall die Installation erneut durchgeführt werden.

Führen Sie nun folgende Installationsschritte aus:

1. Starten Sie die Installationsdatei mit Administratorberechtigungen (**Rechtsklick > Run as administrator**).
2. Auf der Maske **Welcome to the vCloud Automation Center Configuration** klicken Sie auf **Next**.
3. Akzeptieren Sie im Dialogfeld **End-User Licence Agreement** die Lizenzbedingungen mit **I accept the terms in the licence agreement**. Klicken Sie dann auf **Next**.
4. Auf der Seite **Log In** müssen Sie die Zugangsdaten Ihrer vRealize Automation Appliance hinterlegen. Der Benutzername war dabei **root**. Bestätigen Sie dann mit **Next**.
5. Auf der nächsten Maske wird der Installationstyp angegeben. Wählen Sie hier **Complete Install**, und wählen Sie dann **Next**, um das Setup fortzusetzen.
6. Im nächsten Schritt öffnet sich der **Prerequisite Checker** und überprüft, ob alle Voraussetzunen für die Installation gegeben sind (siehe Abb. 4–8). Dabei wird jede Voraussetzung einzeln überprüft. Falls eine Voraussetzung nicht erfüllt wird, können Sie diese bei geöffnetem Setup überprüfen bzw. konfigurieren. Falls der Eintrag gefixt wurde, können Sie die Überprüfung mit **Check Again** wiederholen. Falls trotz mehrfacher Überprüfung nichtkritische Fehler weiterhin bestehen, können Sie die Installation dennoch fortsetzen. Klicken Sie auf **Next**, um mit der Installation fortzufahren.

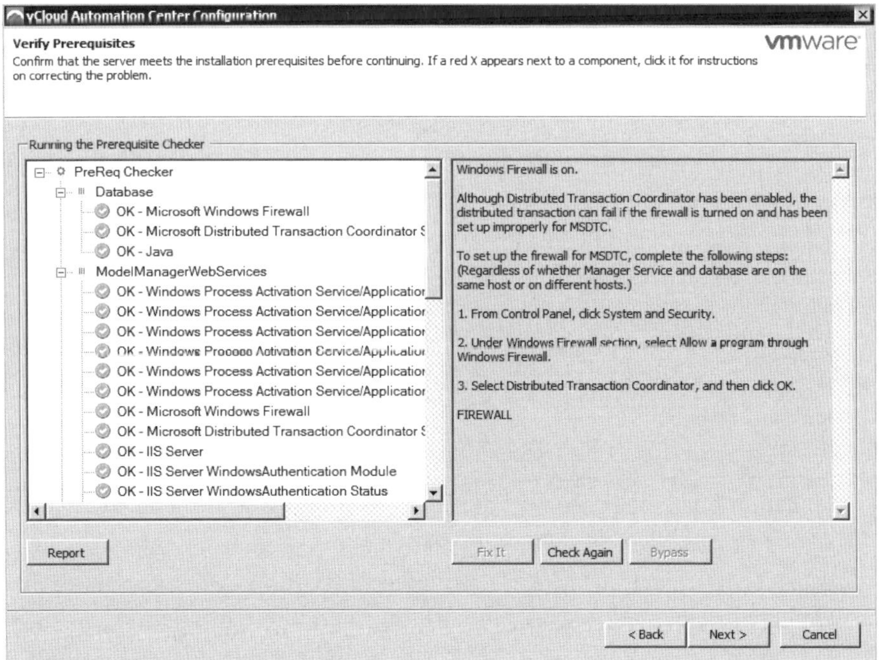

Abb. 4–8 *Überprüfen der Voraussetzungen*

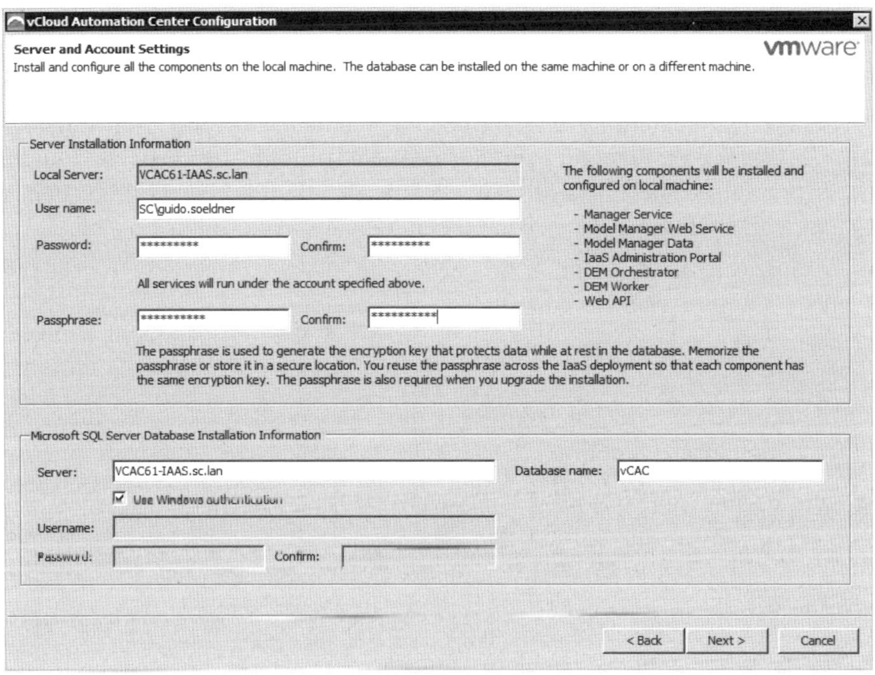

Abb. 4–9 *Benutzer- und Servereinstellungen*

7. Auf der nächsten Dialogseite (**Server and Account Settings**) werden die Usernamen und Servereinstellungen hinterlegt (siehe Abb. 4–9):
   - Lassen Sie den aktuellen Benutzer (**User name**) stehen (das ist der Benutzer, der aktuell am System angemeldet ist).
   - Geben Sie das Passwort des Benutzers in den Textboxen **Password** und **Confirm** ein.
   - Geben Sie eine Passphrase in den Textboxen **Passphrase** und **Confirm** ein. Damit wird ein Encryption Key erzeugt, der vRealize-Automation-Daten in der Datenbank verschlüsselt. Beachten Sie, dass Sie beim Zurücksichern und Wiederherstellen von Daten die Passphrase erneut benötigen. Auch muss auf jedem Knoten von vRealize Automation die gleiche Passphrase benutzt werden.
   - Tragen Sie den zu benutzenden SQL Server in die TextBox **Server** ein. Wählen Sie je nach Konfiguration Ihres SQL Servers **Windows Authentication** oder geben Sie die Zugangsberechtigungen für den Datenbankserver ein. Klicken Sie dann auf **Next**.
8. Auf der nächsten Maske, **Distributed Execution Managers and Proxy vSphere Agent**, sind folgende Einstellungen zu konfigurieren:
   - Geben Sie einen neuen **DEM Worker name** ein, oder übernehmen Sie den Namen.
   - Legen Sie den **DEM Orchestrator name** fest, oder übernehmen Sie den Namen.
   - Überprüfen Sie, dass die Option **Install and configure vSphere Agent** gesetzt ist.
   - Akzeptieren oder ändern Sie den Namen für den **vSphere Agent name**.
   - Akzeptieren oder ändern Sie den Namen für den **vSphere Endpoint name**. Da dieser Name später bei der Konfiguration nochmals benötigt wird, sollten Sie ihn sich an dieser Stelle notieren.
9. Auf dem folgenden Dialogfeld (siehe Abb. 4–10) können Sie festlegen, wie IaaS-Komponenten in der vRealize Automation Appliance registriert werden. Dazu gehört auch das Registrieren des Standardmandanten (Default Tenant).
   - Das **Server**-Feld ist bereits mit dem Namen der vRealize Automation Appliance ausgefüllt.
   - Klicken Sie auf **Load**, um den Default Tenant Ihrer SSO-Umgebung zu laden.
   - Klicken Sie anschließend auf den Link **View Certificate** und dann auf **Test**.
   - Sobald die Zertifikatsbestätigung erscheint, können Sie mit **OK** fortfahren.
   - Setzen Sie den Hacken in der **Accept Certificate**-Checkbox.

- Unter **SSO Administrator Credentials** muss der Zugang zur SSO-Appliance eingerichtet werden. Der zu verwendende Benutzername ist hier `administrator@vsphere.local`. Geben Sie Ihr Passwort ein, und klicken Sie auf **Test**, um die Daten zu überprüfen.
- Auch das letzte Textfeld, **IaaS Server**, ist bereits vorausgefüllt. Klicken Sie auf **Test**, um den aktuellen Hostnamen zu überprüfen.
- Klicken Sie auf **Next**.

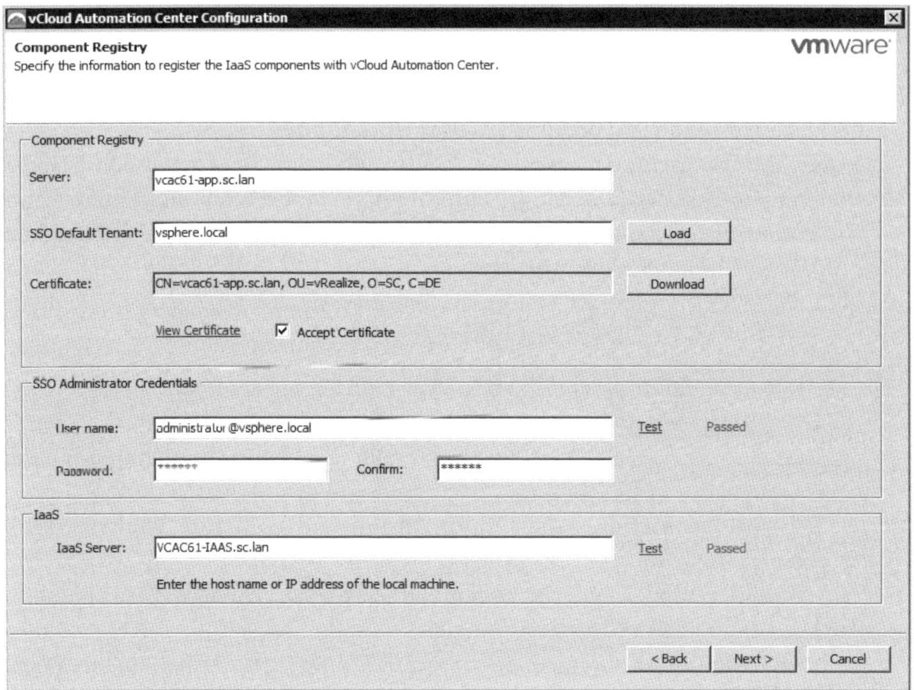

Abb. 4–10 *Registrierung der IaaS-Komponenten*

10. Im darauffolgenden Dialogfeld **Ready to Install** sehen Sie eine Zusammenfassung der Installationseinstellungen. Überprüfen Sie die Werte, und klicken Sie auf **Install**. An dieser Stelle beginnt die Installation. Abhängig von Ihrer Rechenzeit und Netzwerkverbindung kann der Vorgang zwischen fünf Minuten und einer Stunden dauern.
11. Sobald die Installation abgeschlossen ist, kann mit der Konfiguration von vRealize Automation fortgefahren werden. Aktivieren Sie dazu die Checkbox **Guide me through initial configuration**, und klicken Sie dann auf **Finish**.

An dieser Stelle ist die Installation abgeschlossen.

4.1.5 Installation mit CA-signierten Zertifikaten

Falls ein Server nur zu Testzwecken oder in kleinen Umgebungen eingerichtet wird, kann er problemlos mit selbst signierten Zertifikaten betrieben werden. Nichtsdestotrotz gilt in Produktivumgebungen die Empfehlung, die Zertifikate zu tauschen. Da eine Zertifikatsänderung aber auch anderen Knoten von vRealize Automation bekannt gemacht werden muss, ist das Vorgehen nicht trivial. Daher soll der Prozess im Folgenden beschrieben werden.

4.1.5.1 Vorarbeiten

Bevor Sie mit dem Tauschen der Zertifikate beginnen können, müssen Sie einige Vorüberlegungen anstellen und Vorarbeiten durchführen.

Zuerst gilt natürlich, dass Sie einen konsistenten Snapshot von allen Maschinen erzeugen sollten, so dass Sie im Fehlerfall dahin zurückkehren können.

VMware empfiehlt, dass Sie in verteilten vRealize-Automation-Umgebungen entweder ein *Domain Certificate* oder ein *Wildcard Domain Certificate* benutzen. Für Windows ist das PFX-Format, für Linux (alle Appliances und Load Balancer) das PEM-Format zu verwenden.

Darüber hinaus gelten für das Encoding folgende Werte:

- Identity Appliance:
  `PEM` und `unencrypted key`
- VREALIZE AUTOMATION Appliance:
  `PEM` und `unencrypted key`
- IaaS-Komponenten:
  `PKCS12`
- Orchestrator:
  `DER` (von CSR)

Auch die Reihenfolge des Updatens ist relevant, denn dabei müssen die Trust Relationships (Vertrauensstellungen) zwischen den Komponenten eingehalten werden. Als Erstes muss die Identity Appliance geändert werden, als Zweites die vRealize Automation Appliance und zum Schluss die IaaS-Komponenten.

Falls Sie nur einzelne Zertifikate austauschen, müssen Sie wie folgt vorgehen:

- Beim Austausch des Identity-Appliance-Zertifikats muss das neue Zertifikat in der vRealize Automation Appliance und in den IaaS-Komponenten registriert werden.
- Falls Sie das Zertifikat in der vRealize Automation Appliance austauschen, müssen Sie es auch bei den IaaS-Komponenten registrieren.
- Dem Austausch der IaaS-Zertifikate muss eine Registrierung bei der vRealize Automation Appliance folgen.

An dieser Stelle beschreiben wir, wie die Installation mit CA-signierten Zertifikaten funktioniert. Die Befehle zum Austauschen von Zertifikaten werden später beschrieben.

Konfiguration der Zertifikatsstelle

Falls Sie unter Windows noch keine Zertifikatsstelle haben, muss diese als Erstes installiert werden. (Falls es eine solche Stelle schon in Ihrem Unternehmen gibt, können Sie diese Schritte überspringen.) Führen Sie dazu die folgenden Schritte aus:

1. Installieren Sie die Windows-Rolle **Active Directory Certificate Services.**
2. Stellen Sie sicher, dass bei den Diensten sowohl **Certification Authority** als auch **Certification Authority Web Enrollment** ausgewählt ist (siehe Abb. 4–11), und klicken Sie auf **Next.**

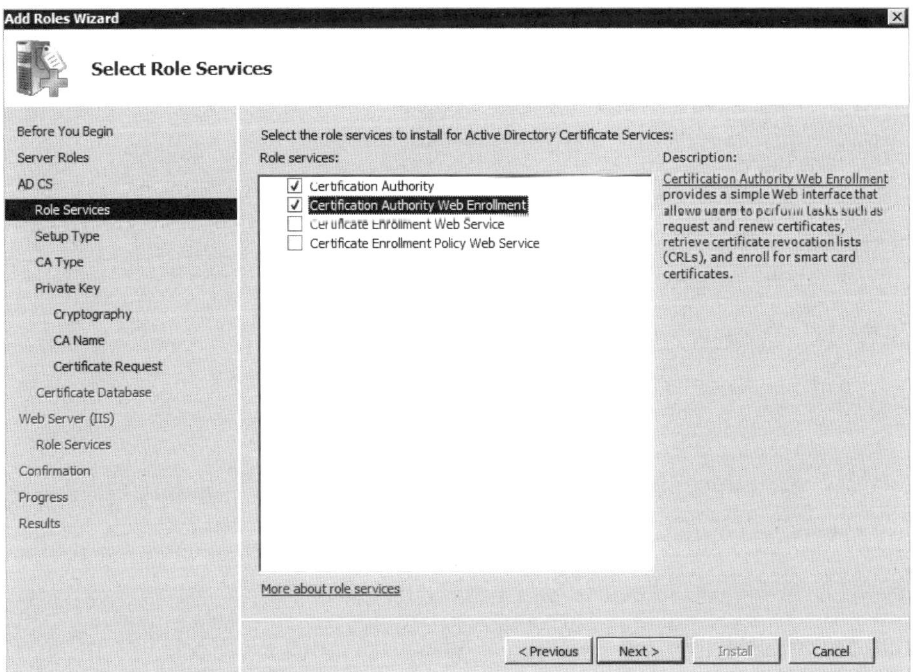

Abb. 4–11 *Auswahl der Services bei der Installation der Windows CA*

3. Auf der Maske **Specify Setup Type** wählen Sie **Enterprise** und dann **Next.**
4. Auf der nächsten Seite (**Specify CA Type**) wählen Sie **Root CA** aus, falls Sie dies Ihre erste CA ist, und fahren dann mit **Next** fort.
5. In der Maske **Set up Private Key** können Sie Ihren neuen privaten Schüssel erzeugen. Klicken Sie dann auf **Next.**

6. Als Nächstes müssen auf der Maske **Configure Cryptography for CA** die Kryptografie-Einstellungen definiert werden. Setzen Sie die Werte wie in Abbildung 4–12. Klicken Sie dann auf **Next**.

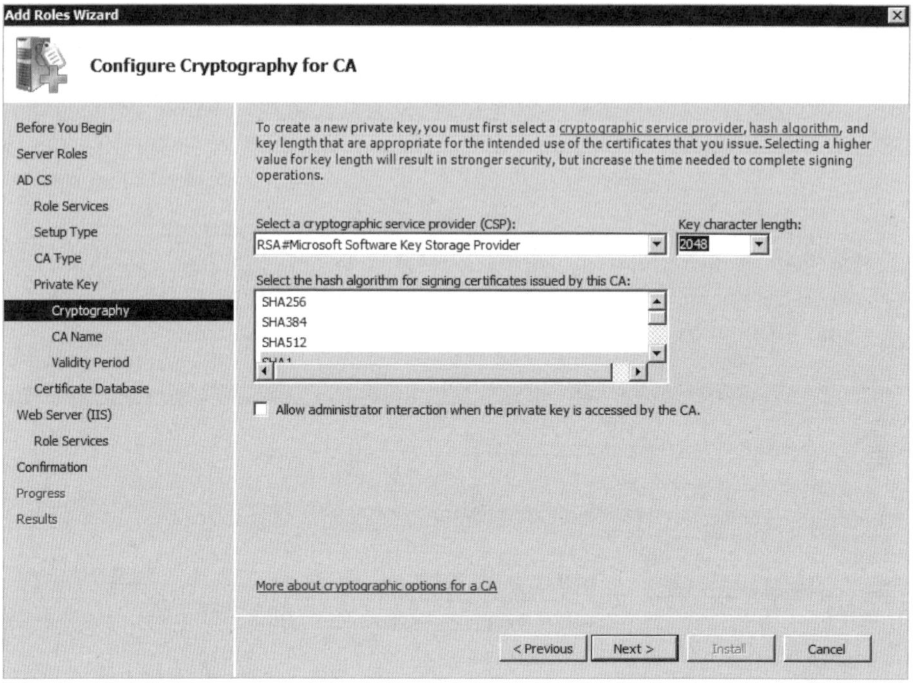

Abb. 4–12 *Kryptografie-Einstellungen*

7. Auf der Maske **Configure your CA Name** definieren Sie einen Namen für Ihre CA. Klicken Sie dann wieder auf **Next**.
8. Definieren Sie die Gültigkeitsdauer für Ihre Zertifikate auf der anschließenden **Set Validity Period**-Maske. Klicken Sie dann auf **Next** und beenden Sie damit den Vorgang.

Erzeugen des vRealize-Automation-Zertifikatstemplate

Im nächsten Schritt wird dann ein vRealize-Automation-Zertifikatstemplate erzeugt. Dieses Template kann dann später für neue Templates wiederverwendet werden. Zusätzlich soll die Microsoft CA aktualisiert werden, um in den Attributen *Subject Alternative Names* (SANs) zuzulassen.

Führen Sie dazu die folgenden Schritte aus:

1. Verbinden Sie sich auf Ihren CA Server mit Remote-Desktop-Verbindung.
2. Klicken Sie auf **Start > Run**, und geben Sie dann `certtmpl.msc` ein. Drücken Sie auf **OK.** Daraufhin öffnet sich die »Certificate Template Console«.
3. Suchen Sie im mittleren Fensterbereich unter **Template Display Name** den Webserver.
4. Klicken Sie mit der rechten Maustaste auf den Webserver, und wählen Sie **Duplicate Template** aus.
5. Wählen Sie auf der **Duplicate Template**-Maske **Windows Server 2003 Enterprise** als Backward-Kompatibilität aus.
6. Wählen Sie die Registerkarte **General.**
7. Auf dieser Seite können Sie den Templatenamen eintragen. Verwenden Sie **vCAC Template** als Name.
8. Wechseln Sie auf die **Extensions**-Registerkarte.
9. Dort müssen Sie **Key Usage** und dann **Edit** auswählen.
10. Markieren Sie die Option **Signature is proof of origin (nonrepudiation)**.
11. Aktivieren Sie **Allow encryption of user data**, und klicken Sie auf **OK.**
12. Als Nächstes klicken Sie auf **Application Policies** und dort auf **Edit.**
13. Klicken Sie auf **Add**, und wählen Sie dann **Client Authentication** aus.
14. Klicken Sie auf **OK** und dann nochmals auf **OK.**
15. Wechseln Sie nun zur Registerkarte **Subject Name.**
16. Stellen Sie sicher, dass die Option **Supply in the request** gesetzt ist.
17. Klicken Sie anschließend auf die Registerkarte **Request Handling.**
18. Auf dieser Maske muss die Option **Allow private key to be exported** gesetzt sein.
19. Speichern Sie das Template mit **OK** ab.

Im nächsten Schritt soll dieses Template zu der Liste der Certificate Templates hinzugefügt werden:

20. Klicken Sie auf Ihrem CA-Server, auf dem das Zertifikat ausgestellt werden soll, auf **Start > Run**, und geben Sie `certsrv.msc` ein.
21. Falls im linken Bereich der Knoten nicht expandiert ist, öffnen Sie diesen mit dem [+]-Icon.
22. Klicken Sie mit der rechten Maustaste auf **Certificate Templates**, und wählen Sie **New > Certificate Template to Issue** aus.
23. Suchen Sie Ihr vCAC-Template heraus, und klicken Sie auf OK, um den Vorgang abzuschließen.

Falls Sie unter Windows auch die Zertifikate für die Appliances erstellen möchten, müssen Sie OpenSSL installieren. Sie benötigen OpenSSL in der Version 1.0.0. Alternativ können Sie OpenSSL unter Linux benutzen.

4.1.5.2 Erzeugen und Einspielen der Appliance-Zertifikate

Für die Konfiguration müssen folgende Schritte abgearbeitet werden:

- Erzeugen der CSR
- Erzeugen der Zertifikate
- Konvertieren in das PEM-Format
- Einspielen der Zertifikate

Um die Zertifikate zu erzeugen, muss als Erstes ein *Certificate Signing Request* (CSR) erstellt werden. Am sinnvollsten ist es, die dazu notwendigen Daten in einer Konfigurationsdatei abzuspeichern. Dies dokumentiert den Vorgang und hilft bei der Wiederverwendung.

Erzeugen der CSR

Öffnen Sie einen Texteditor auf dem Rechner, auf dem OpenSSL installiert ist, und fügen Sie folgenden Text ein:

```
[ req ]
default_bits = 2048
default_keyfile = rui.key
distinguished_name = req_distinguished_name
encrypt_key = no
prompt = no
string_mask = nombstr
req_extensions = v3_req

[ v3_req ]
basicConstraints = CA:FALSE
keyUsage = digitalSignature, keyEncipherment, dataEncipherment,
nonRepudiation
extendedKeyUsage = serverAuth, clientAuth
subjectAltName = DNS:vcva550b, IP:10.10.1.40, DNS:vcva550b.sc.lan

[ req_distinguished_name ]
countryName = DE
stateOrProvinceName = BY
localityName = Nuremberg
0.organizationName = SC
organizationalUnitName = SC
commonName = vcva550b.sc.lan
```

Ersetzen Sie vorher die Servernamen und IP-Adressen durch die entsprechenden Werte aus Ihrer Umgebung. Speichern Sie die Datei als `vcacid.cfg`. Da für die vRealize Automation Appliance eine äquivalente Konfigurationsdatei erzeugt werden muss, empfiehlt es sich, die Datei offen zu lassen, die Felder entsprechend abzuändern und dann eine zweite Datei mit dem Namen `vcacva.cfg` zu erzeugen.

Mit den beiden Konfigurationsdateien können nun CSRs erstellt und der Private Key exportiert werden. Wechseln Sie dazu in das `bin`-Verzeichnis von openSSLOpenSSL, und führen Sie folgende Befehle aus:

```
openssl req -new -nodes -out c:\certs\identity\rui.csr -keyout
c:\certs\identity\rui-orig.key -config c:\certs\identity\vcacid.cfg

openssl req -new -nodes -out c:\certs\vcacva\rui.csr -
keyout c:\certs\vcacva\rui-orig.key -config c:\certs\vcacva\vcacva.cfg
```

Im nächsten Schritt müssen die Zertifikate in das RSA-Format umgewandelt werden. Führen Sie dazu folgenden Befehl aus (bzw. passen Sie den Befehl an Ihre Umgebung an):

```
openssl rsa -in c:\certs\identity\rui-orig.key -out
c:\certs\identity\rui.key

openssl rsa -in c:\certs\vcaca\rui-orig.key -out c:\certs\vcaca\rui.key
```

Erzeugen der Zertifikate

Nachdem die CSR-Dateien fertig erstellt worden sind, können Sie im nächsten Schritt in der Microsoft CA die Zertifikate anlegen. Die folgenden Schritte werden für die *vRealize Automation Identity Appliance* gezeigt. Das Erzeugen eines Zertifikats für die vRealize Automation Appliance ist analog auszuführen. Führen Sie dazu die folgenden Schritte aus:

1. Melden Sie sich mit dem Browser am Webinterface der Microsoft-CA-Stelle an (`http://<CA-Server>/CertSvr`).
2. Klicken Sie auf den Link **Request Certificate > Advanced Certificate Request**. Wählen Sie dort **Submit a certificate Request by using a base-64-encoded CMC or PKCS #10 file, or submit a renewal request by using a base-64-encoded PKCS #7 file.**
3. Als Nächstes muss der Inhalt der *.rui.csr*-Datei in die Zwischenablage kopiert und dann in das Feld **Base-64-encoded certificate request** eingefügt werden.
4. Stellen Sie sicher, dass das vCAC-Zertifikatstemplate ausgewählt ist (siehe Abb. 4–13).

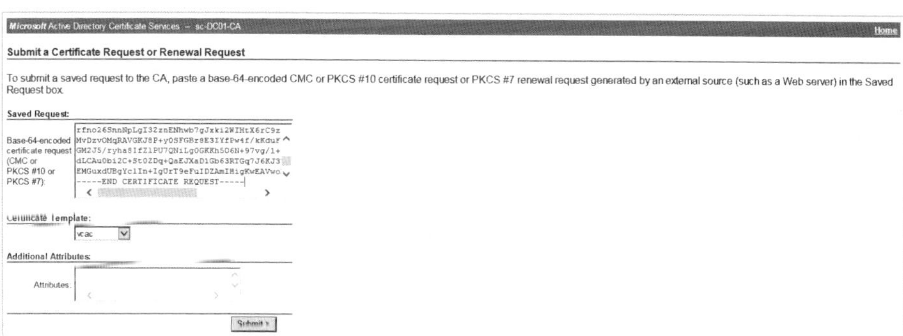

Abb. 4–13 Erzeugen des Zertifikats

5. Klicken Sie auf **Submit.**
6. Auf der Seite **Certificate Issued** müssen Sie nun die Option **Base64 encoded** auswählen.
7. Klicken Sie auf **Download Certificate**, und speichern Sie das Zertifikat im gleichen Ordner wie Ihre CSR- und Konfigurationsdatei.
8. An dieser Stelle ist es sinnvoll, den gleichen beschriebenen Prozess auch für das Zertifikat der vRealize Automation Appliance auszuführen.
9. Als Nächstes müssen Sie auf die Hauptseite Ihrer CA zurückkehren und auf den Link **Download a CA Certificate, certificate chain or CRL** klicken.
10. Wählen Sie die Option **Base64 encoded.**
11. Klicken Sie nun auf den Link **Download a CA certificate chain.**
12. Speichern Sie die Datei als `cachain.p7b` ab.
13. Klicken Sie nun doppelt auf die Datei `cachain.7b`, und navigieren Sie zu **cachain.p7b > Certificates.**
14. Jetzt muss das Root-Zertifikat exportiert werden. Klicken Sie mit der rechten Maustaste auf das Root-Zertifikat, und wählen Sie **All Actions > Export** aus. Klicken Sie dann auf **Next.**
15. Auf der nächsten Seite wählen Sie **Base64-encoded X.509** (**.CER**) aus und klicken auf **Next.**
16. Speichern Sie die Datei als `Root64.cer`, und beenden Sie den Vorgang mit **Next.**

Konvertieren in das PEM-Format

Nachdem Sie den Private Key und die Zertifikat-Chain erstellt haben, könnten diese eigentlich in die Appliances eingespielt werden. Vorher müssen sie aber noch wie beschrieben in das PEM-Format konvertiert werden. Im Folgenden sind die dazu notwendigen Befehle aufgelistet:

```
openssl pkcs12 -export -in C:\certs\identity\rui.crt -inkey
C:\certs\identity\rui.key -certfile c:\certs\Root64.cer -name "rui" -
passout pass:Vmware1! -out C:\certs\identity\rui.pfx

openssl pkcs12 -export -in C:\certs\vcaca\rui.crt -inkey
C:\certs\vcaca\rui.key -certfile c:\certs\Root64.cer -name "rui" -
passout pass:Vmware1! -out C:\certs\vcaca\rui.pfx

openssl pkcs12 -in C:\certs\identity\rui.pfx -inkey
C:\certs\identity\rui.key -out C:\certs\identity\rui.pem -nodes

openssl pkcs12 -in C:\certs\vcaca\rui.pfx -inkey
C:\certs\vcaca\rui.key -out C:\certs\vcaca\rui.pem -nodes
```

Einspielen der Zertifikate

Um nun die Zertifikate in Ihre Identity Appliance bzw. vRealize Automation Appliance einzuspielen, gehen Sie wie folgt vor:

1. Loggen Sie sich auf Ihrer Appliance unter der Adresse `https://<identity-hostname.domain.name>:5480` ein.
2. Klicken Sie auf die Registerkarte **SSO** und dann auf **SSL**.
3. Wählen Sie in der Dropdown-Liste **Choose Option** den Eintrag **Import PEM encoded certificate**.
4. Öffnen Sie die `rui.key`-Datei, fügen Sie den Inhalt in die Zwischenablage ein, und kopieren Sie ihn in das Feld **RSA Private Key** (siehe Abb. 4–14).

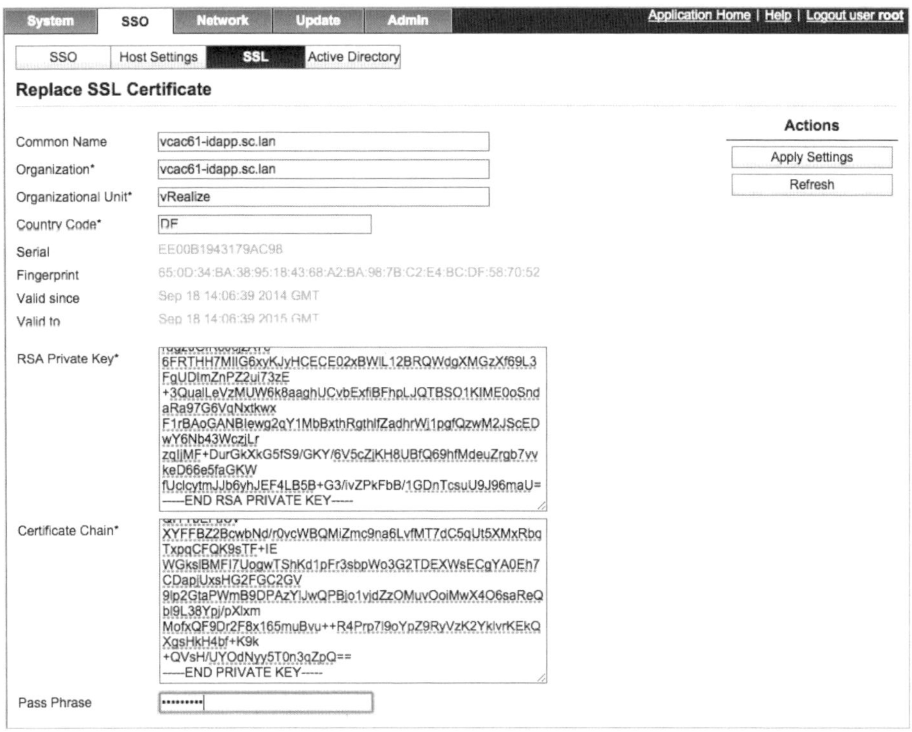

Abb. 4–14 *Hochladen des Zertifikats*

5. Öffnen Sie anschließend die `rui.pem`-Datei, fügen Sie den Inhalt in die Zwischenablage ein, und kopieren Sie ihn in das Feld **Certificate**.
6. Geben Sie Ihr Passwort im Feld **Pass Phrase** ein.
7. Klicken Sie auf den Knopf **Replace Certificate**.
8. Wiederholen Sie den Vorgang für die andere Appliance.

4.1.5.3 Erzeugen und Einspielen der IaaS-Zertifikate

Auch beim Erzeugen und Einspielen der IaaS-Zertifikate müssen Sie eine Reihe von Schritten ausführen:

- Erzeugen der Certificate-Requests (CSR)
- Erzeugen des Zertifikats mittels der Root-CA
- Konvertieren des Zertifikats in das PFX-Format
- Einspielen des Zertifikats für den IIS-Server
- Einspielen des Zertifikats für den Manager Server

Da die ersten beiden Schritte bereits im vorigen Abschnitt beschrieben worden sind, zeigen wir hier nur den Prozess ab dem Konvertieren in das PFX-Format. Wir gehen davon aus, dass Sie die erforderlichen Schritte erneut für das IaaS-Zertifikat ausgeführt haben.

Bitte beachten Sie auch, dass Sie – falls sich der IIS und der IaaS Manager Service auf unterschiedlichen Knoten befinden – zwei verschiedene Zertifikate erstellen müssen.

Konvertieren des Zertifikats in das PFX-Format

Für das Konvertieren in das PFX-Format wird wieder OpenSSL benötigt. Öffnen Sie daher die Eingabeaufforderung, und wechseln Sie in das `bin`-Verzeichnis von OpenSSL, um folgenden Befehl eingeben zu können:

```
openssl pkcs12 -export -in c:\certs\vcaciaas\rui.crt -
inkey c:\certs\vcaciaas\rui.key -certfile c:\certs\Root64.cer -name
"rui" -passout pass:Vmware1! -out c:\certs\vcaciaas\rui.pfx
```

Einspielen des Zertifikats im IIS-Server

Um das Zertifikat bei der Installation verwenden zu können, muss es jedoch Windows erst bekannt gemacht werden. Öffnen Sie dazu das `mmc.exe`-Tool von der Kommandozeile, und führen Sie die folgenden Schritte aus:

1. Klicken Sie auf **File > Add/Remove Snap-in.**
2. Suchen Sie das **Certificates**-Snap-in im linken Bereich, und fügen Sie es mit **Add** zu der Liste der Snap-ins hinzu. Klicken Sie dann auf **OK**.
3. Wählen Sie im nächsten Dialogfeld **Computer Account**, und klicken Sie den **Next**-Knopf.
4. Auf der nächsten Maske ist **Local Computer** auszuwählen und der Vorgang mit **Finish** zu beenden. Klicken Sie auf der nächsten Maske auf **OK.**
5. Im Certficates-Snap-in können Sie nun Ihre Zertifikate hinzufügen. Markieren Sie dazu den Ordner **Personal**, und wählen Sie im Kontextmenü **All Tasks > Import** aus.
6. Spielen Sie das Zertifikat im PFX-Format ein.

Falls Sie diese Schritte erfolgreich ausgeführt haben, können Sie das Zertifikat während der Installation benutzen. Wenn Sie das Zertifikat später tauschen wollen, können Sie das *vRealize Automation Configuration Tool* starten (**Programs > VMware > vCAC**).

Wählen Sie dazu im entsprechenden Dienst in der Dropdown-Liste **Available certificates** Ihr eingespieltes Zertifikat aus. Achten Sie beim Verwenden des Zertifikats jedoch darauf, die Option **Surpress certificate missmatch** zu setzen.

Auch das Zertifikat für den IaaS Manager Service kann auf diese Weise leicht ausgewählt werden.

4.1.6 Austausch von Zertifikaten

Auch nach der Installation besteht gelegentlich noch Bedarf, Zertifikate auszutauschen, z.B. wenn deren Gültigkeit ausläuft. Aus diesem Grund soll zum Abschluss des Kapitels noch erläutert werden, wie ein Austausch zu erfolgen hat.

Da die Installation von vRealize Automation immer auf verschiedene Komponenten verteilt ist, reicht es nicht, nur ein Zertifikat zu tauschen. Vielmehr muss es auch an anderen Knoten bekannt gemacht werden. Welche das sind und in welcher Reihenfolge dies zu geschehen hat, haben wir bereits in Abschnitt 4.1.5.1 beschrieben.

4.1.6.1 Austausch des Identity-Appliance-Zertifikats

Ein Austausch des Identity-Appliance-Zertifikats erfordert folgende Schritte:

- Austausch des Zertifikats an der Identity Appliance.
- Aktualisieren der vRealize Automation Appliance mit dem neuen Zertifikat
- Aktualisieren des IaaS-Servers mit dem neuen Zertifikat

Der erste Schritt ist aus den vorigen Abschnitten bekannt und soll daher nicht wiederholt werden.

Aktualisieren der vRealize Automation Appliance mit dem neuen Zertifikat

Führen Sie dazu folgende Schritte aus:

1. Starten Sie PuTTY oder ein anderes Tool, um sich mit SSH an der Appliance anzumelden.
2. Loggen Sie sich mit dem Benutzernamen **root** und Ihrem Passwort ein.
3. Führen Sie folgenden Befehl von der Kommandozeile aus (ersetzen Sie dabei im Parameter `url` den Wert durch den FQDN ihrer Identity Appliance):

```
/usr/sbin/vcac-config import-certificate --alias websso --url
https://<identity-hostname.domain.name>:7444
```

4. Starten Sie die vRealize Automation Appliance neu. Öffnen Sie dazu die Webkonsole und wählen Sie **System > Reboot** aus.

5. Überprüfen Sie nach dem Neustart, ob vRealize Automation ordnungsgemäß läuft. Es müssen folgende Dienste gestartet sein (**System > Services**):
   - Authorization
   - Authentication
   - Eventlog-service
   - Shell-ui-app
   - Branding-service
   - Plugin-Service

   Bitte beachten Sie, dass es allerdings bis zu zehn Minuten dauern kann, bis diese Dienste alle gestartet sind.

Aktualisieren des IaaS-Servers mit dem neuen Zertifikat

Der letzte Schritt besteht darin, ein Update der IaaS-Komponenten durchzuführen. Es reicht hier, die Änderungen am Model Manager bekannt zu machen – die anderen Komponenten werden im Hintergrund automatisch mit den Änderungen vertraut gemacht.

Um nun mit dem Aktualisieren zu beginnen, müssen Sie die Eingabeaufforderung (mit Administratorberechtigung) öffnen und ins folgende Verzeichnis wechseln:

```
C:\Program Files (x86)\VMware\vCAC\Server\Model Manager Data\Cafe
```

Von dort können Sie die Befehle absetzen, um die neuen Zertifikate von der Identity Appliance herunterzuladen und in den lokalen Zertifikats-Trust-Store von Windows einzufügen:

```
vcac-config.exe DownloadRootCertificates --RootCertPath "C:\Program Files
(x86)\VMware\vCAC\Server\Website\SSO root.cer" --SignCertPath "C:\Program
Files (x86)\VMware\vCAC\Server\Website\SSO signing.cer" –v

vcac-config.exe DownloadRootCertificates --RootCertPath "C:\Program Files
(x86)\VMware\vCAC\Web API\SSO root.cer" --SignCertPath "C:\Program Files
(x86)\VMware\vCAC\Web API\SSO signing.cer" –v
```

Danach muss noch der IIS mit dem Befehl `iisreset` neu gestartet werden.

4.1.6.2 Austausch des vRealize-Automation-Appliance-Zertifikats

Um das vRealize-Automation-Appliance-Zertifikat auszutauschen, müssen Sie folgende Schritte durchführen:

- Austausch des Zertifikats auf der Appliance
- Aktualisieren des IaaS-Servers
- Update der SSO-Einstellungen auf der Appliance

Da der erste und der dritte Schritt schon bekannt sind, erläutern wir hier noch das Updaten des IaaS-Servers. Öffnen Sie dazu die Eingabeaufforderung mit Administratorberechtigungen, und wechseln Sie in folgendes Verzeichnis:

```
C:\Program Files (x86)\VMware\vCAC\Server\Model Manager Data\Cafe
```

Führen Sie dort folgenden Befehl aus (fügen Sie dabei den vollqualifizierten Namen Ihres Datenbankservers ein):

```
vcac-Config.exe UpdateServerCertificates -d vcac_database -s
sql_database server -v
```

Zum Abschluss muss der Webserver noch mit dem Befehl `iisreset` neu gestartet werden.

4.1.6.3 Austausch des IaaS-Zertifikats

Auch beim Austausch des IaaS-Zertifikats sind mehrere Schritte notwendig. Zuerst muss es am IIS ausgetauscht werden, und in einem zweiten Schritt muss die vRealize Automation Appliance neu konfiguriert werden, so dass die Vertrauensstellung zwischen der Appliance und dem IaaS-Server weiterhin bestehen kann.

Austausch auf dem IIS-Server

Folgende Schritte müssen ausgeführt werden:

1. Um das Zertifikat auf dem IIS-Server zu ändern, müssen Sie zuerst die IIS-Konsole öffnen.
2. Navigieren Sie dann im linken **Connections**-Feld auf Ihren Server, und wählen Sie im rechten Hauptbereich den Punkt **Server Certificates** aus.
3. Wählen Sie unter **Actions** den Menüpunkt **Import** aus, suchen Sie Ihr PFX-Zertifikat, und geben Sie Ihr vergebenes Passwort ein. Klicken Sie dann auf OK.
4. Als Nächstes markieren Sie Ihre **Default Web Site** und wählen **Actions Bindings** aus.
5. Wählen Sie in dem geöffneten Dialogfeld **https** aus, und klicken Sie dann auf **Edit.**
6. An dieser Stelle können Sie das neue Zertifikat auswählen. Klicken Sie danach auf **OK.**

Registrieren des neuen Zertifikats an der vRealize Automation Appliance

Der letzte Schritt besteht darin, die Vertrauensstellung zwischen dem IaaS-Server und der vRealize Automation Appliance wiederherzustellen. Dazu müssen Sie wieder ins folgende Verzeichnis wechseln:

```
C:\Program Files (x86)\VMware\vCAC\Server\Model Manager Data\Cafe
```

Führen Sie dort die folgenden Befehle aus (bitte vergessen Sie nicht, die Endpoints zu ändern):

```
vcac-config RegisterEndpoint -EndpointAddress
https://vcac-iaas.ix.lab/vcac -Endpoint ui -v?

vcac-config RegisterEndpoint -EndpointAddress
https://vac-iaas.ix.lab/vcac/SslCallback.aspx  -Endpoint ssl -v?

vcac-config RegisterEndpoint -EndpointAddress
https://vcac-iaas.ix.lab/epository -Endpoint repo -v?vcac-config
RegisterEndpoint -EndpointAddress https://vcac-iaas.ix.lab/WAPI -Endpoint
wapi -v?

vcac-config RegisterEndpoint -EndpointAddress
https://vcac-iaas.ix.lab/WAPI/api/status -Endpoint status -v
```

4.2 Zusammenfassung

In diesem Kapitel haben wir beschrieben, wie die Installation von vRealize Automation durchzuführen ist. Am einfachsten geht dies, falls vRealize Automation für kleinere Umgebungen bereitgestellt werden soll und die Installation der IaaS-Komponenten nicht verteilt ist. Auch das Einspielen von offiziellen Zertifikaten ist manchmal von Bedeutung. Aus diesem Grund wurden die einzelnen Schritte noch mal im Detail vorgestellt. Nachdem die Installation jetzt abgeschlossen ist, besprechen wir in den nächsten Kapiteln die Konfiguration von vRealize Automation.

5 Design und Konfiguration von vRealize Automation

Nachdem wir im letzten Abschnitt die Installation ausführlich beschrieben haben, fahren wir nun mit der Konfiguration des vRealize Automation Centers fort.

In diesem Kapitel wird der Konfigurationsprozess genau beschrieben. Zuerst erläutern wir, wie ein Mandant (Tenant) konfiguriert werden kann. Anschließend geben wir Ihnen einen Überblick über das logische Modell von vCloud Automation Center. Mit diesem Hintergrundwissen kann anschließend das vRealize-Automation-Design konzipiert werden. Zum Schluss zeigen wir detailliert auf, wie die einzelnen Komponenten in vRealize Automation eingerichtet werden können.

5.1 Tenant-Konfiguration

Da Sie für die weitere Konfiguration wissen müssen, was ein Mandant (Tenant) in vRealize Automation bedeutet, klären wir in diesem Abschnitt zunächst den Begriff desTenants und beschreiben die dahinterliegenden Konzepte.

5.1.1 Der Tenant als Organisationseinheit

Prinzipiell kann ein Tenant als Organisationseinheit in einem Unternehmen verstanden werden. Als solche hat er folgende Eigenschaften:

- Provisionieren von eigenen Ressourcen (wie zum Beispiel virtuelle Maschinen)
- Zuweisen von dedizierter Hardware
- Eigene Benutzerverwaltung (Anbindung an ein Verzeichnisdienst wie Active Directory)

Während der Installation der IaaS-Komponenten wurde bereits der erste Tenant – der Default Tenant – eingerichtet. Sein Name lautet `vsphere.local`, und der Benutzer `administrator@vsphere.local` ist der Systemadministrator des Default Tenants.

Systemadministrator-Berechtigungen

Dabei hat ein Systemadministrator in vRealize Automation folgende Berechtigungen:

- Er ist dafür verantwortlich, alle systemweiten Einstellungen vorzunehmen. Dies umfasst das Branding der Seite, eine mögliche Anbindung an ein- und ausgehende E-Mail-Server oder das Überprüfen von System-Logdateien.
- Darüber hinaus kann ein Systemadministrator weitere Tenants einrichten.

Während es prinzipiell möglich ist, mit nur einem Tenant (also dem Default Tenant) zu arbeiten, ist es jedoch nicht immer sinnvoll, dies zu tun. Der Grund dafür ist, dass alle Elemente, die im Default Tenant erzeugt und konfiguriert werden, auch für alle anderen Tenants sichtbar sind. Falls die Tenants aber isoliert voneinander bereitgestellt werden sollen, ist eine Konfiguration im Default Tenant nicht wünschenswert.

5.1.2 Tenant-Einrichtung

Die Konfiguration des Default Tenants knüpft nahtlos an die Installation der IaaS-Komponenten an. Falls Sie bei der Installation die Option **Guide me through initial configuration** gesetzt haben, werden Sie direkt mit der vRealize Automation Appliance verbunden. Andernfalls können Sie im Browser die Adresse `https://<vrealize-automation-appliance.domain.name>` öffnen. Sie werden dann für den Login-Vorgang auf die SSO-Appliance weitergeleitet (siehe Abb. 5–1).

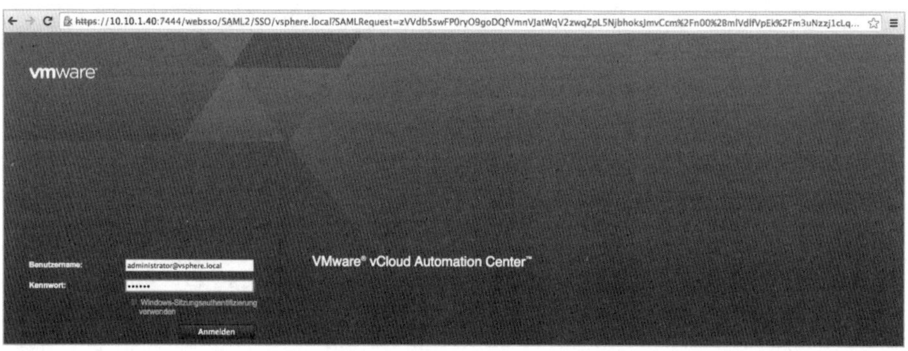

Abb. 5–1 Login-Bildschirm der vCloud Automation Center Appliance

Auf dem Login-Bildschirm können Sie sich beim Default Tenant mit dem Benutzernamen `administrator@vsphere.local` und Ihrem Passwort anmelden.

Sobald Sie im Default Tenant angekommen sind, warten folgende Konfigurationsarbeiten auf Sie:

Tipp: Der richtige Browser

Benutzen Sie zur Konfiguration nur einen Browser, der vom Anbieter noch unterstützt wird. Auch wenn die Darstellung im Browser richtig erscheint, kann es zu Komplikationen kommen und können Konfigurationsschritte unter Umständen nicht erfolgreich abgeschlossen werden.

- Anbindung an einen E-Mail-Server
- Branding der vRealize-Automation-Webseite
- Anlegen/Konfiguration der Tenants

Es ist zwar darüber hinaus möglich, noch mehr Konfigurationsarbeiten durchzuführen, wir empfehlen Ihnen aber, dies nicht im Default-Tenant zu machen, sondern in dem anzulegenden Haupt-Tenant.

5.1.2.1 E-Mail-Server-Anbindung

Damit vRealize Automation Benutzern zur Laufzeit Benachrichtigungen über den aktuellen Verlauf der Provisionierung bzw. Genehmigungsanfragen schicken und empfangen kann, ist eine E-Mail-Server-Anbindung notwendig. Dazu können sowohl eingehende als auch ausgehende E-Mail-Server konfiguriert werden.

Um die E-Mail-Server-Anbindung zu konfigurieren, klicken Sie bitte auf **Administration > Notifications > Email Servers**. Wenn Sie anschließend auf das [+]-Symbol klicken, können Sie einen eingehenden bzw. ausgehenden E-Mail-Server einrichten. Anschließend kann die Konfiguration mit dem **Test Connection**-Button überprüft werden.

5.1.2.2 Branding der Webseite

Für viele Unternehmen ist es wichtig, dass Portale mit einer gewissen Corporate Identity versehen sind. Dies ist im Falle von vRealize Automation auch möglich – wenn auch nur im begrenzten Maße. Dabei können Sie folgende Bestandteile der GUI austauschen:

- Header-Logo
- Header-Text (Produktname)
- Footer
- Hintergrundfarbe
- Textfarbe
- Copyright-Informationen
- Kontaktlink
- Privacy-Policy-Text

Um eine Änderung des Branding durchzuführen, klicken Sie auf **Administration > Branding.**

5.1.2.3 Anlegen von Tenants

Die wichtigste Konfigurationsarbeit ist an dieser Stelle das Anlegen eines ersten Haupt-Mandanten (Tenant). Nachdem dies geschehen ist, erfolgt die weitere Konfiguration in diesem Mandanten. Wechseln Sie auf den Menüpunkt **Administration > Tenants**, um den Konfigurationsvorgang zu beginnen (siehe Abb. 5–2).

An dieser Stelle ist es nun möglich, mit dem [+]-Symbol einen neuen Tenant anzulegen. Der darauffolgende Assistent ist in drei Schritte unterteilt.

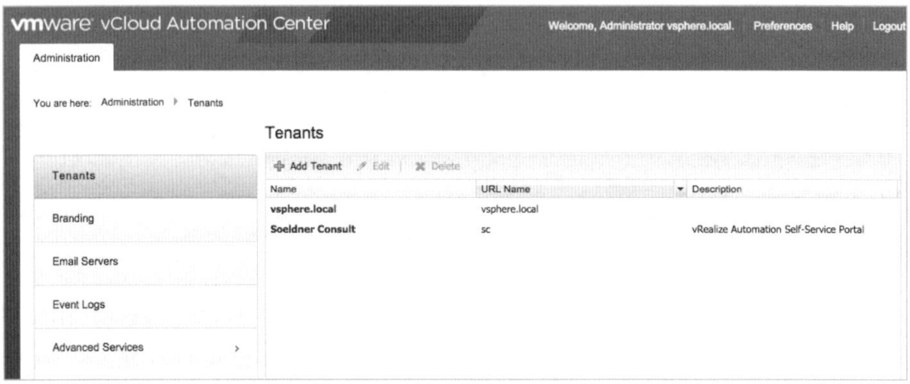

Abb. 5–2 *Allgemeine Tenant-Einstellungen*

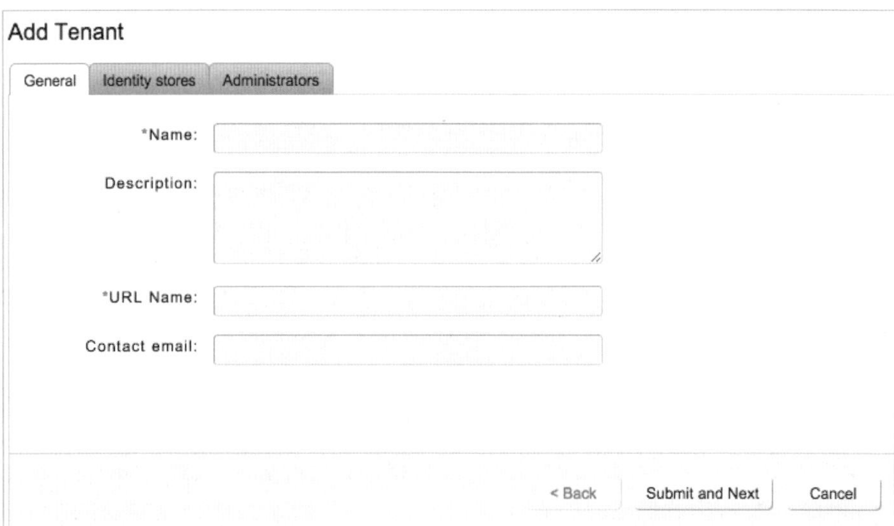

Abb. 5–3 *Anlegen eines Tenants*

Im ersten Dialogfeld (**General**) ist der **Name** des Tenants zu hinterlegen (siehe Abb. 5–3). Zusätzlich wird ein **URL Name** benötigt. Aus diesem wird die URL erzeugt, über die der Mandant via HTTP erreichbar ist. Falls Sie nun beispielsweise »sc« als URL-Name definieren, lautet die URL `https://<vrealize-automa-`

tion-appliance.domain.name>/vcac/org/sc. Als optionale Felder können Sie zusätzlich eine Beschreibung und eine Kontakt-E-Mail-Adresse hinterlegen.

Auf der nächsten Bildschirmmaske können Sie einen Identity Store konfigurieren. Diese Anbindung dient dazu, dass Sie Benutzer und Gruppen nicht neu anlegen müssen, sondern vielmehr dafür einen bestehenden Verzeichnisdienst verwenden können. Dabei stehen als mögliche Verzeichnisdienste OpenLDAP und Active Directory zur Verfügung. Für den Default Tenant steht darüber hinaus Active Directory im Native Mode zur Verfügung. Die Konfiguration des Identity Store ist in Abbildung 5–4 dargestellt.

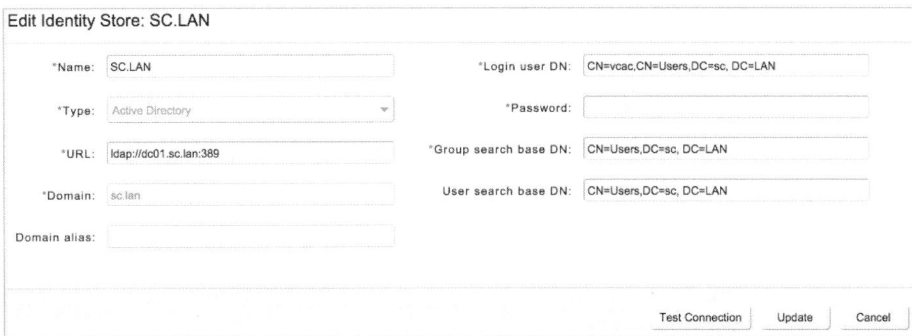

Abb. 5–4 *Konfiguration eines Identity Store*

Sie können an dieser Stelle die Anbindung an einen Verzeichnisdienst wie folgt durchführen:

- Vergeben Sie in der Textbox **Name** eine Bezeichnung für die Anbindung.
- Wählen Sie unter **Type** die Art der Anbindung.
- Unter **URL** muss die Adresse des Verzeichnisdienstes im Format `ldap://<ldap-server>:port` eingegeben werden, also zum Beispiel `ldap://dc-01.sc.lan:389`.
- Im Feld **Domain** tragen Sie den Namen Ihrer Domäne ein.
- Das Feld **Domain alias** ist optional. Es kann definiert werden, wenn der Name der Domäne zu lang erscheint. Wenn Sie zum Beispiel *sc* als Alias verwenden, loggen sich Benutzer später mit *benutzer@sc* statt mit *benutzer@sc.lan* ein.
- In der Textbox **Login user DN** müssen Sie einen Benutzer mit Berechtigung zum Lesen von Verzeichnisdienstinformationen eintragen. Achten Sie hier auf das Format der Eingabe: Diese muss im LDAP-Format sein, also beispielsweise *CN=Administrator, CN=Users, DC=SC, DC=LAN*. Geben Sie das dazugehörige Passwort in der darunterliegenden Textbox ein.
- In der nächsten Textbox, **Group search base DN**, kann angegeben werden, welche Stelle im Verzeichnisdienst als Ausgangspunkt für die Suche nach Gruppen gelten soll. Geben Sie auch hier den Wert im LDAP-Format ein.

- Das letzte Feld, **User search base DN**, ist optional. Es kann genutzt werden, um anzugeben, wo im Verzeichnisdienst nach Benutzern gesucht werden soll.

Klicken Sie zum Abschluss auf **Test Connection** und, falls die Testverbindung funktioniert, auf **Add**.

> **Tipp: Herausfinden der Distinguished Names (DN)**
>
> Falls Sie nicht wissen, was der genaue Distinguished Name ist und Sie Active Directory benutzen, können Sie das Tool *Active Directory Explorer* benutzen. Dieses ist in den Microsoft Tools enthalten. Mit dem AD Explorer können Sie im Active Directory browsen und sich für jeden Knoten den DN anzeigen lassen.

> **Tipp: Troubleshooting beim Hinzufügen des Identity Store**
>
> Das Hinzufügen des Identity Store gestaltet sich manchmal schwierig, vor allem dann, wenn Sie sich Ihrer Umgebungswerte nicht unbedingt sicher sind. Leider sind auch die angezeigten Fehlermeldungen nicht immer hilfreich. Sie können sich jedoch per SSH auf die vRealize Automation Appliance verbinden und die genauen Fehlermeldungen in der Datei `/var/log/messages` nachlesen. Falls die Konfiguration schiefgeht, ist es darüber hinaus empfehlenswert, den Tenant komplett zu löschen und erneut anzulegen. Beachten Sie aber, dass er unter Umständen auch aus der Identity Appliance gelöscht werden muss.

Im dritten Schritt müssen noch die Administrationsberechtigungen für den Tenant vergeben werden. Dabei wird zwischen Tenant-Administrator und IaaS-Administrator unterschieden. Während Ersterer für die allgemeinen Einstellungen (z.B. Benutzerberechtigungen, Service-Catalog-Einstellungen oder Genehmigungsworkflows) zuständig ist, ist der IaaS-Administrator für die Konfiguration der Provisionierung verantwortlich.

Damit Sie den Assistenten an dieser Stelle erfolgreich abschließen können, müssen Sie diese beiden Rollen noch einem bzw. zwei verschiedenen Benutzern zuweisen (siehe Abb. 5–5).

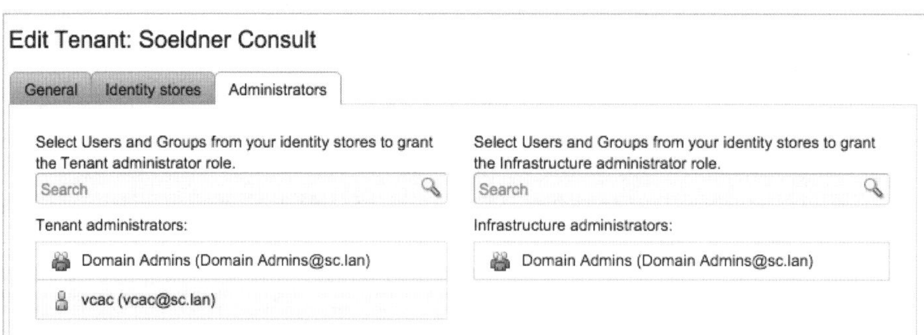

Abb. 5–5 *Festlegen von Tenant-Rollen*

An dieser Stelle kann man sich nun als Systemadministrator von der vRealize Automation Appliance abmelden und am neu angelegten (bzw. konfigurierten) Tenant anmelden.

Tipp: Änderung von Benutzerberechtigungen

Bitte beachten Sie, dass das Ändern von Benutzerberechtigungen immer erst dann Auswirkungen hat, wenn Sie sich erneut bei vRealize Automation anmelden.

5.2 Einrichten von vRealize Automation-Mandanten

Nachdem die Einrichtung des Tenants abgeschlossen ist, kann nun mit der Konfiguration der vRealize-Automation-Umgebung fortgefahren werden. Dabei sind folgende Schritte abzuarbeiten:

1. Einspielen der Lizenz
2. Konfiguration der Endpunkte
3. Anlegen von Fabric Groups
4. Definition von Machine Prefixes
5. Anlegen von Business Groups
6. Erzeugen von Reservations
7. Zuweisen von Reservation Policies (optional)
8. Erstellen von Cost Profiles (optional)

Tipp: Manager Service überprüfen

Bitte überprüfen Sie an dieser Stelle, ob nach der vRealize-Automation-Installation auch der Manager Service (Windows-Dienst) auf der IaaS-Maschine gestartet ist. Andernfalls kann es passieren, dass einige Konfigurationsschritte nicht erfolgreich ausgeführt werden können.

5.2.1 Einspielen der Lizenz

Der erste Schritt, das Einspielen der Lizenzen, kann schnell erledigt werden. Klicken Sie dazu in der oberen horizontalen Hauptnavigation auf die Registerkarte **Infrastructure**, und wählen Sie dann in der linken vertikalen Menüleiste den Punkt **Administration**. Daraufhin gelangen Sie in ein Untermenü, von wo aus Sie **Licensing** auswählen können (siehe Abb. 5–6).

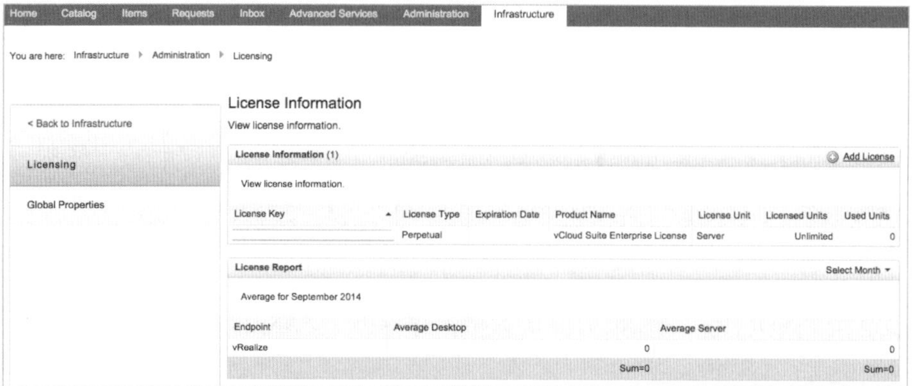

Abb. 5–6 *Einspielen der vRealize-Automation-Lizenz*

Anschließend sehen Sie auf der rechten Seite den Button **Add Licence**. Wenn Sie auf den Link klicken, öffnet sich ein modales Fenster, in dem Sie Ihren Lizenzschlüssel einfügen können. Schließen Sie anschließend den Dialog mit **OK**.

5.2.2 Konfiguration der Endpunkte

Der erste Schritt, um mit vRealize Automation Ressourcen provisionieren zu können, besteht immer in der Definition eines Endpoints. Damit Sie Endpoints anlegen können, müssen Sie jedoch darauf achten, IaaS-Administratorberechtigungen zu haben. Beim Anlegen eines Endpoints werden darüber hinaus noch die Berechtigungen für das Zielsystem benötigt. Wenn Sie also beispielsweise Maschinen auf vSphere provisionieren wollen, benötigen Sie einen entsprechenden Account in vCenter, der auch das Erstellen von virtuellen Maschinen zulässt.

vRealize Automation benutzt jedoch Endpoints nicht nur, um Maschinen zu erzeugen, vielmehr werden sie auch benutzt, um in regelmäßigen Abständen Informationen über die Infrastruktur abzurufen. Die gefundenen Entitäten können beispielsweise ESXi-Server, Cluster, virtuelle Maschinen, Templates oder ISOs sein.

Die wichtigsten Endpoints sind hierbei:

- vSphere (vCenter Server)
- Hyper-V (Microsoft System Center Virtual Machine Manager)
- KVM (Red Hat Virtualization Server)
- Xen Server
- vCloud Director
- vCloud Hybrid Services

- Amazon AWS
- Red Hat Open Stack
- Dell iDrac oder HP ILO
- Cisco UCS
- VMware Orchestrator
- NetApp Flexclone

Nachdem ein Endpoint eingerichtet worden ist, können die dahinterliegenden **Compute Resources** gefunden werden. Compute Resources umfassen beispielsweise ESXi-Hosts, Cluster, Hyper-V-Hosts, virtuelle Datacenter oder auch Amazon-Regionen.

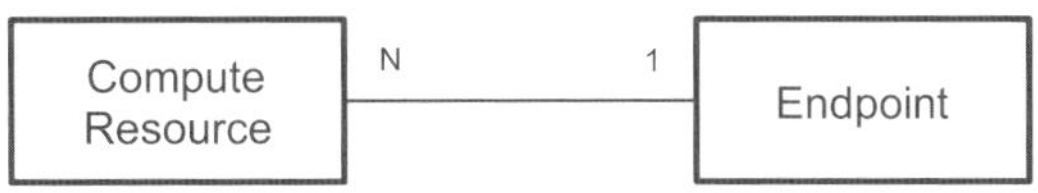

Abb. 5–7 *Beziehung zwischen Compute Resource und Endpoint*

Insgesamt besteht zwischen Endpoint und Compute Resource eine 1:n-Beziehung, d.h., jedem Endpoint können eine Menge an Compute Resources zugordnet werden (siehe Abb. 5–7). Intern kommuniziert vRealize Automation aber nicht direkt mit Endpoints, sondern benutzt dafür DEMs bzw. Agenten. Ob für die Kommunikation ein DEM oder Agent benutzt wird, hängt immer vom Zielsystem ab. So benötigen manche Endpunkte (wie z.B. vSphere) einen Agenten zur Kommunikation, während für andere Systeme (z.B. KVM) die entsprechende Funktionalität bereits im DEM implementiert ist.

Um nun in vRealize Automation zur Liste der Endpoints zu gelangen, können Sie im Hauptmenü auf **Infrastructure** und dann auf **Endpoint** klicken. Anschließend können Sie die Liste der bisher definierten Endpoints einsehen (siehe Abb. 5–8).

Abb. 5–8 *Endpoints*

5.2.2.1 Hinzufügen eines vSphere-Endpoints

Da die meisten vRealize-Automation-Umgebungen wahrscheinlich in einem vSphere-Umfeld implementiert werden, zeigen wir Ihnen an dieser Stelle, wie ein derartiger Endpoint einzurichten ist. Dabei müssen Sie folgende Schritte ausführen:

- Als Erstes prüfen Sie, ob der Agent gestartet ist.
- Im zweiten Schritt müssen Sie Credentials anlegen, um sich mit vSphere verbinden zu können.
- Zum Schluss kann der Endpoint erstellt werden.

Überprüfen des Agenten

Falls der vSphere-Agent bei der Installation der IaaS-Komponenten installiert worden ist (vollständige Installation), braucht man eigentlich nichts zu tun. Es muss lediglich überprüft werden, ob der entsprechende Windows-Dienst auch läuft. Bei der Installation wurde aber darüber hinaus ein Endpoint angelegt. Für dessen Konfiguration in der grafischen GUI wird aber dessen Name benötigt (standardmäßig »vCenter«). Wenn der Name nicht mehr bekannt ist, können Sie ihn in der Liste der Windows-Dienste nachschauen. Der vSphere-Agent trägt den Endpoint-Namen im Suffix.

Falls der Proxy-Agent bei der Installation der IaaS-Komponenten nicht installiert worden ist, muss dies nun nachgeholt werden.

Anlegen von Credentials

Der nächste Schritt besteht im Anlegen von Credentials. vRealize Automation speichert die Credentials separat vom Endpoint. So können dieselben Credentials für mehrere Endpoints wiederverwendet werden. Da es sich dabei lediglich um den zu verwendenden Benutzernamen und das zugehörige Passwort handelt, ist die Konfiguration einfach.

Um an dieser Stelle neue Credentials anzulegen, müssen Sie zu **Infrastructure > Endpoints > Credentials** navigieren.

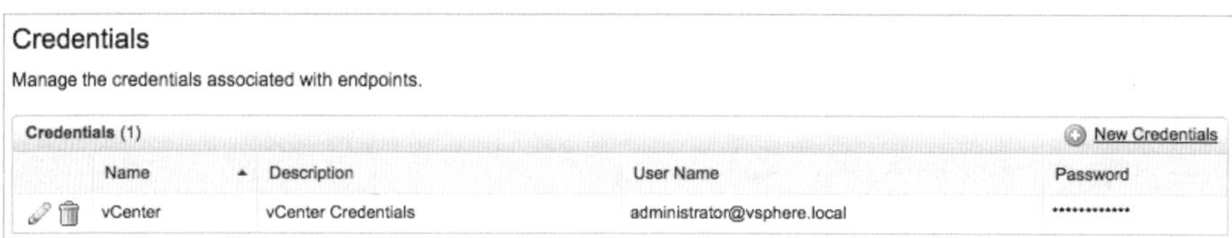

Abb. 5–9 *Anlegen von Credentials*

Klicken Sie anschließend im Hauptbereich auf den Link **New Credentials**. Daraufhin wechselt die Tabelle in den Editiermodus und Sie können einen neuen Datensatz einfügen.

Wichtig ist das Format der Credentials. Dieses ist vom Zielsystem abhängig. vSphere nutzt Active Directory-Authentifizierung, also bedeutet dies, dass man den **Username** im Format *Domäne\Username* angeben muss. Zum Schluss muss noch das Passwort hinterlegt werden – dann können die Credentials mit dem grünen **Save**-Knopf abgespeichert werden.

Endpoints

Da sich dieser Kapitelabschnitt insbesondere mit einem vSphere Endpoint beschäftigt, sollen an dieser Stelle kurz die weiteren Endpoint-Arten erläutert werden:

- Der **vCloud Director Endpoint** kann dazu genutzt werden, sich mit vCloud Director zu verbinden. vCloud Director selbst basiert auf vSphere. Bitte achten Sie darauf, dass Sie die gleichen Ressourcen nicht sowohl über den vCloud Director Endpoint als auch über den vSphere Endpoint in vRealize Automation importieren.
- Der **vCloud Air (vorher: vCloud Hybrid Service) Endpoint** dient dazu, virtuelle Maschinen in vCHS-Rechenzentren zu provisionieren. Zu dem Zeitpunkt, als wir dieses Buch geschrieben haben, gab es jedoch noch keine vCHS-Rechenzentren in Deutschland.
- Der **Microsoft SCVMM Endpoint** erlaubt die Kommunikation mit SCVMM, um virtuelle Maschinen bereitzustellen. Dabei muss beachtet werden, dass der DEM Worker auf der gleichen Maschine wie die Microsoft-SCVMM-Konsole installiert werden muss. Zusätzlich benötigt der DEM Worker Zugriff auf das SCVMM-PowerShell-Modul. Dabei muss die PowerShell Execution Policy entweder auf RemoteSigned oder Unrestricted geschaltet (`Set-Execution-Policy Unrestricted/RemoteSigned`) werden. Falls ein einzelner Hyper-V-Host angesprochen werden soll, ist die Installation des Hyper-V-Proxy-Agenten notwendig.
- Der **Amazon Web Services EC2 Endpoint** kann dazu benutzt werden, um EC2-Instanzen zu deployen. Für die Verbindung sind die Credentials (Access Key und Secret Key) des AWS-Accounts notwendig. Es wird die URL der entsprechenden EC2-Region benötigt, und es muss eine Internetverbindung bestehen.
- Der **Red Hat Open Stack Endpoint** ermöglicht die Anbindung von OpenStack.
- Der **Red Hat Enterprise Virtualization KVM Endpoint** erlaubt es, Maschinen mittels KVM zu provisionieren. Dabei muss die KVM-Umgebung der gleichen Active Directory-Domäne wie vRealize Automation angehören.
- Der **Xen Server Endpoint** wird zusammen mit einem Agenten konfiguriert, um mit Xen-Server-Umgebungen zu kommunizieren.
- Der **Orchestrator Endpoint** ermöglicht das Anpassen von IaaS-Ressourcen mit Workflows.
- **Physical Endpoints** werden benötigt, um physische Rechner durch vRealize Automation zu verwalten. Dabei werden aktuell Dell iDrac, HP iLO und Cisco UCS Manager unterstützt.
- **Storage Endpoints** ermöglichen es vRealize Automation, direkt mit Storage-Arrays zu kommunizieren und deren erweiterte Funktionalität zu nutzen. Ein Beispiel ist hier die FlexClone-Technologie von NetApp. Mit diesen Endpoints und Orchestrator lassen sich Storage-as-a-Service-Szenarien (SaaS) umsetzen.

Erstellung des Endpoints

Der letzte Schritt besteht darin, den eigentlichen Endpoint anzulegen. In der linken Navigation klicken Sie auf **Endpoints**. Anschließend wählen Sie ganz rechts **New Endpoint > Virtual > vSphere (vCenter)** aus, woraufhin sich die entsprechende Konfigurationsmaske öffnet (siehe Abb. 5–10).

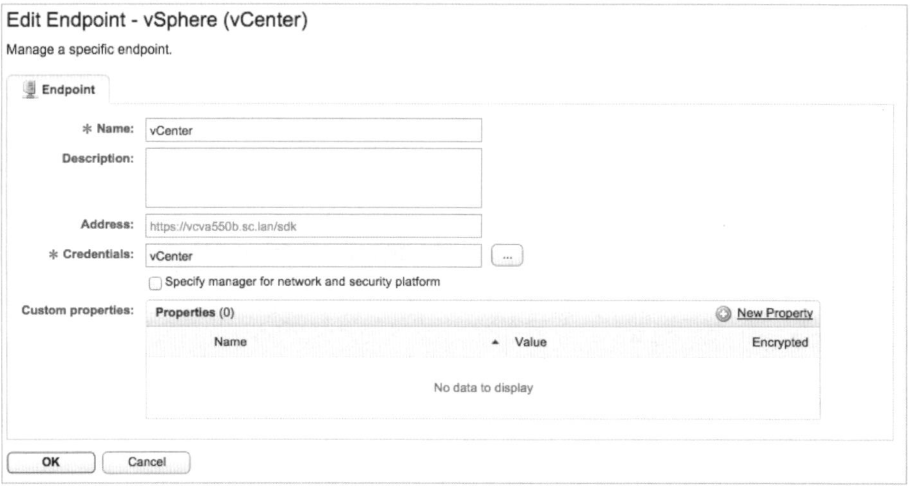

Abb. 5–10 *Endpoint-Konfiguration*

An dieser Stelle können Sie die Endpoint-Daten wie folgt eingeben:

- Der Endpoint-Name muss wie bei der Installation des Proxy-Agenten angegeben lauten.
- Die Beschreibung ist optional.
- Der Proxy benutzt für die Kommunikation die Java-Webservices von vSphere. Sie müssen daher die Adresse im Format `https://vcenter-server/sdk` hinterlegen.
- Falls Sie *vCloud Networking and Security* (vCNS) bzw. NSX einsetzen, ist es möglich, an dieser Stelle gleich die dazugehörige Adresse zu hinterlegen. Klicken Sie dazu auf **Specify manager for network and security platform**, und geben Sie die Serveradresse im Format `https://vcns-server` ein.
- Klicken Sie anschließend auf **OK**.

Tipp: Überprüfen des Endpoints

Es kann wenige Minuten dauern, bis vRealize Automation mithilfe der Endpoints Compute Resources finden kann. Falls dann immer noch keine Compute Resources auftauchen, können Sie unter **Infrastructure > Monitoring > Logs** die Logaktivitäten einsehen.

Falls Sie in vSphere später Ressourcen hinzufügen, ist es nötig, vRealize Automation und vSphere abzugleichen. Sie können dazu einen Data-Collection-Vorgang initiieren. Wechseln Sie dazu im Menü **Compute Resources** auf die Seite **Compute Resources**. Auf der entsprechenden Ressource findet sich dann im Kontextmenü der Eintrag **Data Collection**.

Die durch die Data Collection gefundene Menge aller Compute Resources wird auch *Fabric* genannt.

Hintergrund: Data Collection

Data Collection ist ein Vorgang, der im Hintergrund stattfindet, um das vRealize Automation Inventory mit seiner Umgebung abzugleichen. vRealize Automation führt die Data Collection regelmäßig in einem Intervall aus. Bei Bedarf kann die Intervalldauer angepasst werden. Es gibt unterschiedliche Arten von Data Collections:

- Unter **Infrastructure Source Endpoint Data Collection** versteht man das regelmäßige Laden von Informationen über Hosts und Templates für virtuelle Umgebungen. Bei Amazon werden Informationen über die Regionen und ihre Maschinen geladen. Bei physischen Maschinen wird der verfügbare Speicher und die CPU aktualisiert.
- Bei einer **Inventory Data Collection** werden einzelne Maschinen analysiert. Dies umfasst neben Netzwerk und Speicher auch einzelne Maschinen. Auch Maschinen, die noch nicht durch vRealize Automation verwaltet werden, werden in die Bestandsdatenbank geladen.
- Die **State Data Collection** überprüft den Zustand einzelner Maschinen und ermittelt, ob diese noch verfügbar sind.
- Die **Performance Data Collection** lädt aktuelle Performancedaten (nur bei vSphere-Endpoints möglich).
- Die **vCloud Networking and Security Inventory Data Collection** erkennt Objekte in vCNS.
- Die **WMI data collection** kann Informationen über Windows-Maschinen abrufen.

5.2.3 Eine Amazon-Verbindung erstellen

Um Amazon AWS einzubinden, müssen für den Endpoint ebenso Credentials eingerichtet werden. Dabei müssen Sie in der AWS-Administrationskonsole zuerst einen Access Key und einen Secret Key erzeugen (in der AWS Konsole gelingt dies unter Identity und and Access Management, siehe Abb. 5–11).

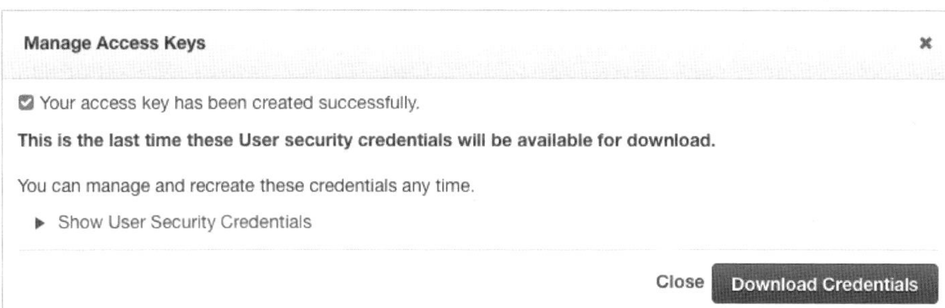

Abb. 5–11 *Erstellen eines Amazon Access und Secret Key*

Führen Sie die folgenden Schritte aus, um die Amazon-AWS Credentials zu erzeugen (siehe Abb. 5–12):

1. Wechseln Sie auf die Seite **Infrastructure > Endpoints > Credentials.**
2. Klicken Sie auf den Link **New Credentials.**

3. Vergeben Sie einen Namen und eine Beschreibung für die Credentials.
4. Fügen Sie unter **User name** den Access Key ein und unter **Password** den Secret Key.
5. Speichern Sie die Credentials.

Abb. 5–12 *Anlegen von Amazon Credentials*

Um einen Amazon Endpoint zu erzeugen, sind anschließend die folgenden Schritte notwendig:

6. Navigieren Sie auf die Seite **Infrastructure > Endpoints > Endpoints.**
7. Wählen Sie **New Endpoint > Cloud > Amazon EC2.**
8. Verbegen Sie einen Namen und eine Beschreibung. Als Name empfiehlt sich der Name des Amazon-Webservices-Accounts.
9. Verknüpfen Sie den Endpoint mit den zuvor erzeugten Credentials.
10. Fügen Sie optinonal einen Proxy-Server hinzu, falls der vRealize-Automation-Rechner keinen Zugriff auf das Internet hat.
11. Klicken Sie auf **OK**, um den Vorgang abzuschließen.

Nach diesem Vorgang beginnt die Data Collection aus der entsprechenden Amazon-Region.

5.2.4 Anlegen von Fabric Groups

Der nächste Schritt in der Konfiguration von vRealize Automation ist das Anlegen von Fabric Groups. Fabric Groups werden dazu benutzt, die gefundenen Compute Resources in Gruppen zusammenzufassen und administrierbar zu machen. Dabei wird durch den IaaS-Administrator für jede Fabric Group ein Verantwortlicher bestimmt – der Fabric-Administrator. Sobald Fabric Groups erzeugt worden sind, können diese mittels Reservierungen Benutzergruppen zugewiesen werden.

Das Zusammenspiel zwischen Fabric, Fabric Group und Endpoint ist in Abbildung 5–14 dargestellt: Die Fabric wird durch den IaaS-Administrator verwaltet. Mittels Endpoints werden Compute Resources zu der Fabric hinzugefügt. Diese werden wiederum in Fabric Groups gruppiert. Dabei wird jede Fabric Group durch einen Fabric Admin verwaltet.

Auch das Anlegen einer Fabric Group ist schnell erledigt. Navigieren Sie dazu zu **Infrastructure > Group > Fabric Group.** Auf dieser Seite finden Sie rechts den Link **New Fabric Group.**

Auf der sich öffnenden Seite finden Sie folgende Punkte (siehe Abb. 5–13):

- Name der Fabric Group
- Beschreibung
- Fabric-Administratoren
- Compute Resources

Nachdem Sie die entsprechenden Felder ausgefüllt haben, können Sie zum Anlegen auf **OK** klicken.

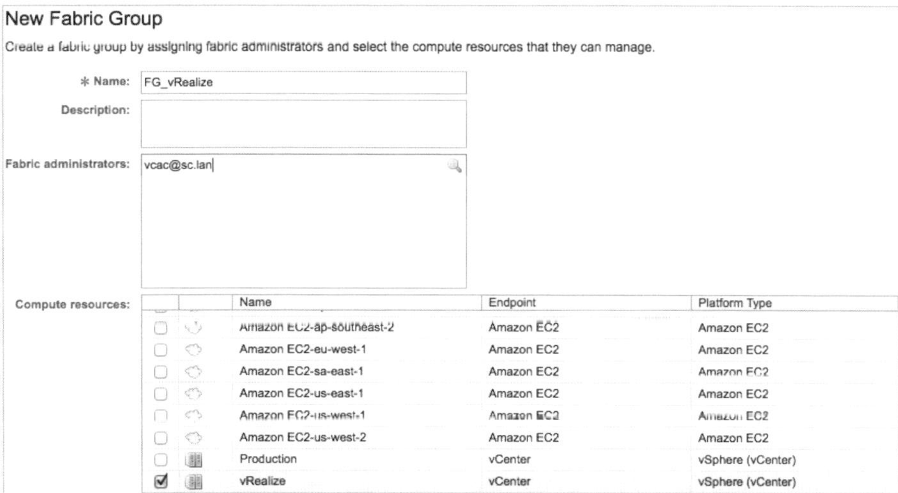

Abb. 5–13 *Anlegen einer Fabric Group*

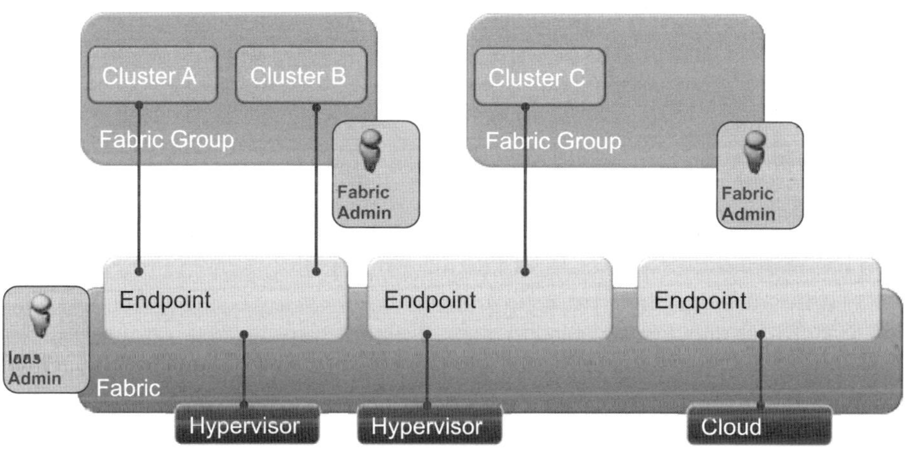

Abb. 5–14 *Zusammenspiel zwischen Fabric, Fabric Groups und Endpoints*

5.2.5 Definition von Machine Prefixes

Der nächste Schritt in der Konfiguration besteht darin, einen Machine Prefix zu definieren. Machine Prefixes werden dazu benutzt, um bereitzustellenden Maschinen eindeutige Namen zu vergeben. Ein Maschine Prefix besteht aus einer Zeichenkette und einer angehängten Zahl. Sie können daher mit inkrementell erhöhbaren Primärschlüsseln einer Datenbanktabelle verglichen werden. Dabei wird bei der Definition die Anzahl der Ziffern definiert. Falls Sie also ein Machine Prefix mit der Zeichenkette *sc* und drei Zahlenstellen definieren, heißen die erzeugten Maschinen später *sc001*, *sc002*, *sc003* usw. Dabei muss die Nummerierung nicht unbedingt bei 1 anfangen. Für die Definition der Zeichenkette gelten jedoch weitere Einschränkungen:

- Machine Prefixes müssen mit DNS-Namenskonventionen kompatibel sein, d.h., sie dürfen nur aus ASCII-Zeichen von A–Z und Ziffern zwischen 0 und 9 bestehen. Darüber hinaus sollen keine Sonderzeichen verwendet werden.
- Falls das Machine Prefix für das Provisionieren von Windows-Maschinen verwendet wird, beträgt die maximal verwendete Anzahl 15 Zeichen.

Um ein Machine Prefix anzulegen, müssen Sie auf die Seite **Infrastructure > Blueprints > Machine Prefixes** navigieren (siehe Abb. 5–15).

Dort können Sie den Link **New Machine Prefix** auswählen. Daraufhin wechselt die Tabelle in den Editiermodus, und Sie können das Machine Prefix wie beschrieben erstellen.

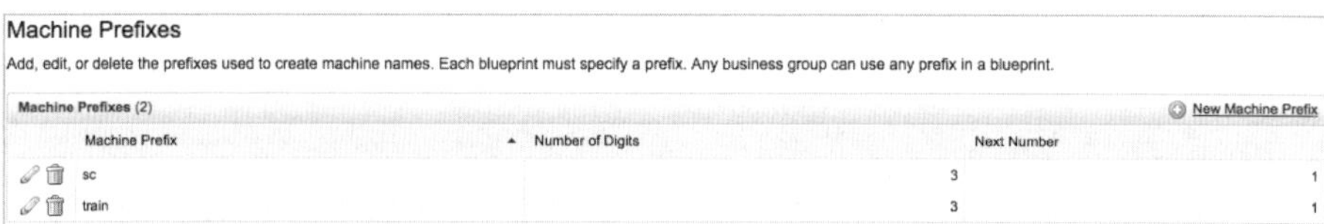

Abb. 5–15 *Übersicht über Machine Prefixes*

5.2.6 Anlegen von Business Groups

Das nächste wichtige Konstrukt in vRealize Automation Center ist das der Business Group. Business Groups werden verwendet, um Benutzergruppen mit ähnlichen Anforderungen zusammenzufassen. Beispiele für Business Groups können Organisationseinheiten wie ein Team (z.B. Programmierteam) oder eine Abteilung sein.

Business Groups erhalten anschließend Zugriff auf Fabric Groups (die Zuordnung erfolgt über Reservations). Um eine Business Group zu erstellen, müssen verschiedene Benutzer bestimmt werden:

- Es muss mindestens einen *Business Group Manager* geben. Dieser kann das Erstellen von Maschinen durch Benutzer genehmigen oder ablehnen. Darüber hinaus überprüft der Business Group Manager den aktuellen Ressourcenverbrauch. Zusätzlich kann der Manager eigene Blueprints verwalten, die jedoch nicht global sichtbar sind, sondern nur in der eigenen Business Group. Zusätzlich können Business Group Manager Maschinen für sich und andere Personen erstellen.
- *Support User* haben das Recht, Maschinen anstelle von anderen Benutzern anzufordern. (Dies ist vor allem dann interessant, wenn normale User nur vorhandene Maschinen verwalten, aber keine neuen erstellen dürfen.)
- Damit ein Benutzer prinzipiell Zugriff auf die Ressourcen einer Business Group haben kann, muss er in dieser Gruppe Mitglied sein. Ein Benutzer kann darüber hinaus Mitglied in verschiedenen Business Groups sein.

Mit diesem Wissen kann an dieser Stelle eine Business Group erzeugt werden. In vRealize Automation befindet sich die dazu notwendige Seite unter **Infrastructure > Groups > Business Group**. Um eine neue Business Group zu erzeugen, klicken Sie auf den Knopf **New Business Group**

Füllen Sie anschließend im Dialogfenster die folgenden Felder aus (siehe Abb. 5–16):

- Vergeben Sie als Erstes einen **Namen**, der die Business Group gut beschreibt, z.B. »IT« oder »Marketing«.
- Optional können Sie eine Beschreibung (**Description**) hinterlegen.
- Wählen Sie als Nächstes das **Machine Prefix** aus. Das Anlegen des Prefix wurde bereits im vorigen Abschnitt beschrieben.
- Im Feld **Active directory container** können Sie optional den Distinguished Name (DN) des Active Directory-Containers angeben, in dem die Maschinen später angelegt werden können.
- Im Feld **Group manager role** müssen Sie den Business Group Manager eintragen.
- In der Textbox **Send manager emails to** haben Sie die Möglichkeit, Benachrichtigungen zu aktivieren. Bitte beachten Sie, dass hierfür die globalen E-Mail-Server-Einstellungen so konfiguriert sein müssen wie zu Beginn des Kapitels beschrieben.
- Das Feld **Support roles** kann Benutzer mit der entsprechenden Rolle aufnehmen.
- Tragen Sie in das Feld **User roles** alle Mitglieder der Business Group ein.
- Die Tabelle **Custom properties** können Sie zunächst leer lassen.
- Klicken Sie anschließend auf **OK**.

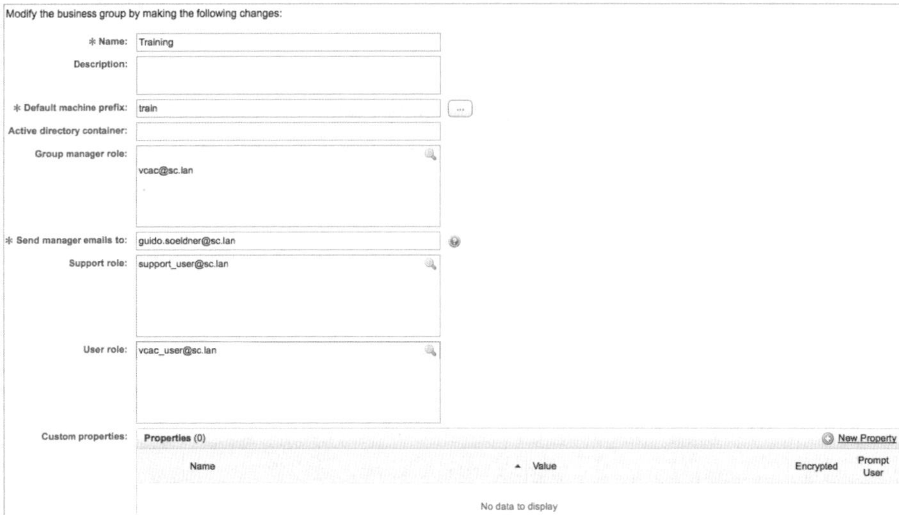

Abb. 5–16 *Anlegen einer Business Group*

Tipp: Gruppenmitgliedschaften in Business Groups

Das grafische Frontend unterstützt Auto Completion nur bei der Auswahl von einzelnen Benutzern, nicht aber bei der Suche von Gruppen. Nichtsdestotrotz können Sie trotzdem mit Gruppenmitgliedschaften arbeiten. Geben Sie dazu einfach den Gruppennamen ohne Auto Completion ein.

5.2.7 Reservations

Als Nächstes ist es möglich, eine Zuordnung zwischen Fabric Groups und Business Groups zu definieren. Zur Wiederholung: Fabric Groups fassen Compute Resources zu administrierbaren Einheiten zusammen, während Business Groups das Gleiche auf Benutzerebene definieren. Nun muss bestimmt werden, welche Business Groups Zugriff auf welche Fabric Groups haben. Dazu werden Reservations benötigt (siehe Abb. 5–17).

Tipp: vRealize Automation-Reservierungen

Wahrscheinlich sind Ihnen Reservations schon von vSphere bekannt. Beachten Sie jedoch, dass es zwar einige strukturelle Ähnlichkeiten zwischen vRealize-Automation-Reservations und vSphere-Reservations gibt, sie aber trotz des gleichen Namens in vielen Dingen unterschiedlich sind.

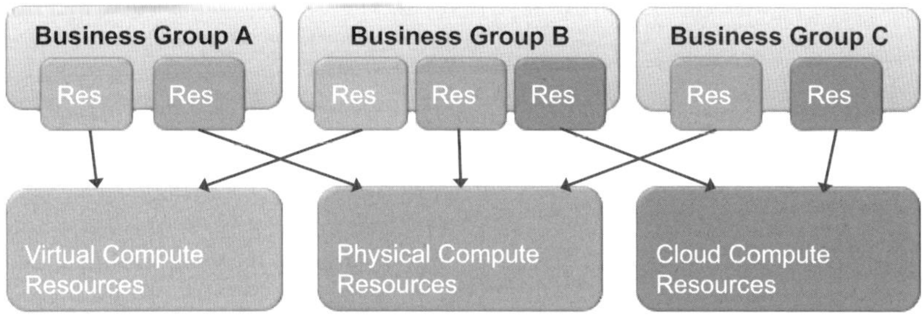

Abb. 5–17 *Zusammenhang zwischen Business Groups, Fabric Groups und Reservierungen*

Bei der Erstellung von Reservierungen werden Administratorberechtigungen benötigt, genauer gesagt muss der Benutzer Mitglied der Rolle *Fabric-Administrator* sein. Weiterhin gibt es unterschiedliche Arten von Reservierungen:

- Bei einer virtuellen Reservierung alloziert man einen Teil der virtuellen Ressourcen. Wenn man beispielsweise eine Reservierung an einem vSphere-Cluster erstellt, definiert man die Anzahl der vCPUs, die Größe des Speichers und welcher Datastore oder welche Netzwerke für die Reservierung genutzt werden sollen. Konsequenterweise ist es möglich, dass es für virtuelle Ressourcen mehr als eine Reservierung gleichzeitig geben kann (natürlich nur so lange, bis die Betriebsmittel wie Speicher oder Festplattenplatz erschöpft sind).
- Bei einer physischen Maschine wird immer der komplette Rechner reserviert. Also ist es nicht möglich, dass zwei verschiedene Reservierungen Zugriff auf genau einen physischen Rechner haben. Falls eine zweite Reservierung Zugriff benötigt, muss erst die erste Reservierung entfernt werden.
- Eine Reservierung kann auch auf eine Cloud-Ressource vergeben werden. Dann erfolgt die Zuordnung über den Service-Account (Amazon AWS) oder auf das virtuelle Datacenter (vCloud Director).

In der grafischen Oberfläche können Reservierungen unter **Infrastructure > Reservation > Reservation** verwaltet werden. Um eine vSphere-Reservierung anzulegen, klicken Sie anschließend auf **New Reservation > Virtual > vSphere**.

Das Dialogfeld zum Anlegen von Reservierungen zeigt vier Registerkarten. Auf der ersten Seite werden die Grundeinstellungen vorgenommen (siehe Abb. 5–18).

Folgende Einstellungen können Sie dabei vornehmen:

- Wählen Sie die zu verwendende **Compute resource** aus.
- Der **Name** wird automatisch ausgefüllt, er kann aber anschließend geändert werden.
- Im Feld **Tenant** wird der Mandant eingetragen.
- Das Feld **Business Group** definiert zusammen mit der Compute Resource die Verknüpfung.

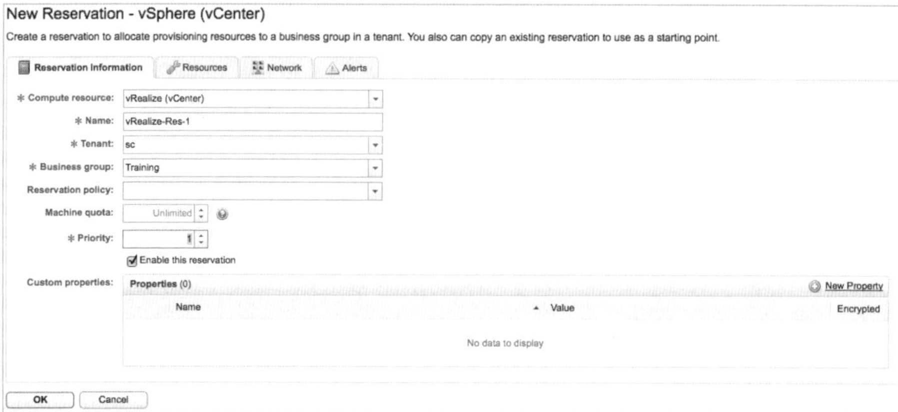

Abb. 5–18 *Anlegen einer Reservierung*

- Was eine **Reservation policy** ist, erläutern wir im nächsten Abschnitt. Aus diesem Grund kann das Feld zunächst leer bleiben.
- Bei **Machine quota** können Sie definieren, wie viele Maschinen durch die Reservierung erstellt werden können. Ist diese Quote erreicht, ist keine weitere Provisionierung mehr möglich. Standardmäßig ist hier jedoch eine unbegrenzte Anzahl möglich.
- Im Feld **Priority** kann definiert werden, wie vRealize Automation damit umgehen soll, wenn es mehr als eine Reservierung für eine Business Group gibt. In diesem Fall wird die Reservierung mit der höchsten Priorität zur Bereitstellung genutzt. Falls eine Reservierung nicht genug Ressourcen mehr hat, um eine virtuelle Maschine zu erzeugen, wird die nächstniedrigere Reservierung genutzt. Falls mehrere Reservierungen mit der gleichen Priorität existieren, werden die Anfragen gleichmäßig auf die Reservierungen verteilt.

Als Nächstes kann auf die Registerkarte **Resources** gewechselt werden (siehe Abb. 5–19)

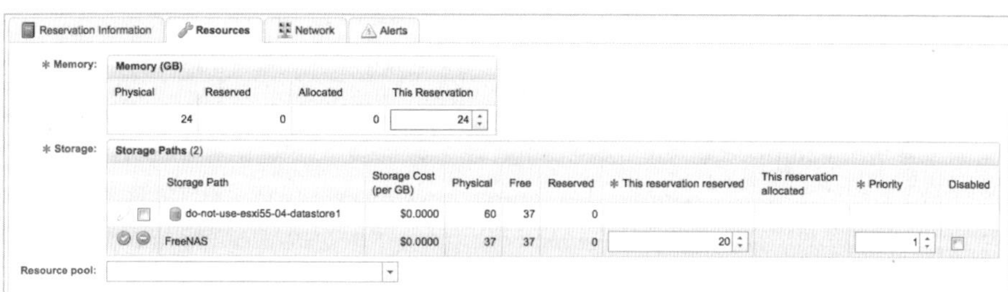

Abb. 5–19 *Ressourcen einer Reservierung*

Der Aufbau der Registerkarte ist einfach – Sie konfigurieren lediglich, auf welche Ressourcen die Reservierung zugreifen darf. Dabei wird angezeigt, wie viele Ressourcen durch die Reservierung bereits in Anspruch genommen worden sind. Bei Storage können Sie zusätzlich sowohl die Priorität als auch die Speicherkosten angeben. Diese werden benötigt, falls Sie Kostenberichte erstellen wollen.

Tipp: Sichtbarkeit von Ressourcen

Standardmäßig werden beim Aufsetzen einer Reservierung alle vorhandenen Ressourcen der Compute Resources angezeigt. Falls Sie nicht alle für vRealize Automation freigeben wollen, empfiehlt es sich, auf der Compute Resource (also z.B. vSphere) einen speziellen Service-Account anzulegen, der nur auf diejenigen Objekte zugreifen kann, die für die Provisionierung in vRealize Automation angedacht sind. Darüber hinaus kann in vSphere die »No Access«-Berechtigung verwendet werden.

Der dritte Teil der Konfiguration führt zu den Netzwerken (siehe Abb. 5–20). Hier kann jedes Netzwerk aktiviert werden, das in der Reservierung gültig sein soll. Zusätzlich können an dieser Stelle Network Profiles zugeordnet werden. Da diese später in einem separaten Abschnitt erläutert werden, gehen wir hier nicht weiter auf sie ein.

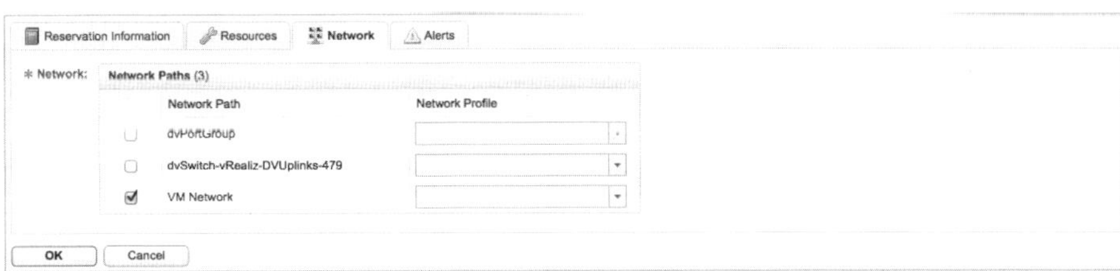

Abb. 5–20 *Zuweisen von Netzwerken*

Der letzte Bildschirm zeigt Alerts. Diese können Sie aktivieren, falls Sie benachrichtigt werden wollen, wenn die verfügbaren Ressourcen einen gewissen Grenzwert überschreiten. Dabei können Warnungen für die Festplatten-, Speicher- und CPU-Auslastung sowie Machine Quota definiert werden.

5.2.8 Reservation Policies

Eigentlich sind an dieser Stelle die Vorarbeiten erledigt, um sogenannte Blueprints – also die Informationen, wie Maschinen erzeugt und verwaltet werden – anzulegen. An dieser Stelle gehen wir jedoch zuerst auf Reservation Policies ein.

Wie wir bereits gesagt haben, können mithilfe von Reservierungen Ressourcen für die Provisionierung bereitgestellt werden. Was ist aber, wenn beispielsweise gewisse virtuelle Maschinen nicht alle Ressourcen nutzen sollen bzw. nicht zusammen mit anderen Maschinen auf der gleichen Hardware bereitgestellt werden sollen?

Ein Beispiel wäre hier, dass eine Desktop-Maschine nicht die gleichen Ressourcenanforderungen wie ein SQL Server hat. Folglich ist auch nicht erwünscht, dass der Desktop-Rechner auf dem gleichen (teuren) Storage Platz findet wie der SQL Server. Ein anderes Szenario wäre, dass ein für die Bereitstellung benötigtes Image nur an einem Standort zur Verfügung steht – also soll die Provisionierung auch dort stattfinden.

Bei der Umsetzung solcher Anforderungen helfen *Reservation Policies*. Mit ihnen ist es möglich, Ressourcen in Service Levels zu gruppieren oder Ressourcen für einen gewissen Einsatz zu kennzeichnen. Die Definition von Levels wird alternativ auch *Tiering* genannt (siehe Abb. 5–21).

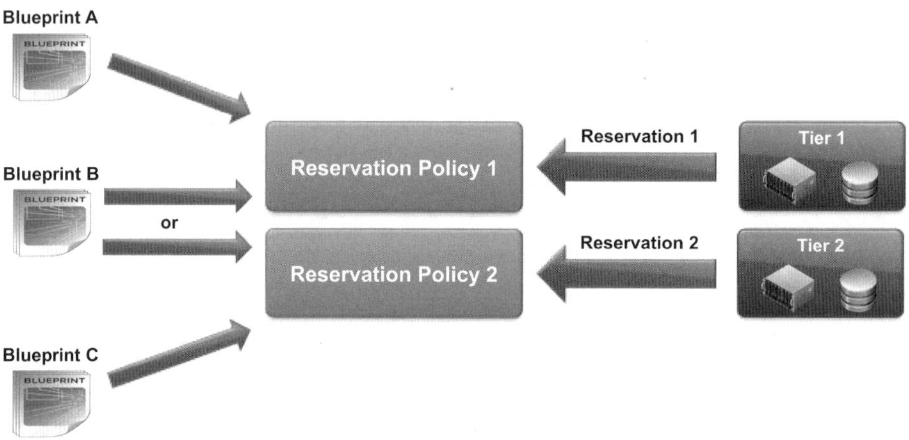

Abb. 5–21 *Service Tiering mit Reservation Policies*

Zwischen Reservations und Reservation Policies besteht eine 1:N-Zuordnung, d.h., jede Reservation kann genau einer Reservation Policy zugewiesen werden, aber Reservation Policies können für mehrere Reservations wiederverwendet werden.

Reservation Policies müssen somit sowohl Reservations als auch Blueprints zugewiesen werden. Somit muss zuerst eine Reservation Policy erzeugt werden. In einem zweiten Schritt wird sie dann der Reservation zugeordnet, und der dritte Schritt besteht darin, auf den Blueprint zu gehen und dort ebenfalls die Zuordnung festzulegen.

Das eigentliche Erstellen von Reservation Policies ist dagegen sehr einfach, da die Policy lediglich einen Namen benötigt. Reservation Policies werden unter **Infrastructure > Reservations > Reservation Policies** verwaltet.

Dabei gibt es verschiedene Arten von Reservation Policies: normale Reservation Policies, Storage Reservation Policies und Network Policies.

5.2.9 Cost Profiles

Vor allem dann, wenn anfallende Kosten auf Kostenträger umgelegt werden sollen, ist es wichtig, diese Kosten möglichst genau auszurechnen. In der Regel ist eine derartige Kostenaufstellung gar nicht so einfach. Aus diesem Grund gehen viele Firmen dazu über, den Dienstnutzern im Monat einfach einen Pauschalbetrag in Rechnung zu stellen. Falls eine Maschine in einem Monat nur wenig genutzt wird, kann dies für den Dienstnutzer leicht zu teuer erscheinen. Auf der anderen Seite kann es aber auch sein, dass es für den Dienstanbieter zu höheren Kosten kommt, falls ein Rechner mehr Betriebsmittel in Anspruch nimmt, als ursprünglich vereinbart war.

Um solche Situationen zu vermeiden, ermöglicht es vRealize Automation, Kosten transparent darzustellen. Voraussetzung ist es jedoch, dass diese auch erfasst werden.

Cost Profiles ermöglichen es, die anfallenden Kosten genauer zu erfassen. Dabei kann Folgendes definiert werden (die Abrechnung basiert dabei auf einer täglichen Basis):

- Kosten pro GB-Arbeitsspeicher, die einem Virtual oder Machine Blueprint zugewiesen werden
- Kosten pro CPU, die einem Virtual oder Machine Blueprint zugewiesen werden
- Kosten pro Festplattenspeicher. Dies kann für den Virtual Blueprint, aber nicht für den Machine Blueprint angezeigt werden.

Dem End-User werden die anfallenden Kosten in der grafischen Oberfläche an verschiedenen Stellen gezeigt:

- bei der Anzeige im Service Catalog
- beim Ausfüllen einer Anforderung für eine virtuelle Maschine
- beim Anzeigen einer abgeschickten Anforderung für eine virtuelle Maschine und beim Genehmigungsformular
- bei den Details einer laufenden Maschine

Die eigentliche Konfiguration von Cost Profiles besteht aus zwei Schritten: aus der Definition der Cost Profiles und aus dem Zuweisen der Cost Profiles an Compute Resources.

Um ein Cost Profile zu erstellen, müssen Sie als Fabric-Administrator angemeldet sein. Navigieren Sie anschließend auf die Seite **Infrastructure > Compute Resources > Cost Profiles**. Auf dieser Seite können Sie mit dem Button **New Cost Profile** das Dialogfeld zum Erstellen öffnen. Jetzt können in den Feldern **Memory Cost (per GB)**, **Storage Cost (per GB)** und **CPU Cost** die entsprechenden Kosten hinterlegt werden.

Zusätzlich zu Cost Profiles können *Storage Cost Profiles* angelegt werden. Diese finden Sie unter **Infrastructure > Compute Resources > Storage Cost Profiles**.

Der zweite Schritt besteht nun darin, das Kostenprofil einer Compute Resource zuzuweisen:

- Wechseln Sie zur Seite **Infrastructure > Compute Resources > Compute Resources**.
- Wählen Sie die Ressource aus, der Sie ein Cost Profile zuweisen wollen, und klicken Sie auf **Edit**.
- Im nächsten Schritt müssen Sie die **Configuration**-Registerkarte auswählen.
- In der Dropdown-Liste **Cost Profile** können Sie auf das angelegte Kostenprofil verweisen.
- Klicken Sie auf **OK**.

Falls es Reservierungen gibt, die auf diesen Compute Resources basieren, werden diese automatisch nach der Aktualisierung der Compute Resource geändert.

Die Zuweisung eines Storage Cost Profile funktioniert analog dazu und soll hier nicht weiter beschrieben werden.

5.2.10 Network Profiles

Normalerweise wird beim Deployen von Rechnern DHCP benutzt, um Maschinen mit Netzwerkadressen zu versehen. (Dabei wird der DHCP-Server des Netzwerks verwendet, in dem die Maschine bereitgestellt wird.) Alternativ können Sie Maschinen auch für statische IP-Adressen konfigurieren.

Falls nicht nur einzelne Maschinen erzeugt werden sollen, sondern gleich ein ganzer Maschinenverbund inklusive einer Netzwerkkonfiguration, ist das Erstellen von Network Profiles wichtig. Network Profiles bieten die Möglichkeit, folgende Netzwerke zu definieren:

- *Private Networks* können definiert werden, falls Rechner komplett isoliert von ihrer Umgebung miteinander kommunizieren sollen.
- *External Networks* sind bestehende Netzwerke, die bereits am Hypervisor konfiguriert wurden.
- *NAT Networks* bestehen aus einem Private Network, in dem die Maschinen bereitgestellt werden, und einem External bzw. Routed Network, das mit einem NAT-Router angebunden wird.
- *Routed Networks* erlauben die Segmentierung eines IP-Adressbereichs in Unternetzwerke, die über eine Routing-Tabelle verbunden sind.

Da Network Profiles vor allem in Verbindung mit Multimachine Blueprints auftreten, werden sie an dieser Stelle nicht weiter thematisiert und stattdessen in Kapitel 7 beschrieben.

5.3 Das vRealize-Automation-Rollenkonzept

Nachdem wir in diesem Kapitel bereits die wichtigsten logischen Konzepte von vRealize Automation erläutert haben, werfen wir an dieser Stelle einen Blick auf die Sicherheit, d.h. auf das in vRealize Automation vorhandene Rollenkonzept. Einige Rollen, wie der Tenant-Administrator, der IaaS-Administrator oder der Fabric-Administrator, wurden bereits erwähnt, sollen jedoch hier der Vollständigkeit halber noch mal aufgelistet werden.

In vRealize Automation werden systemweite Rollen, Tenant-Rollen und Business-Group-Rollen unterschieden. Systemweite Rollen umfassen den Systemadministrator, den Infrastructure-Administrator und den Fabric-Administrator. Tabelle 5–1 zeigt hierfür die genauen Berechtigungen.

Rolle	Berechtigungen
Systemadministrator	▪ Installation von vCloud Automation Center ▪ Anlegen und Konfigurieren von Tenants ▪ Monitoring der Systemlogs ▪ Einrichten des Brandings und Anbindung des E-Mail-Servers
IaaS-Administrator	▪ Verwalten von Endpunkten und Credentials ▪ Erzeugen von Fabric Groups ▪ Konfiguration der Proxy-Agenten ▪ Administrieren der Cloud Service Accounts
Fabric-Administrator	▪ Verwalten von physischen Maschinen und Compute Resources in einer Fabric Group ▪ Verwalten von Reservations und Reservation Policies ▪ Definition von Build Profiles und Machine Prefixes ▪ Anlegen von Cost Profiles

Tab. 5–1 *Systemweite Rollen*

Bei den Tenant-Rollen existieren der Tenant-Administrator, der Service-Architekt und der Approval-Administrator. Tabelle 5–2 zeigt die Berechtigungen dieser Rollen.

Rolle	Berechtigungen
Tenant-Administrator	▪ Verwalten des Tenants ▪ Verwalten von Benutzern und Gruppen ▪ Administration des Service Catalog ▪ Definieren von Genehmigungsrichtlinien ▪ Zuweisen von Berechtigungen auf den Service Catalog ▪ Tenant Branding ▪ Erstellen und Verwalten von globalen Blueprints
Service-Architekt	▪ Anlegen und Veröffentlichen von Service Blueprints mit dem Advanced Service Designer
Approval-Administrator	▪ Definieren von Genehmigungsrichtlinien

Tab. 5–2 *Tenant-Rollen*

Die Business-Group-Rollen bestehen aus dem Business Group Manager, dem Support User, dem Business User und dem Approver (siehe Tab. 5–3).

Rolle	Berechtigungen
Business Group Manager	▪ Anlegen und Veröffentlichen von Blueprints ▪ Verwalten von Berechtigungen und vorhandenen Objekten im Service Catalog ▪ Monitoring des Ressourcenverbrauchs
Support User	▪ Anlegen von Maschinen für andere Personen
Business User	▪ Anfordern und Verwalten von Ressourcen
Approver	▪ Genehmigung von Anforderungen

Tab. 5–3 *Business-Group-Rollen*

5.4 Tenant-Design

Wie beim Einrichten von komplexer Software üblich, sollte vor der eigentlichen Implementierung das Design der Lösung konzipiert werden. Insbesondere das Tenant-Design ist von besonderem Interesse. Aus diesem Grund soll in diesem Abschnitt erläutert werden, welche Gestaltungspielräume sich beim Einrichten von Tenants ergeben.

Ein Tenant stellt eine Organisationseinheit in einer vRealize-Automation-Center-Umgebung dar. Als solche kann er auf eine Business Unit in einer Firma oder einen Mandanten eines Cloud-Serviceproviders abgebildet werden. Jeder Tenant hat seine eigene Konfiguration, teilt sich aber Einstellungen mit anderen Mandanten.

Beim Design ist es möglich, sich zwischen einem *Single-Tenant Deployment* und einem *Multi-Tenant Deployment* zu entscheiden. Der folgende Abschnitt stellt beide Alternativen vor.

5.4.1 Vergleich zwischen Single-Tenant und Multi-Tenant Deployments

Systemweite Konfiguration, wie z.B. Notifications und Branding, werden immer im Default Tenant definiert und gelten standardmäßig für alle Tenants.

Die Infrastrukturkonfiguration dagegen kann in einem beliebigen Tenant definiert werden und wird dann über Tenant-Grenzen hinweg geteilt. Infrastrukturressourcen (zum Beispiel Cloud oder Virtual Compute Resources) werden zu Fabric Groups zusammengefasst. Diese werden von Fabric-Administratoren verwaltet. Die Ressourcen innerhalb der Fabric Groups sind dann in Tenants mittels Reservierungen an Business Groups zuzuweisen.

5.4.2 Single-Tenant-Konfiguration

In der Single-Tenant-Konfiguration erfolgt die Konfiguration im Standard-Tenant. Tenant-Administratoren verwalten User und Gruppen, das Branding, Notifications, Business Policies und den Service Catalog. Alle User benutzen die gleiche URL zum Einloggen (`https://<vrealize-automation-appliance.domain.name>/vcac/org`). Dabei erscheint das User-Interface aber je nach Berechtigung unterschiedlich.

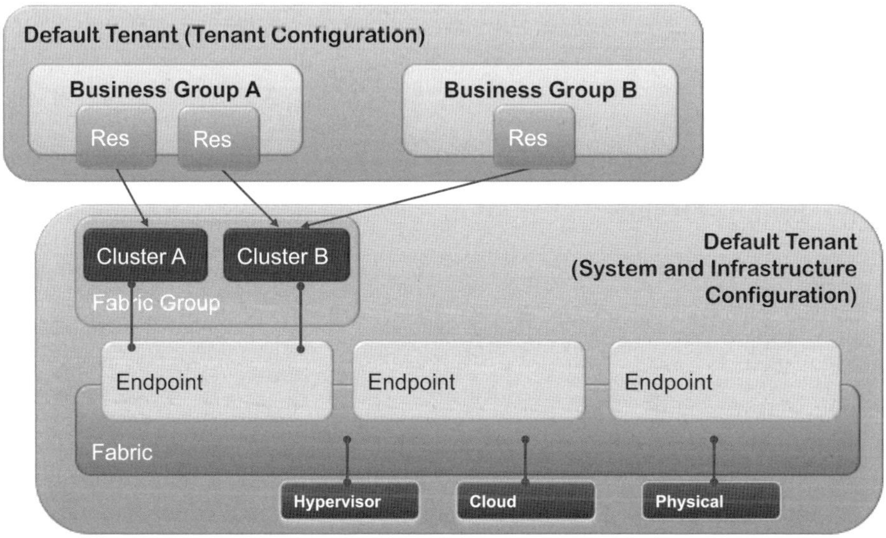

Abb. 5–22 *Single-Tenant-Design*

Technisch ist das Single-Tenant-Design (siehe Abb. 5–22) am einfachsten abzubilden und eignet sich besonders für kleinere und mittlere Unternehmen mit einem zentralen Administrationsteam. Im Unternehmenseinsatz ist daher dieser Ansatz am häufigsten anzutreffen.

5.4.3 Multi-Tenant-Konfiguration

Das Multi-Tenant-Design ist ungleich schwieriger als das Single-Tenant-Design. In einer Multi-Tenant-Konfiguration wird für jede Organisation, die die gleiche vCloud-Automation-Center-Umgebung nutzt, ein neuer Tenant erstellt. User benutzen eine Tenant-spezifische URL zum Einloggen.

Es gibt zwei verschiedene Möglichkeiten für die Konfiguration einer Multi-Tenant-Umgebung:

- Default Tenant MultiTenancy
- Individual Tenant MultiTenancy

Default Tenant MultiTenancy

In diesem Szenario geschieht die meiste Konfiguration zentral im Haupt-Tenant. Dabei werden Fabric Groups und Reservations im Standardmandanten angelegt. Das Anlegen von Business Groups und Blueprints erfolgt jedoch in den einzelnen Mandanten.

Dieses Design eignet sich besonders für mittlere und größer Unternehmen, bei denen die Hardwareressourcen samt vCloud Automation Center zentral verwaltet und zwischen den Tenants geteilt werden, den verschiedenen Geschäftsteilen aber auch eine gewisse Autonomie (mit unterschiedlichen Benutzern und verschiedenen Active Directory-Umgebungen) zugestanden werden soll. Dies umfasst auch die Benutzerverwaltung, da jeder Tenant seine eigene Menge an Identity Stores verwalten kann.

Das Design, wie eine derartige Konfiguration im Haupt-Tenant aussehen kann, ist in Abbildung 5–23 abgebildet.

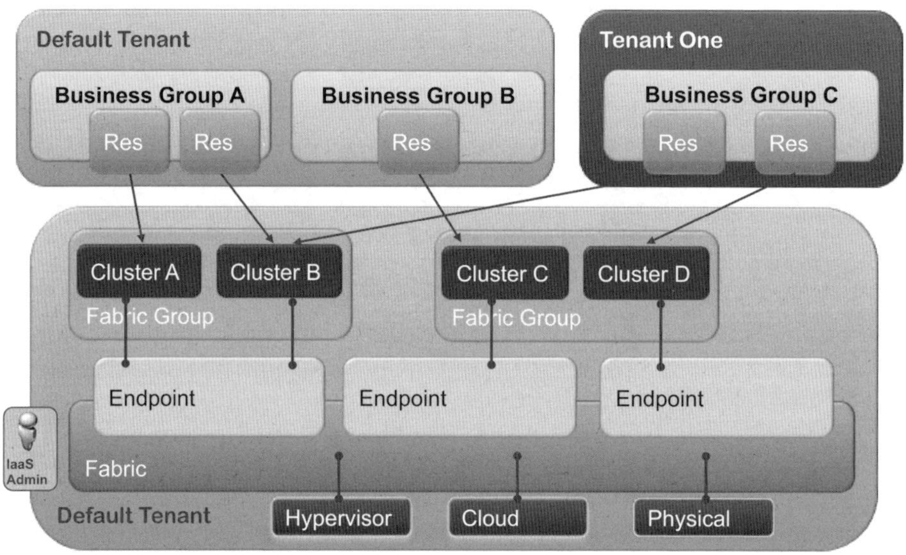

Abb. 5–23 *Konfiguration im Haupt-Tenant*

Die URL-Strategie sollte bei MultiTenancy bekannt sein: Der Login auf dem Standard-Tenant erfolgt über die URL `https://<vrealize-automation-appliance.domain.name>/vcac`, während man bei den einzelnen Tenants die längere URL `https://<vrealize-automation-appliance.domain.name>/vcac/org/<tenantName>` eingeben muss.

Individual Tenant MultiTenancy

Die zweite Strategie für mehrere Tenants lautet Individual Tenant MultiTenancy. Dieses Vorgehen eignet sich insbesondere für große Unternehmen, Rechenzentren oder Cloud-Provider. Mit ihr kann sichergestellt werden, dass keinerlei Hardwareressourcen zwischen verschiedenen Tenants zusammen genutzt werden. Dies bedeutet, dass im Default Tenant lediglich die Endpoints definiert werden. Eine Gruppierung der Hardwareressourcen durch Fabric Groups und alle weiteren Schritte werden jedoch für jeden Tenant separat durchgeführt. Das Design des Individual-Tenant-MultiTenancy-Ansatzes ist in Abbildung 5–24 dargestellt.

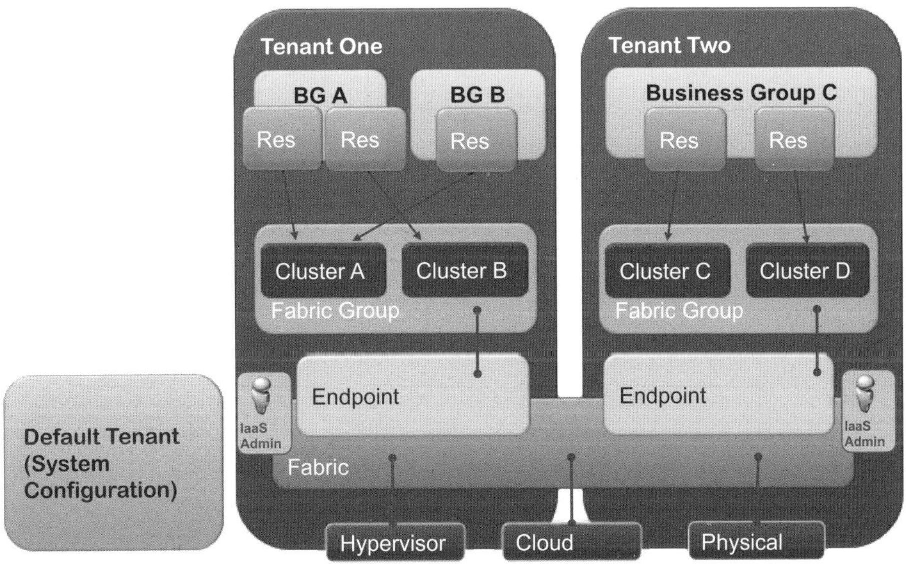

Abb. 5–24 *Individual Tenant MultiTenancy*

6 Blueprints

Nachdem wir Ihnen in den vorigen Kapiteln gezeigt haben, wie Sie vRealize Automation installieren und konfigurieren, zeigen wir nun, wie Maschinen mit vRealize Automation provisioniert werden können. Um dies zu ermöglichen, müssen Blueprints erstellt und im Service Catalog veröffentlicht werden. In vRealize Automation gibt es vier verschiedene Arten von Blueprints: *Physical Blueprints*, *Virtual Blueprints*, *Cloud Blueprints* und *Multimachine Blueprints*. Nach einer Einführung beschreiben wir die ersten drei Blueprints detailliert in diesem Kapitel, und eine ausführliche Erläuterung der Multimachine Blueprints folgt in Kapitel 7.

6.1 Einführung in Blueprints

Ein Blueprint kann – kurz gefasst – als eine Spezifikation einer virtuellen, physischen oder Cloud-Maschine samt ihres Lebenszyklus beschrieben werden und bestimmt als solcher die Eigenschaften der Maschine und wie sie bereitgestellt wird. Dies umfasst diejenigen Informationen, die in den folgenden Abschnitten beschrieben werden.

Notwendige Ressourcen

Wenn ein Benutzer eine Maschine aus dem Service Catalog anfordert, wird im Hintergrund der dazugehörige Blueprint geöffnet. Im Blueprint sind alle Informationen enthalten, die vRealize Automation benötigt, um den Provisionierungsvorgang zu initiieren. Dies umfasst als Erstes die Art des Blueprints. Auch die im Blueprint definierten Ressourcen werden ausgelesen und auf ihr Vorhandensein geprüft.

Bereitstellungsart

Natürlich ist auch die Art der Provisionierung interessant. Bei virtuellen Maschinen ist das Erzeugen mittels Cloning sehr beliebt, während physische Maschinen beispielsweise mittels eines PXE Boot Servers installiert werden können.

Für jede Art der Provisionierung hat vRealize Automation im Model Manager den passenden Workflow gespeichert.

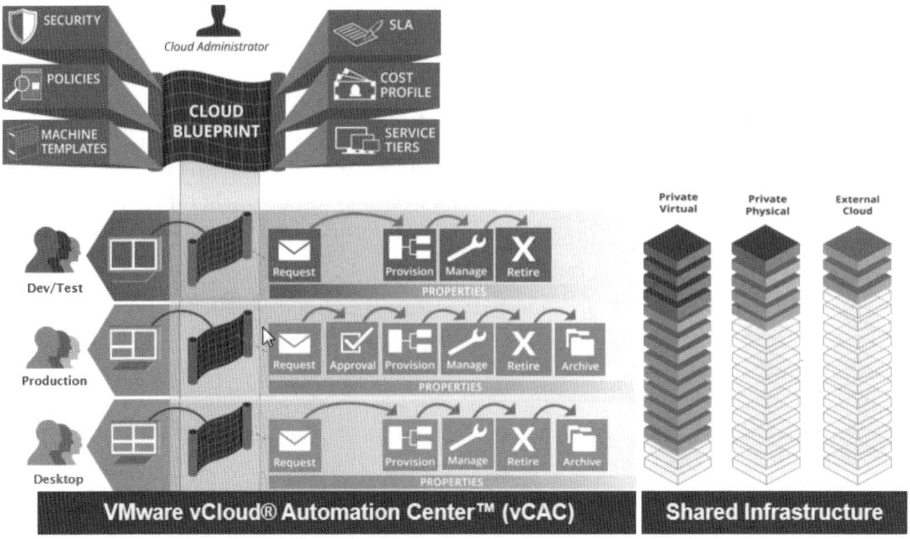

Abb. 6–1 *vRealize Automation-Blueprints*

Lebenszyklus

Blueprints regeln darüber hinaus den ganzen Lebenszyklus einer Maschine – von der Anforderung, der Genehmigung über den Betrieb bis zum Archivieren bzw. dem Löschen der Maschine. Abbildung 6–1 zeigt exemplarisch den Lebenszyklus verschiedener Maschinen (Desktop, Produktion, Dev/Test) und wie die Provisionierung mittels eines Cloud-Blueprint definiert wird.

Erweiterbarkeit

Eine besondere Stärke von vRealize Automation ist darüber hinaus die Möglichkeit, während des Lebenszyklus eigene Workflows auszuführen. Beispielsweise kann definiert werden, dass vor dem Beginn der Provisionierung eine IP-Adresse von einem IP-Adress-Managementsystem angefordert wird, die dann im weiteren Provisionierungsprozess benutzt werden soll.

Globale und lokale Blueprints

Blueprints können entweder global in einem Tenant gültig sein oder nur in einer spezifischen Business Group definiert sein. Für beide Arten müssen bei der Bereitstellung die entsprechenden Berechtigungen vorhanden sein.

Dabei können Tenant-Administratoren globale Blueprints anlegen und diese bei Bedarf auch als Master Blueprint ausweisen, damit sie als Template benutzt und kopiert werden können.

Business Group Manager können innerhalb ihrer Business Group eigene Blueprints erzeugen, diese können jedoch nicht mit anderen Business Groups geteilt werden.

Machine Leases

Da vRealize Automation es mittels Blueprints Endbenutzern erlaubt, relativ einfach neue Maschinen zu erzeugen, und dieses Feature natürlich oft gebraucht wird, kann es zu dem Punkt kommen, an dem nicht mehr genug Ressourcen für neue virtuelle Maschinen zur Verfügung stehen. Aus diesem Grund existieren Machine Leases, mit denen man die Bereitstellungsdauer zeitlich begrenzen kann. Ist diese Zeit abgelaufen, kann die Dauer entweder weiter verlängert werden oder die Maschine wird archiviert oder endgültig zerstört. Auf diese Art und Weise wird sichergestellt, dass vergebene Betriebsmittel wieder zurückgegeben werden.

Reclamations

Nichtsdestotrotz kann es passieren, dass nicht mehr genügend Ressourcen vorhanden sind, um neue Maschinen bereitzustellen. In diesem Fall ist es möglich, wenig genutzte Maschinen zu identifizieren. Dabei kann nach geringer CPU-, Speicher-, Festplatten- oder auch Netzwerkauslastung gesucht werden. Sind mögliche Kandidaten gefunden worden, kann mithilfe eines Reclamation Workflow der Besitzer der Maschine gefragt werden, ob der Rechner noch weiterhin benötigt wird. Je nach Antwort können dann die Betriebsmittel wieder freigegeben werden.

Konfigurationsänderungen zur Laufzeit

Blueprints erlauben es auch, dass Benutzer in gewissen Maßen Änderungen an einer virtuellen oder Cloud-Maschine vornehmen. So ist es beispielsweise möglich, einem Rechner 4 GB Arbeitsspeicher zu geben. Falls der Benutzer jedoch mehr benötigt, kann er diesen Wert vergrößern. Voraussetzung ist natürlich, dass dies während der Blueprint-Erstellung berücksichtigt und erlaubt wurde.

6.2 Allgemeine Blueprint-Einstellungen

Wie besprochen, existieren verschiedene Blueprint-Arten. Da die Konfiguration sich nicht in allen Punkten unterscheidet, sollen zuerst die Punkte erläutert werden, die allen Blueprints gemeinsam sind.

Blueprints finden sich unter **Infrastructure > Blueprints > Blueprints**. Unter dem Menüpunkt **New Blueprint** kann die Art des Blueprints ausgewählt werden, also zum Beispiel **Virtual > vSphere(vCenter)**.

Die sich dann öffnende Seite hat vier verschiedene Registerkarten: **Blueprint Information**, **Build Information**, **Properties** und **Actions**.

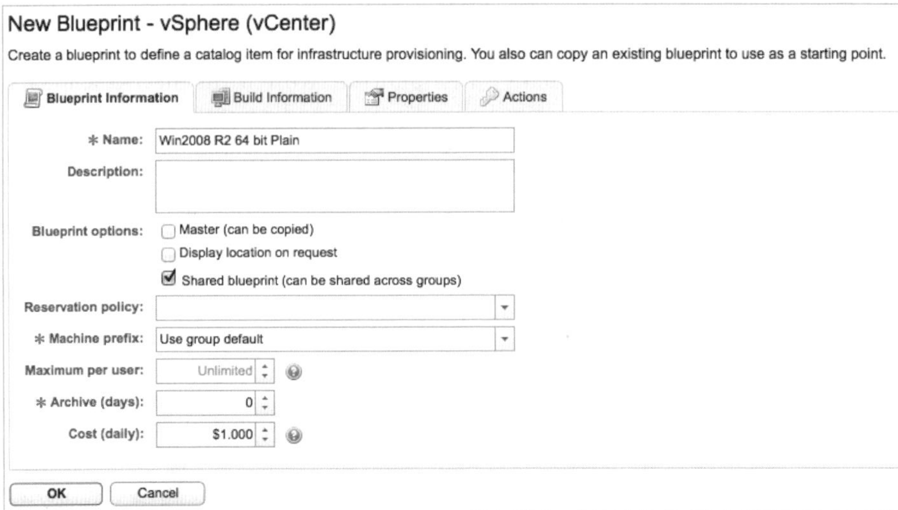

Abb. 6–2 *Blueprint Information*

Blueprint Information

Abbildung 6–2 zeigt die Registerkarte **Blueprint Information.** Hier können Sie die folgenden Einstellungen vornehmen:

1. Vergeben Sie im Feld **Name** eine Bezeichnung für den Blueprint.
2. Im Feld **Description** können Sie optional eine Beschreibung hinterlegen. Diese wird dann in den Service Catalog übernommen und hilft Benutzern bei der Auswahl des richtigen Blueprints.
3. Das Feld **Master (can be copied)** gibt an, ob der Blueprint als Vorlage fungieren kann und somit mit all seinen Einstellungen kopiert werden kann.
4. In der Checkbox **Display location on request** kann angegeben werden, ob Benutzer den Standort sehen können, an dem die Maschine provisioniert werden soll. Dies kann unter Unständen bei der Auswahl des richtigen Blueprints helfen.
5. Falls die Option **Shared blueprint** gesetzt ist, ist der Blueprint in allen Business Groups sichtbar.
6. Im Feld **Reservation policy** kann der Blueprint mit einer Policy (wie in Kap. 5 beschrieben) verknüpft werden.
7. Das **Machine prefix** wird für die Namensgebung der erzeugten Maschine benötigt.
8. Im Feld **Maximum per user** kann angegeben werden, wie viele Instanzen ein Benutzer von einem Blueprint in höchsten Fall anfordern kann.
9. **Archive (days)** gibt an, was mit der Maschine passieren soll, sobald der Lease ausläuft. Wenn dort kein Wert gesetzt ist, wird die Maschine gelöscht, sobald der Machine Lease ausgelaufen ist. Falls eine Archivierungsdauer

festgelegt wird, wird die Maschine ausgeschaltet und kann innerhalb des Zeitraums wieder reaktiviert werden.

10. Das unterste Feld, **Cost (daily)**, bestimmt die Kosten für die Maschine. In Abschnitt 5.2.9 »*Cost Profiles*« wurden bereits die anfallenden Kosten für die Betriebsmittel Speicher, Prozessor und Festplatte definiert. Im Betrieb können aber noch weitere Kosten anfallen, beispielsweise weil die Maschine gewartet werden muss. Dies können Sie an dieser Stelle definieren. Zusammen mit den Kosten aus den Cost Profiles wird dann eine Summe gebildet, um die Gesamtkosten anzugeben.

Tipp: »Display location on request«

Damit später im Service Catalog auch der Ort, an dem eine Maschine provisioniert werden soll, richtig angezeigt wird, müssen Sie noch Vorarbeiten erledigen.

Dazu müssen Sie sich auf dem Rechner anmelden, auf dem die IaaS-Website läuft. Im vRealize-Automation-Server-Verzeichnis (normalerweise `%SystemDrive%\Program Files x86\VMware\vCAC\Server\WebSite\XmlData` findet sich die Datei `DataCenterLocations.xml`. Für jeden Standort, der hinzugefügt werden soll, muss anschließend ein XML-Fragment mit dem Ort eingefügt werden, also beispielsweise:

```
<CustomDataType>
   <Data Name="Nuernberg" Description="Nuernberg Datacenter" />
    <Data Name="Muenchen" Description="Muenchen Datacenter" />
</CustomDataType
```

Nach dem Speichern muss der Manager Service neu gestartet werden. Anschließend können Sie unter **Infrastructure > Compute Resources > Compute Resources** die Ortsinformationen hinzufügen. Dazu gehen Sie auf die entsprechende Ressource, klicken auf **Edit** und wählen anschließend den Ort aus.

Build Information

Auf der Registerkarte **Build Information** definieren Sie die Art der Provisionierung und die zu verwendenden Ressourcen. Da diese Registerkarte sich je nach Blueprint-Art unterscheidet, soll sie an dieser Stelle noch nicht weiter thematisiert werden.

Properties

Die Registerkarte **Properties** (siehe Abb. 6–3) nimmt eine wichtige Stellung bei der Anpassung und Erweiterbarkeit von Blueprints ein. Um sie zu verstehen, muss man sich die Funktionsweise eines Bereitstellungsworkflows vergegenwärtigen. Das Ausführen eines Workflows ist dabei ein komplexer Vorgang, und es existieren an vielen Stellen mögliche Erweiterungspunkte, wie zum Beispiel:

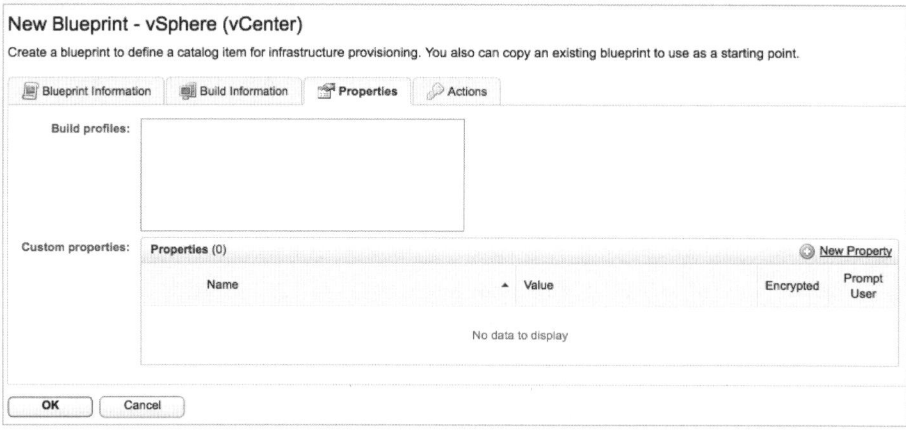

Abb. 6–3 *Definition von Custom Properties*

- Nach dem Provisionieren soll eine Maschine einer Active Directory-Organisationseinheit hinzugefügt werden.
- Die Anzahl der Cores pro Socket soll eingeschränkt werden, um Lizenzkosten niedrig zu halten.
- Nach dem Provisionieren soll ein Skript ausgeführt werden, um weitere Software zu installieren.
- Für einen Imaging-Vorgang soll eine Sysprep-Datei spezifiziert werden.

Die Liste an Beispielen könnte an dieser Stelle beliebig fortgesetzt werden. Es ist aber klar, dass nicht alle möglichen Szenarien in der grafischen Oberfläche angezeigt werden können. Aus diesem Grund existieren Custom Properties. In Custom Properties können Werte geschrieben werden, die von einem Workflow zur Laufzeit ausgelesen werden und das Verhalten von Workflows ändern können. Wenn beispielsweise eine Custom Property für einen Virtual-Center-Folder in vSphere gesetzt ist, wird ein Clone-Workflow die Maschine dort auch platzieren. Da die Liste der möglichen Properties sehr umfangreich ist, werden wir sie später in Kapitel 10 genauer thematisieren.

Beim Hinzufügen einer Custom Property werden folgende Eigenschaften abgefragt:

- der Name der Property
- ein Wert für die Property
- Optional kann definiert werden, ob der Wert verschlüsselt werden soll (zum Beispiel zum Speichern von Passwörtern).
- Falls ein Wert zur Definitionszeit noch nicht bekannt ist, kann er auch vom Benutzer abgefragt werden (beispielsweise eine Kostenstelle).

Ein konkretes Beispiel für eine Custom Property ist der **Hostname**. Falls diese Property gesetzt ist, wird der Name nicht wie üblich aus dem Machine Prefix geniert, sondern kann vom Benutzer zur Bereitstellungszeit angegeben werden (siehe Abb. 6–4) .

Die Liste an Properties kann in vRealize Automation auch erweitert werden. Dafür existiert das *Property Dictionary.* Dies ist vor allem dann sinnvoll, wenn man eigene Workflows implementiert, die Input aus der Blueprint-Definition benötigen.

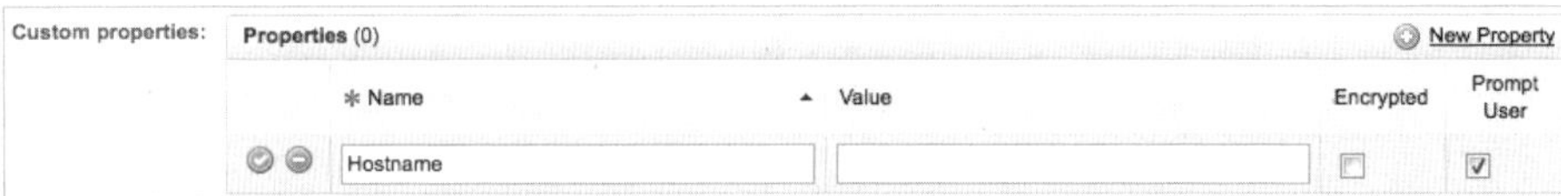

Abb. 6–4 *Die Custom Property »Hostname«*

Bei der Konfiguration von Blueprints wird jedoch zumeist nicht nur eine einzelne Custom Property benötigt, sondern mehrere. Da sich aber das manuelle Hinzufügen von Custom Properties langwierig gestalten kann und zudem die Gefahr besteht, dies zu vergessen, fasst vRealize Automation die Custom Properties zu *Build Profiles* zusammen. Build Profiles können selbst definiert werden, oder Sie können bereits vorhandene Build Profiles nutzen. Beispielsweise bietet vRealize Automation beim Provisionieren für Active Directory ein spezielles Build Profile an, das alle Eigenschaften umfasst, die für das Entfernen von Active Directory benötigt werden (siehe Abb. 6–5).

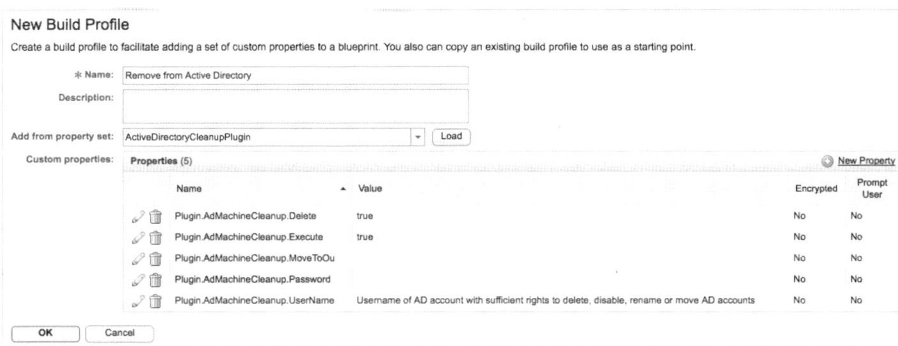

Abb. 6–5 *Build Profiles*

Actions

Sobald ein Benutzer eine Maschine fertig provisioniert hat, ist es möglich, diese Maschine von vRealize Automation aus zu verwalten. Dabei können verschiedene Tätigkeiten an der Maschine ausgeführt werden, wie zum Beispiel das Verbinden mittels Remote Desktop. Die verschiedenen Aktionen, die auf einer Maschine möglich und erlaubt sein sollen, können Sie auf der Registerkarte **Actions** definieren. Beachten Sie dabei, dass sich hier noch nicht um Benutzerberechtigungen handelt, sondern nur generell darum, welche Aktionen definiert sind (siehe Abb. 6–6).

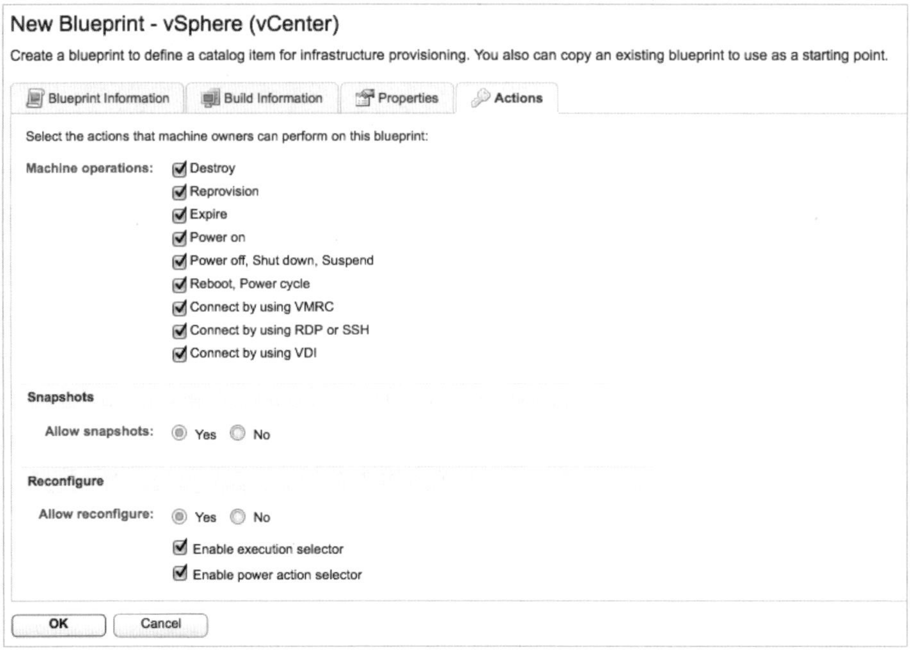

Abb. 6–6 *Definition von Actions*

Veröffentlichen von Blueprints

Nachdem ein Blueprint fertig erstellt worden ist, fehlt noch ein Schritt, damit dieser im Service Catalog hinzugefügt werden kann: Er muss veröffentlicht werden. Führen Sie dazu die folgenden Schritte aus:

1. Wechseln Sie auf die Seite **Infrastructure > Blueprints > Blueprints**.
2. Klicken Sie mit der rechten Maustaste auf den Blueprint, den Sie veröffentlichen wollen, und wählen Sie anschließend aus dem Kontextmenü **Publish** aus.

6.3 Virtuelle Blueprints

Die am häufigsten anzutreffenden Blueprints in vRealize Automation sind die virtuellen Blueprints. Virtuelle Blueprints unterstützen dabei verschiedene Plattformen:

- vSphere (vCenter)
- Hyper-V
- Hyper-V (SCVMM)
- KVM (RHEV)
- Xen Server
- Generic

Für jede Art von Blueprint bietet vRealize Automation darüber hinaus eine Reihe von unterschiedlichen Workflows zur Provisionierung an. Diese sind in Tabelle 6–1 dargestellt.

Methode	Plattform	Beschreibung
Basic	Alle	Bereitstellen einer Maschine ohne Gastbetriebssystem. Das Betriebssystem kann durch den Benutzer manuell installiert werden.
Clone	vSphere KVM (RHEV) SCVMM	Provisionierung mit der Cloning-Technik auf Basis eines Templates (funktioniert für Windows oder Linux). Anpassung durch Customization Specification.
Linked Clone	vSphere	Platzsparendes Kopieren einer virtuellen Maschine. Linked Clones basieren intern auf Snapshots.
FlexClone	vSphere	Platzsparendes Kopieren einer virtuellen Maschine. Flex-Clones basieren auf der NetApp-FlexClone-Technologie.
Linux Kickstart	Alle	Bereitstellung einer Linux-Maschine, indem von einem ISO-Image gebootet wird. Für die Installation wird eine Kickstart- oder AutoYaSt-Konfigurationsdatei benötigt. Zusätzlich muss ein Distribution Image bereitgestellt werden.
Virtual SSCM	Alle	Bereitstellung von Windows-Maschinen mittels einer *System Center Configuration Manager*-(SCCM-)Task. Das Booten erfolgt dabei von einem ISO-Image. Nach dem Provisionieren wird der vRealize Automation Guest Agent installiert.
WIM Image	Alle	Bereitstellung mittels WinPE und einer *Windows Imaging File*-(WIM-)Datei

Tab. 6–1 *Provisionierungsworkflows*

6.3.1 Basic Workflow

Der Basic Workflow ist der einfachste. Führen Sie innerhalb eines Blueprints folgende Schritte aus, um ihn zu konfigurieren:

1. Wechseln Sie auf die Registerkarte **Build Information.**
2. In der Dropdown-Liste **Blueprint type** wählen Sie aus, ob ein Server oder ein Desktop-Betriebssystem bereitgestellt werden soll. (Diese Einstellung wirkt sich lediglich auf die Lizenzen aus.)
3. Im Feld **Action** muss der Eintrag **Create** ausgewählt werden.
4. Anschließend kann der Workflow-Typ ausgesucht werden. Wählen Sie **BasicVMWorkflow** aus (Dropdown-Liste **Provisioning Workflow**).
5. Falls Sie KVM und Hyper-V (SCVMM) nutzen, können Sie zusätzlich eine ISO-Datei zum Installieren angeben. Bei Hyper-V können sogar Profile mit dem Blueprint verknüpft werden.
6. Des Weiteren können Sie definieren, welche Betriebsmittel verwendet werden sollen. Diese umfassen die Anzahl der CPUs, den Hauptspeicher, die

Festplattenkapazität und die Lease-Dauer. In allen Fällen kann jeweils ein Minimum und ein Maximum festgelegt werden. Benutzern ist es möglich, für diese Betriebsmittel innerhalb dieser Intervalle einen Wert festzulegen.

7. Der nächste Schritt besteht darin, dem Blueprint Volumes zuzuweisen. Dazu klicken Sie weiter unten auf **New Volume**.
8. Die Option **Max # of volumes** gibt an, wie viele Volumes der Maschine zugewiesen werden können.
9. Die letzte Einstellung, **Max # of network adapters**, funktioniert analog und definiert die Anzahl der möglichen Netzwerkkarten.

6.3.2 Clone und Linked Clone Workflows

Die beiden meistgenutzten Workflow-Vorlagen sind der *Clone Workflow* und der *Linked Clone Workflow*. Beide sind sehr beliebt, weil mit ihnen der Provisionierungsvorgang relativ schnell vonstatten gehen kann.

Im Gegensatz zu Clones basieren Linked Clones nicht auf Vorlagen, sondern werden mithilfe von Snapshots erzeugt. Falls eine neue virtuelle Maschine erzeugt wird, werden nicht die kompletten Dateien der originalen virtuellen Machine kopiert, sondern nur das Delta zum »Parent«-Element. Der Unterschied zwischen dem Parent-Snapshot und der neuen virtuellen Maschine wird mittels Delta Disks festgehalten. Auf diese Art und Weise stellen Linked Clones einen sehr platzsparenden Mechanismus dar.

Größentechnisch erzeugen Full Clones dagegen für jede weitere Bereitstellung einer virtuellen Maschine eine Kopie des Base Templates (siehe Abb. 6–7).

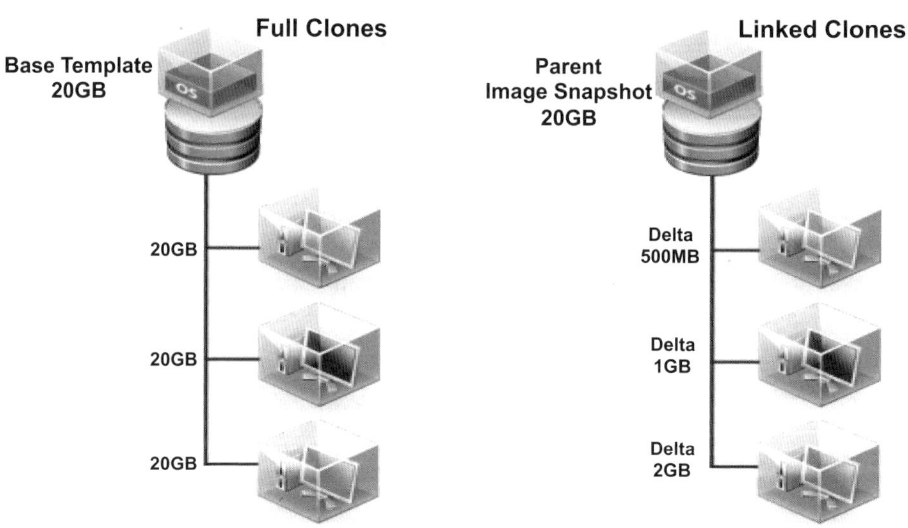

Abb. 6–7 *Vergleich Full Clones und Linked Clones*

Um einen Workflow mit Full Clone bzw. Linked Clone zu konfigurieren, müssen Sie die folgenden Schritte ausführen (siehe Abb. 6–8):

1. Wechseln Sie auf die Registerkarte **Build Information**.
2. Wählen Sie aus der Dropdown-Liste **Blueprint type** die Option **Server** oder **Desktop** aus.
3. Im Feld **Action** müssen Sie entweder den Eintrag **Clone** oder **Linked Clone** wählen.
4. Wählen Sie im Feld **Provisioning workflow** den Eintrag **CloneWorkflow** aus.
5. Als Nächstes muss im Feld **Clone from** das Template bzw. der Snapshot ausgewählt werden.
6. Optional können Sie im darunter liegenden Feld (**Customization spec**) eine Customization Specification hinterlegen.

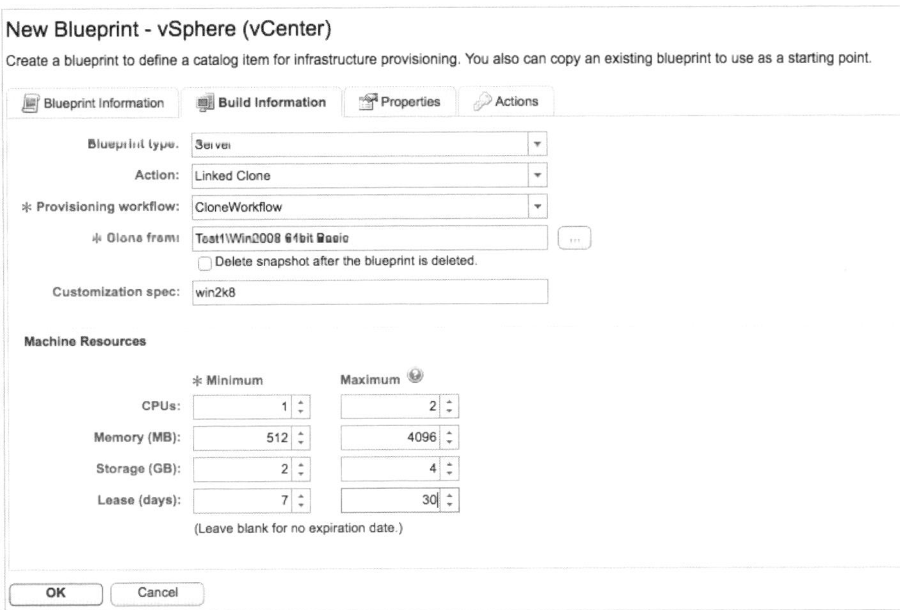

Abb. 6–8 *Definition des Linked Clone Workflows*

6.3.2.1 Guest Agents

Die Vorteile des Cloning wurden bereits besprochen. Allerdings hat das Cloning auch Nachteile. So ist nicht jede Software dafür geeignet, in einem Cloning-Template genutzt zu werden (z.B. kann ein Domänen-Controller nicht ohne Weiteres geklont werden). Nichtsdestotrotz kann auch für virtuelle Maschinen mit nicht klonbarer Software der Clone-Mechanismus verwendet werden.

Dazu installieren Sie die entsprechende Software einfach nach dem Klonen per Skript. Um dies zu ermöglichen, muss jedoch auf dem Gastbetriebssystem der

Linux- bzw. Guest Agent installiert werden. Anschließend können Sie mit Custom Properties definieren, ob ein Skript im Gast installiert werden soll.

Installation des Guest Agents

Führen Sie folgende Schritte aus, um den Guest Agent auf Windows zu installieren:

1. Navigieren Sie mit dem Browser auf die vRealize-Automation-Appliance-Management-Konsole. Dort finden Sie eine Installationsseite (URL: `https://<vrealize-automation-appliance.domain.name>:5480/installation`).
2. Speichern Sie die Guest-Agent-Dateien, und kopieren Sie diese auf das Laufwerk `C:\` des Gastbetriebssystems.
3. Entpacken Sie die Guest-Agent-Zip-Datei. Behalten Sie den Pfad `C:\VRMGuestAgent` bei.
4. Konfigurieren Sie anschließend den Guest Agent, indem Sie folgenden Befehl ausführen:
   ```
   winservice -i -h <vRealize Automation Appliance>:443 -p ssl
   ```
5. Nach Abschluss der Installation kann der Guest Agent als Windows-Dienst gestartet werden.

Die Installation unter Linux funktioniert ähnlich:

1. Führen Sie einen Download der Linux-Guest-Agent-Installationsdatei von der Management-Konsole durch.
2. Laden und entpacken Sie die Installationsdateien im Gastbetriebssystem.
3. Installieren Sie das RPM-Paket wie folgt:
   ```
   rpm -i gugent-version.x86_64.rpm
   ```
4. Konfigurieren Sie den Guest Agent mit folgenden Befehlen:
   ```
   cd /usr/share/gugent
   ./installgugent.sh -<vRealize Automation Appliance >:443 ssl
   ```
5. Testen Sie die Installation mit dem Befehl `./rungugent.sh`.

Ausführen von Skripten

Nachdem die Installation des Guest Agents abgeschlossen ist, kann der Blueprint konfiguriert werden, um Skripte nach dem Klonen auszuführen. Zu diesem Zweck wurde eine Reihe von Custom Properties definiert:

- **VirtualMachine.Admin.UseGuestAgent:**
  Diese Custom Property dient dazu, vRealize Automation mitzuteilen, dass der Guest Agent während des Bereitstellungsprozesses nutzbar ist. Der Wert sollte daher auf »true« gesetzt werden.
- **VirtualMachine.Customize.WaitComplete:**
  Diese Property muss auf »true« gesetzt werden, damit vRealize Automation auf den Abschluss der Guest Customization wartet.

- **VirtualMachine.Software0.ScriptPath:**
  Mit dieser Custom Property kann das auszuführende Skript definiert werden. Das Skript muss dabei schon auf dem Rechner vorliegen. Dabei ist der absolute Pfad zu verwenden (z.B. `D:\Skripte\MeineAnwendung.bat`). Zusätzlich ist es möglich, dem Skript Parameter zu übergeben, die in anderen Custom Properties definiert sind. Die dazu notwendigen Referenzen sind in geschweiften Klammern {} anzugeben. Ein Aufruf könnte beispielsweise wie folgt aussehen:

```
D:\Scripts\MyInstall.bat -param {MyCustom.Property.X}.
```

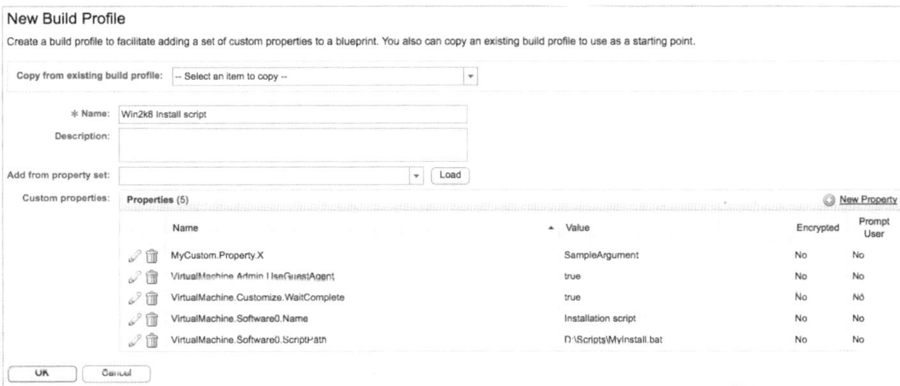

__Abb. 6–9__ Definition des Build Profile für den Guest Agent

Mit diesem Wissen kann zuerst ein Build Profile erstellt werden. Dieses können Sie dann dem Blueprint zuweisen:

1. Navigieren Sie auf die Seite **Infrastructure > Blueprints > Build Profiles**.
2. Klicken Sie auf das **Add**-Icon.
3. Geben Sie einen Namen und optional eine Beschreibung für das Build Profile an.
4. Fügen Sie die Custom Properties wie oben beschrieben zu dem Build Profile hinzu.
5. Klicken Sie auf **OK**.

Die Definition des Build Profile ist in Abb. 6-9 zu sehen. Die Verknüpfung mit dem Blueprint kann daraufhin schnell erledigt werden (siehe Abb. 6–10):

6. Öffnen Sie den Blueprint, den Sie für das Zusammenspiel mit dem Guest Agent konfigurieren möchten.
7. Wechseln Sie auf die Registerkarte **Properties**.
8. Fügen Sie das erstellte Build Profile zum Blueprint hinzu.

Abb. 6–10 *Hinzufügen des Build Profile*

6.3.3 Custom Properties für virtuelle Maschinen

Obwohl es viele verschiedene Custom Properties – auch für virtuelle Maschinen gibt –, wollen wir an dieser Stelle die am häufigsten gebrauchten Properties vorstellen:

- **Snapshot.Policy.Limit:**
  Diese Property gibt die maximale Anzahl von Snapshots an, die für eine virtuelle Maschine erzeugt werden können. Standardmäßig liegt dieser Wert bei 1.
- **Snapshot.Policy.AgeLimit:**
  Mit diesem Attribut kann angegeben werden, wie alt ein Snaphost maximal sein darf, damit er Anwendung finden kann.
- **VirtualMachine.CRDROM.Attach:**
  Diese Eigenschaft fügt der virtuellen Maschine ein CD-ROM-Image hinzu.
- **VirtualMachine.Admin.ThinProvision:**
  Damit wird der Clone-Vorgang mit Thin-Provision gestartet und somit eine Einsparung von Festplattenplatz erreicht.
- **VMware.VirtualCenter.Folder:**
  Diese Eigenschaft gilt nur für das Bereitstellen mit vSphere und ermöglicht es, den Ordner in vCenter anzugeben, in dem die virtuelle Maschine gespeichert wird.

6.3.4 Weitere Workflows für virtuelle Blueprints

Sowohl der Basic- als auch die Cloning-Workflows stellen in vRealize Automation die gebräuchlichsten Workflows dar. Darüber hinaus existiert wie beschrieben noch eine Reihe anderer Workflows für das Provisionieren von virtuellen Maschinen. Diese sollen im Folgenden kurz beschrieben werden.

6.3.4.1 Net App FlexClone Workflow

FlexClone stellt eine schnelle und platzsparende Alternative dar, falls Sie in einer vSphere-Umgebung Maschinen provisionieren wollen. Dieser Mechanismus funktioniert nur in Kombination mit vSphere (bei anderen Hypervisoren verhält sich der Workflow wie normales Klonen). Die Konfiguration im Blueprint ist dem des Full Clones ähnlich, nur dass Sie für FlexClone Vorarbeiten erledigen müssen:

1. Der erste Schritt besteht darin, einen NetApp-ONTAP-Endpoint anzulegen.
2. Als Nächstes müssen Sie die entsprechenden Reservierungen für die Benutzung von FlexClone konfigurieren.
3. Legen Sie anschließend den Blueprint mit dem *Net App FlexClone Workflow* an.

6.3.4.2 WIM-Provisionierung

Die *Windows Imaging File*-(WIM-)Provisionierung ist der am schwierigsten einzurichtende Workflow. Gründe dafür sind die WIM-bedingten umfangreichen Vorarbeiten, die zeitaufwendige und komplexe Wartung im laufenden Betrieb, die lange Bereitstellungsdauer und die Beschränkung auf Windows-Systeme. Folglich wird dieser Ansatz in der Praxis möglichst vermieden.

Auf der anderen Seite hat WIM auch gewisse Vorteile. Sind die umfangreichen Vorarbeiten erst einmal erledigt, kann WIM überall eingesetzt werden, nicht nur in vRealize Automation. Andersherum gilt natürlich: Falls in einer Firma schon viel mit WIM gearbeitet wird und das Know-how dafür vorhanden ist, dann ist WIM relativ schnell in vRealize Automation integrierbar. Ein weiterer Vorteil gegenüber dem Klonen ist, dass prinzipiell jegliche Software genutzt werden kann.

Technisch handelt es sich bei WIM um ein dateibasierendes Image-Format, das von Microsoft entwickelt wurde, um Betriebssysteme in größeren Umgebungen zu deployen.

WIM-Images müssen auf existierende Volumes bzw. Partitionen eingespielt werden. WIM selbst bietet jedoch kein Programm zur Erstellung dieser Volumes bzw. Partitionen; dies müssen Sie mit Tools selber machen. (Microsoft stellt jedoch ein Tool namens *Diskpart* zum Anlegen und Formatieren von Volumes bereit.)

Um ein WIM-Image zu erzeugen, zu bearbeiten und zu deployen, benötigen Sie das Kommandozeilenprogramm *ImageX*. Dieses ist Teil des freien *Windows Automated Installation Kit* (KIT).

Einrichten von WIM in vRealize Automation

Um WIM in vRealize Automation einzurichten, müssen Sie zuerst eine Reihe von Schritten abarbeiten, die im Folgenden konzeptionell beschrieben werden:

1. Als Erstes muss eine Staging-Area eingerichtet werden, in die später die notwendigen Dateien für den Provisionierungsprozess hochgeladen werden. Diese Staging-Area muss sowohl von vRealize Automation als auch von der neu zu erzeugenden Maschine netzwerktechnisch erreichbar sein. Die Staging-Area sollte ein Netzlaufwerk sein, das entweder als UNC-Pfad oder als Netzlaufwerk eingebunden werden kann.

2. Eine weitere Voraussetzung für die Bereitstellung ist das Vorhandensein eines DHCP-Servers.
3. Nun kann das Template erstellt werden. Installieren Sie dazu eine Windows-WIM-Referenzmaschine.
4. Anschließend muss die Referenzmaschine für Sysprep vorbereitet werden. Dafür wird das *System Preparation Utility* eingesetzt.
5. Nachdem dies abgeschlossen ist, kann das WIM-Image erzeugt werden.
6. In der Regel sollen nach der Installation des WIM-Images weitere Skripte zur Konfiguration oder für weitere Programme ausgeführt werden. Dafür gibt es in vRealize Automation das *PE-Builder*-Tool. Installieren Sie dieses Tool auf einem »Entwicklungsrechner«, und platzieren Sie in dem Tool-Verzeichnis alle Skripte, die am Ende des Provisionierungsprozesses ausgeführt werden sollen.
7. Mit PEBuilder kann anschließend ein WinPE-Image erzeugt werden. Dieses Image sollte den vRealize Automation Guest Agent enthalten.
8. Laden Sie die erzeugten Dateien in die Staging-Area.

Anschließend ist es möglich, einen entsprechenden WIM-Workflow zu konfigurieren. Neben der Auswahl des richtigen Workflows erfordert dies zusätzlich die Konfiguration von speziellen WIM-Custom-Properties.

6.3.4.3 Linux-Kickstart-Provisionierung

Mit dem Linux-Kickstart-Provisionierungsworkflow kann die Bereitstellung von Linux-Maschinen automatisiert werden. Dazu brauchen Sie ein bootbares ISO-Image und eine Kickstart- bzw. AutoYaST-Konfigurationsdatei. Konzeptionell müssen zum Einrichten folgende Schritte ausgeführt werden:

1. Stellen Sie sicher, dass ein DHCP-Server im Netzwerk verfügbar ist.
2. Erzeugen Sie die notwendige Konfigurationsdatei. Eine Beispielkonfigurationsdatei finden Sie im Installationsordner des Linux-Guest-Agent (`sample-https.cfg`).
3. Als Nächstes muss der Boot-Loader des Linux-Systems angepasst werden (`isolinux/isolinux.cfg` bzw. `loader/isolinux.cfg`). Dort muss der Ort der Konfigurationsdatei bzw. die Quelle der Linux-Source eingetragen werden.
4. Erstellen Sie das ISO-Image, und laden Sie es auf einen Server hoch , so dass es von vRealize Automation erreichbar ist.
5. Optional können Sie Anpassungskripte in den Guest Agent laden.

Nachdem diese Arbeiten abgeschlosssen sind, kann der Linux-Kickstart-Workflow eingerichtet werden. Auch hier ist wieder eine Reihe von Custom Properties zu definieren.

6.3.4.4 SCCM-Provisionierung

Wie bereits erwähnt, unterstützt vRealize Automation auch den *Microsoft System Configuration Manager* (SCCM). Dies ist ein Ansatz für die Bereitstellung von Windows-Betriebssystemen. (Bitte beachten Sie aber, dass dabei weder Software-Verteilung noch Updates unterstützt werden.) Dabei kann vRealize Automation von einem ISO-Image booten und anschließend die Kontrolle für die weitere Konfiguration an SCCM weitergeben.

Dabei schauen die Vorarbeiten konzeptionell wie folgt aus:

1. Es wird der NetBIOS-Name des SCCM-Servers benötigt. Mindestens ein DEM muss diesen Namen aus den vollqualifizierten Namen auflösen können.
2. Der SCCM- und der vRealize-Automation-Server müssen sich im gleichen Netzwerk befinden.
3. Es muss ein SCCM-Software-Paket erstellt werden, dass den vRealize Automation Guest Agent umfasst.
4. In SCCM muss die Task-Sequence erstellt werden und das im dritten Schritt erzeugte Paket auszuführen.
5. Aus der Task-Sequence muss ein ISO-Image erzeugt werden.
6. Machen Sie das ISO-Image im Netzwerk verfügbar.

Nach der Konfiguration müssen Sie auch hier wieder den Workflow entsprechend mit Custom Properties im Blueprint definieren.

6.4 Cloud Blueprints

Auch bei den Cloud Blueprints unterstützt vRealize Automation eine Reihe von Zielplattformen:

- vCloud Director
- Amazon AWS
- OpenStack

Genauso wie bei anderen Blueprint-Typen wird dabei auch eine Reihe von Workflows bereitgestellt, die in Tabelle 6–2 kurz beschrieben werden.

Workflow	Plattform	Beschreibung
CloudProvisioningWorkflow	Amazon OpenStack	Bereitstellung von Ressourcen nach Amazon oder OpenStack
vAppCloneWorkflow	vCloud Director	Zum Klonen von vApp-Templates in vCloud Director
CloudLinuxKickStartWorkflow	OpenStack	Kickstart/AutoYaST
CloudWIMImageWorkflow	OpenStack	Windows Imaging Format

Tab. 6–2 *Cloud-Workflows*

6.4.1 Blueprint für vCloud Director

vCloud Director war lange Zeit das zentrale Produkt von VMware für die Implementierung und Verwaltung einer Cloud-Lösung. Für den internen Unternehmenseinsatz hat sich dies ja bekanntlich geändert, und *vRealize Automation Center* ist zum maßgeblichen Produkt geworden. Nichtsdestotrotz ist vCloud Director in vielen Unternehmen im Einsatz und verdient dadurch unterstützt zu werden.

Die Vorteile von vCloud Director bestehen vor allem darin, dass nicht nur einzelne virtuelle Maschinen, sondern ganze vApps bereitgestellt werden können. vApps sind Verbünde von virtuellen Maschinen die mit einem applikationsspezifischen Netzwerk gebündelt werden können. (Zur Implementierung derartiger Anforderungen stellt vRealize Automation den Multimachine Blueprint bereit.)

Damit ein Blueprint für vCloud Director erstellt werden kann, muss darüber hinaus ein entsprechender Endpoint erstellt worden sein.

Konzeptionell müssen Sie zum Einrichten von vApps aus vRealize Automation zwei verschiedene Blueprints anlegen:

- einen oder mehrere vApp-Component-(vCloud Director-)Blueprints
- einen vApp-(vCloud Director-)Blueprint

Führen Sie die folgenden Schritte aus, um einen vApp-Component-Blueprint zu erstellen:

1. Wechseln Sie auf die Seite **Infrastructure > Blueprints > Blueprints** (siehe Abb. 6–11).

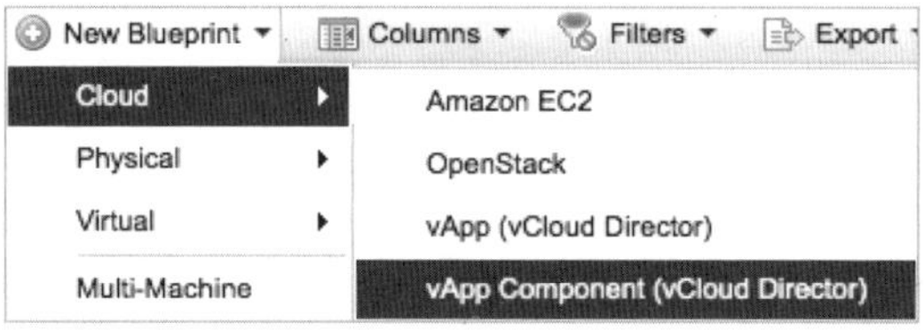

Abb. 6–11 *Erstellen eines vApp-Component-Blueprint*

2. Klicken Sie auf **New Blueprint > Cloud > vApp Component (vCloud Director)**.
3. Geben Sie auf der Registerkarte **Blueprint Information** den Namen, eine Beschreibung, die **Machine prefix**- und **Cost (daily)**-Informationen wie bereits beschrieben an.
4. Wechseln Sie auf die Seite **Build Information.** Wählen Sie in der Dropdown-Liste **Action** den Eintrag **Clone** aus.
5. Wählen Sie als **Provisioning workflow** den **vAppCloneWorkflow** aus.

6. Klicken Sie als Nächstes auf das **Browse**-Icon (neben der **Clone from**-Textbox), und wählen Sie ein Template, das zum Klonen benutzt werden soll.
7. Klicken Sie auf die Registerkarte **Custom Properties**, nachdem Sie die restlichen Werte ausgefüllt haben. Definieren Sie dort gegebenenfalls Custom Properties und Build Profiles.
8. Wechseln Sie zum Schluss auf die Registerkarte **Actions**.
9. Speichern Sie nach Fertigstellung des Blueprint die Einstellungen mit **OK**.

Der zweite Schritt besteht darin, den vApp-(vCloud Director-)Blueprint zu erzeugen und die einzelnen vApp-Component-Blueprints darin aufzunehmen. Dies erledigen Sie mit den folgenden Schritten:

1. Wechseln Sie auf die Seite **Infrastructure > Blueprints > Blueprints**.
2. Klicken Sie auf **New Blueprint > Cloud > vApp (vCloud Director)**.
3. Geben Sie auf der Registerkarte **Blueprint Information** den Namen, eine Beschreibung, die **Machine prefix**-Information, eine Reservation Policy, die maximale Anzahl der zu erzeugenden vApps, die Archive Days und die Daily Cost wie bereits beschrieben an.
4. Wechseln Sie anschließend auf die Seite **Build Information**.
5. Wählen Sie im **Action**-Dropdown-Feld den Wert **Clone** aus.
6. Wählen Sie als **Provisioning workflow** den **vAppCloneWorkflow** aus.
7. Klicken Sie als Nächstes auf das **Browse** Icon (neben der **Clone from**-Textbox), und wählen Sie ein Template, das zum Klonen benutzt werden soll.
8. Wählen Sie im Feld **Components** die vApp-Component-Blueprints, die Sie hinzufügen wollen.
9. Klicken Sie auf die Registerkarte **Custom Properties**, nachdem Sie die restlichen Werte ausgefüllt haben. Definieren Sie dort ggf. Custom Properties und Build Profiles.
10. Wechseln Sie zum Schluss auf die Registerkarte **Actions**.
11. Speichern Sie nach Fertigstellung des Blueprint die Einstellungen mit **OK**.
12. Bevor der Blueprint jedoch im Service Catalog verwendet werden kann, muss er noch veröffentlicht werden. Dies können Sie tun, indem Sie mit der Maus auf den Blueprint zeigen und anschließend im Menü **Publish** auswählen.

6.4.2 Cloud Provisioning Workflow

Da Amazon im Public-Cloud-Markt der größte Anbieter ist, darf natürlich in vRealize Automation auch die Unterstützung dafür nicht fehlen. Deswegen existiert ein spezieller *Amazon EC2 Blueprint*. Im Hintergrund wird dafür der *Cloud Provisioning Workflow* eingesetzt. (Dieser wird auch bei der Bereitstellung in OpenStack verwendet.) Im Folgenden erläutern wir die wichtigste von allen Cloud-Provisionierungen – die Amazon Provisionierung im Detail.

6.4.2.1 Provisionierung mit Amazon AWS

Damit die Provisionierung mit Amazon Web Services (AWS) richtig implementiert werden kann, ist zuerst ein grundlegendes Verständnis von Amazon AWS notwendig.

Die wichtigste Komponente bei Amazon Elastic Compute Cloud (EC2) ist das *Amazon Machine Image* (AMI). Damit wird ein Template inklusive Softwarekonfiguration definiert, das zur Provisionierung genutzt werden kann. Ein AMI ist immer in einer (Amazon-)Region (zum Beispiel West-Europa, US-Ost, US-West) definiert. AMIs werden entweder von Amazon selbst, einer User-Community oder im AWS Marketplace angeboten.

Nutzbare Amazon-AWS-Features

vCloud Automation Center ist für das Zusammenspiel mit Amazon AWS optimiert. Dabei werden folgende Features unterstützt:

- Amazon Virtual Private Cloud
- Elastic Load Balancers
- Elastic IP Adresses
- Elastic Block Storage

Eine *Amazon Virtual Private Cloud* (Amazon VPC) ermöglicht es, Ressourcen in ein selbst definiertes virtuelles Netzwerk zu provisionieren. Dieses VPC ähnelt einem traditionellen Netzwerk in einem Unternehmen, jedoch mit der Besonderheit, dass es gut skalieren kann. Ein Amazon VPC kann in Unternetze aufgeteilt werden, die Sie durch eine Routingtabelle miteinander verknüpfen können. Für die Sicherheit bieten Amazon VPCs *Security Groups* und *Network ACLs*, mit denen einzelne Rechner bzw. ganze Netzwerke abgesichert werden können.

vRealize Automation bietet die Möglichkeit, Amazon AMIs direkt in Amazon VPCs zu provisionieren.

Eine weitere Komponente, die von vRealize Automation unterstützt wird, ist ein *Elastic Load Balancer* (ELB). Amazon nutzt ELBs, um automatisch eingehenden Netzwerkverkehr gleichmäßig auf verschiedene *Amazon Elastic Compute Cloud*-(Amazon EC2-)Instanzen zu verteilen. Dabei ist es zudem möglich, einem ELB im laufenden Betrieb weitere Amazon-EC2-Instanzen hinzuzufügen oder sie wieder von ihm zu entfernen, ohne dass der laufende Betrieb dadurch beeinträchtigt wird. Falls vRealize Automation AMIs bereitstellt, besteht die Möglichkeit, diese Maschinen direkt in einem ELB zu registrieren bzw. beim Dekommisionieren wieder zu entfernen.

Bei einer *Elastic IP Address* handelt es sich um eine statische IP-Adressvergabe für dynamisches Cloud Computing. Das Besondere an Elastic-IP-Adressen ist, dass sie beim Ausfall einer virtuellen Maschine einfach an eine neue (zu startende) Maschine vergeben werden können. Dadurch entsteht für den Dienstnehmer im Fehlerfall nur eine geringe Ausfallzeit. Elastic-IP-Adressen werden in der

Amazon-Management-Konsole definiert und sind einem AWS-Account zugeordnet. vRA Center bietet ebenfalls Unterstützung für Elastic-IP-Adressen. So ist es beim Provisionieren möglich, mittels Custom Properties eine Elastic-IP-Adresse an eine neue Maschine zu vergeben. Bei bestehenden Maschinen kann die vergebene Elastic-IP-Adresse angezeigt werden. Jedoch können Sie mit vRealize Automation nicht sehen, welche Kosten anfallen.

Ein zentrales Element bei Amazon-EC2-Maschinen ist das Anbinden von Block Storage. Die in Amazon dazugehörige Komponente heißt *Amazon Elastic Block Storage (EBS)*. Dabei handelt sich um einen Speicher, der für hohe Verfügbarkeit und Verlässlichkeit konzipiert worden ist. In der Amazon-Welt ist es jederzeit möglich, im laufenden Betrieb eine Maschine mit Block Storage zu versehen. Dabei sind die Daten nie an die virtuelle Maschine gebunden, sondern immer an den Block Storage.

Es gibt jedoch eine Reihe von Einschränkungen im Zusammenspiel von EBS und vRealize Automation:

- Beim Anlegen einer neuen Machine durch vRealize Automation ist es nicht möglich, bestehende Volumes mit der Maschine zu verbinden, die von vRealize Automation bereitgestellt wird.
- Das Volume muss das gleiche Betriebssystem aufweisen und in der gleichen Region liegen wie die virtuelle Maschine, mit der es verbunden werden soll.
- vCloud Automation Center bietet keine Unterstützung an, um anfallende Kosten durch EBS einsehbar zu machen.
- vRealize Automation verwaltet nicht die Primary Volumes von EBS-basierten Volumes.

vRealize Automation bietet für die Verwaltung der Besitzer von EBS-Block-Storages ein grafisches Frontend. Um die Besitzeigenschaften zu ändern, gehen Sie wie folgt vor:

1. Wechseln Sie auf die Seite **Infrastructure > Compute Resources > EBS Volumes.**
2. Wählen Sie das EBS-Volume, das Sie verwalten wollen.
3. Falls Sie das Volume löschen wollen, können Sie das mit dem Icon **Delete** tun.
4. Zum Ändern der Besitzeigenschaften müssen Sie auf **Edit** klicken.

Einrichten von Amazon AWS in vRealize Automation

Für das Zusammenspiel von vRealize Automation und Amazon ist Folgendes zu beachten:

- Ein Cloud Blueprint wird auf eine AMI abgebildet.
- Beim Erstellen eines Cloud Blueprint für Amazon wird eine AMI ausgewählt. Folglich muss vor dem Konfigurieren des Blueprint eine Verbindung zu Amazon bestehen und ein Endpoint mit Credentials fertig konfiguriert sein.

- Nach dem Provisionieren einer Amazon-Maschine müssen Sie sich zuerst mit dem Administratorpasswort an der Maschine anmelden und Ihren eigenen Account im Rechner hinzufügen.

Die folgende Liste zeigt die Konfigurationsarbeiten, die Sie beim Einrichten von Amazon AWS erledigen müssen:

- Download von Secret Key und Access Key mittels der Amazon-Verwaltungskonsole
- Erstellen eines Endpunkts
- Hinzufügen von Amazon-Instanz-Typen (optional)
- Anlegen von Amazon Key Pairs
- Erzeugen einer Amazon-Reservierung
- Definition des Blueprint

Hinzufügen von Amazon-Instanz-Typen

Amazon verwaltet für seine AMIs verschiedene Instanz-Typen, die für unterschiedliche Anwendungsfälle optimiert sind. Diese Instanz-Typen unterstützen verschiedene Kombinationen von CPU, Arbeitsspeicher, Speicher und Netzwerkkapazität (z.B. für allgemeine Zwecke `m3.medium` oder `m3.large`, für Datenverarbeitung beispielsweise `c3.large` oder `c3.xlarge`).

vRealize Automation stellt bereits eine Liste von Amazon-Instanz-Typen bereit. Sie können diese Liste aber jederzeit ändern und neue Instanz-Typen hinzufügen. Führen Sie dafür folgende Schritte aus:

1. Navigieren Sie zu der Seite **Infrastructure > Blueprints > Instance Types**.
2. Klicken Sie auf **New Instance Type**.
3. Füllen Sie die Textboxen entsprechend aus.
4. Speichern Sie die neue Instanz mit dem **Save**-Icon.

Verwalten von Key Pairs

Eine weitere Voraussetzung dafür, dass Maschinen in die Amazon-Cloud provisioniert werden können, ist das Vorhandensein eines speziellen Key Pairs. In Amazon werden Key Pairs sowohl für die Provisionierung als auch für das Einloggen auf dem Rechner benötigt. Bei Windows wird ein Key Pair dazu benutzt , das Passwort zu verschlüsseln. Bei Linux gelingt damit der Login.

Bei der Data Collection werden vorhandene Key Pairs automatisch in das vRA Center importiert. Key Pairs können aber auch manuell hinzugefügt werden. Alternativ kann vRealize Automation so konfiguriert werden, dass die Key Pairs automatisch erzeugt werden. Dies ist sowohl auf Maschinen- als auch pro Business-Group-Ebene möglich.

Sobald Sie sowohl einen Amazon-Endpoint als auch eine entsprechende Fabric Group erstellt haben, können Sie in vRealize Automation ein Key Pair erzeugen. Dafür müssen Sie die folgenden Schritte ausführen:

1. Navigieren Sie auf die Seite **Infrastructure > Reservations > Key Pairs**.
2. Klicken Sie auf das Icon **New Key Pair**. Anschließend öffnet sich ein modaler Dialog (siehe Abb. 6–12).
3. Geben Sie im Feld **Name** eine Bezeichnung für das neue Key Pair ein.
4. Wählen Sie aus dem Menü **Compute resource** die Region aus, die Sie verwenden wollen.
5. Klicken Sie auf das **Save**-Icon.

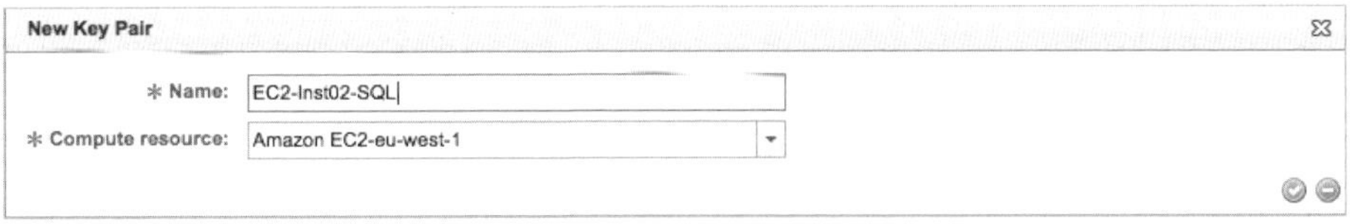

Abb. 6–12 *Erzeugen eines Amazon Key Pair*

Sobald in der Spalte **Secret Key** der Wert *********** erscheint, haben Sie die Konfiguration erfolgreich abgeschlossen.

Alternativ haben Sie auch die Möglichkeit, vorhandene Key Pairs zu verwalten und hochzuladen. Dies kann wie folgt geschehen:

1. Erzeugen Sie im ersten Schritt zuerst ein Key Pair in vCloud Automation Center.
2. Erzeugen Sie daraufhin ein Key Pair in der Amazon-Verwaltungskonsole.
3. Anschließend können Sie das Key Pair in vRealize Automation bearbeiten. Navigieren Sie dazu auf die Seite **Infrastructure > Reservations > Key Pairs**, und wählen Sie dann das Key Pair aus, das Sie verwalten wollen.
4. Klicken Sie auf das **Edit**-Icon.
5. Im nächsten Schritt können Sie den Key hochladen (siehe Abb. 6–13). Dies können Sie entweder mit Copy und Paste machen, indem Sie den privaten Schlüssel in das Feld **Secret Key** einfügen (der private Schlüssel hat dabei den Anfang `-----BEGIN RSA PRIVATE KEY-----` und das Ende `-----END RSA PRIVATE KEY-----`). Alternativ können Sie die PEM-Datei mit dem Button **Upload** hochladen.
6. Speichern Sie das Key Pair ab, indem Sie auf das **Save**-Icon klicken.

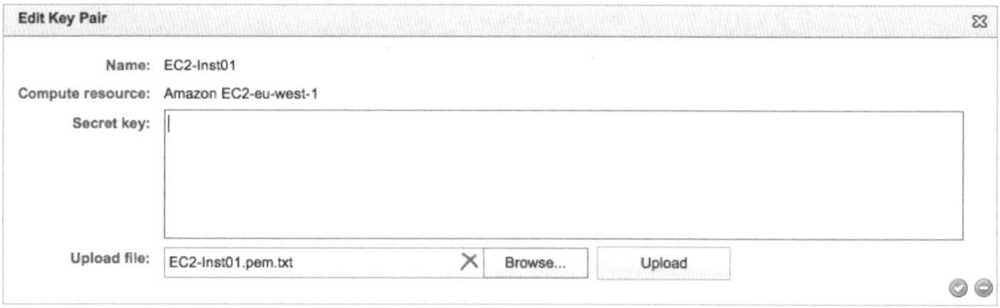

Abb. 6–13 *Upload des Private Key*

Anlegen von Amazon-Reservierungen

Der letzte Arbeitsschritt, um einen Amazon-Blueprint zu erzeugen, ist die Konfiguration einer entsprechenden Reservation. Dabei müssen aber zwei verschiedene Arten der Reservierung unterschieden werden:

- AWS Reservation (non VPC)
- AWS Reservation VPC

Um eine *AWS Reservation (non VPC)* zu erzeugen, müssen Sie Folgendes beachten (damit Sie eine Non-VPC-EC2-Instanz anlegen können, müssen Sie Ihr Amazon-Konto vor April 2013 erzeugt haben):

1. Im ersten Schritt muss eine Amazon-Reservierung erstellt werden. Wechseln Sie dazu auf die Seite **Infrastructure > Reservations > Reservations.**
2. Wählen Sie **New Reservation > Cloud** aus. Als Reservierungsart muss **Amazon EC2** gewählt werden.
3. Füllen Sie die Werte wie im letzten Abschnitt beschrieben aus, und wechseln Sie dann auf die **Ressources**-Registerkarte.
4. Als Nächstes muss die Art der Key-Pair-Zuweisung definiert werden. Dazu steht **Auto-Generated per Business Group, Auto-Generated per Machine** oder **Specify Key Pair** zur Verfügung (in diesem Fall hat jede Maschine das gleiche Key Pair).
5. Weisen Sie im Feld **Locations** eine oder mehrere Availability Zones zu.
6. Im Feld **Security Groups** ist die Zuweisung von Sicherheitsgruppen möglich.
7. Falls Sie einen Elastic Load Balancer nutzen, tragen Sie diesen in das Feld **Load Balancers** ein.
8. Auf der Registerkarte **Alerts** können Sie zum Schluss noch Benachrichtigungen einstellen, falls gewisse Kapazitätswerte überschritten worden sind.
9. Speichern Sie die Reservation mit **OK** ab.

Das Anlegen einer *AWS Reservation (VPC)* ist analog vorzunehmen. Der Unterschied besteht darin, dass Sie auf der Registerkarte **Resources** Einstellungen für das Subnetz, die Security Groups und den Load Balancer vornehmen können.

Erzeugen eines Amazon-Blueprints

Nachdem die ganzen Vorarbeiten abgeschlossen sind, können Sie anschließend einen Amazon-Blueprint erzeugen:

1. Wechseln Sie auf die Seite **Infrastructure > Blueprints > Blueprints.**
2. Klicken Sie auf **New-Blueprint > Cloud > Amazon EC2.**
3. Vergeben Sie für den Blueprint einen Namen und optional eine Beschreibung.
4. Geben Sie im Feld **Display location on request** an, ob Endbenutzer bein Anlegen einer virtuellen Maschine die Region einsehen können.
5. Falls Sie kein Business Group Manager sind, können Sie entweder den Blueprint als »shared« für alle veröffentlichen oder bestimmen, welche Business Groups den Blueprint nutzen können.
6. Falls Sie eine **Reservation policy** setzen wollen, wählen Sie diese in der entsprechenden Dropdown-Liste aus.
7. Wählen Sie ein **Machine prefix** für die Generierung der Namen aus.
8. Sie haben weiterhin die Möglichkeit zu bestimmen, wie viele Instanzen der virtuellen Maschine pro Benutzer erzeugt werden können (**Maximum per user**).
9. Auch das Feld **Cost (daily)** ist optional.
10. Wechseln Sie anschließend auf die Registerkarte **Build Information** (siehe Abb. 6–14).
11. Unter **Blueprint type** wählen Sie aus, ob es sich bei der zu erzeugenden Maschine um ein Desktop- oder um ein Serversystem handelt. Diese Information ist wie bei allen anderen Blueprint-Arten auch nur für die Lizenzen wichtig.
12. Wählen Sie in der Dropdown-Liste **Provisioning workflow** den Wert **CloudProvisioningWorkflow** aus.
13. Als Nächstes muss die Amazon AMI ausgewählt werden. Klicken Sie dazu auf das Browse-Icon neben der **Amazon machine image**-Textbox, wählen Sie eine AMI aus der Liste aus, und klicken Sie anschließend auf **OK.**
14. Weiterhin haben Sie die Möglichkeit, den Mechanismus zur Erzeugung der Key Pairs zu definieren. Hier gibt es die Möglichkeiten **Not Specified** (übernimmt die Reservation-Einstellungen), **Auto Generated per Busines Group** und **Auto Generated per Machine.**
15. In der Checkbox **Enable Amazon network options on machine** können Sie es den Endbenutzern zusätzlich erlauben, ob Sie die Maschinen in eine VPC- oder Nicht-VPC-Umgebung provisionieren wollen.
16. In der Tabelle **Instance types** können die Instanz-Typen ausgewählt werden, die Endbenutzer anfordern dürfen. Überprüfen Sie dabei die Werte für die Anzahl der CPUs, den Arbeitsspeicher und den Festplattenspeicher.

17. Sie haben weiterhin die Möglichkeit, die Endbenutzer die Größe des EBS-Volume auswählen zu lassen. Dafür müssen Sie jedoch im entsprechenden Feld sowohl einen Minimum- als auch Maximum-Wert spezifizieren.
18. Zusätzlich können Sie die Lease-Dauer einstellen. Wenn Sie das **Lease**-Feld leer lassen, ist die Maschine unbefristet in der Amazon-Cloud bereitgestellt.
19. Wechseln Sie auf die Registerkarte **Properties**.
20. Fügen Sie Build Profiles bzw. Custom Properties hinzu wie benötigt.
21. Wechseln Sie auf die Registerkarte **Action**, und spezifizieren Sie die Befugnisse auf bereitgestellten Maschinen.
22. Klicken Sie zum Speichern des Blueprints auf **OK**.

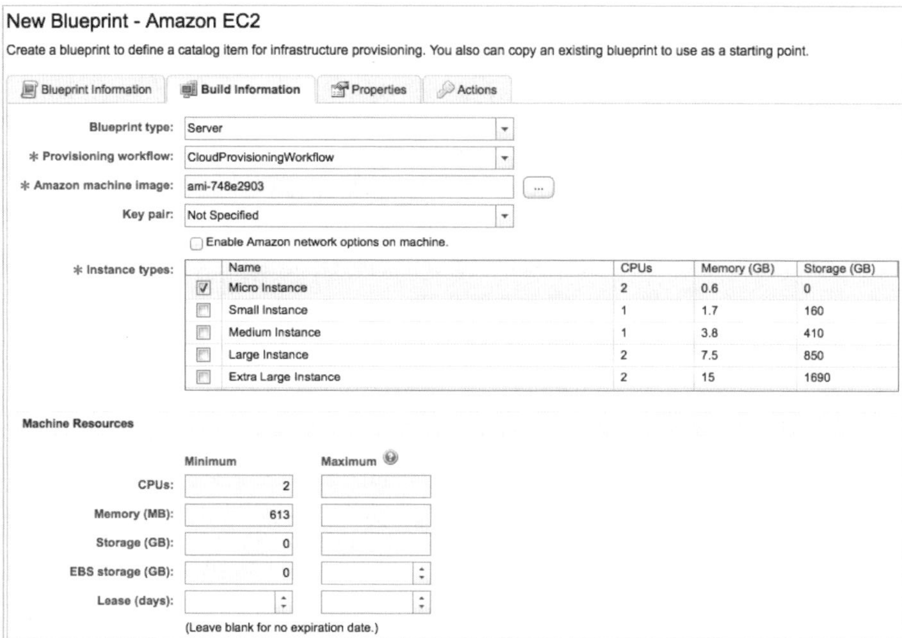

Abb. 6–14 *Konfiguration eines Amazon-Blueprints*

Anschließend muss der Blueprint nur noch veröffentlicht werden, damit er in den Service Catalog aufgenommen werden kann. Fahren Sie dazu mit der Maus über den Blueprint, und wählen Sie dann **Publish** aus.

6.5 Physical Blueprints

Die letzte Art von Blueprints, die in diesem Abschnitt besprochen werden sollen, sind die Physical Blueprints. Diese sind in der Praxis eher selten anzutreffen. Sie werden meist nur dann eingesetzt, falls es um das Bereitstellen von Software geht, die nicht virtuell laufen darf oder kann, oder um neue Server als Hypervisoren zu provisionieren.

Hardwaretechnisch werden die folgenden Plattformen von vRealize Automation unterstützt:

- HP ILO
- Dell iDRAC
- Cisco UCS

Wie bei den anderen Blueprint-Arten existieren auch hier verschiedene Workflows, die in folgender Tabelle dargestellt werden sollen:

Workflow	Plattform	Beschreibung
PhysicalProvisioningWorkflow	■ HP ILO ■ Dell iDRAC	Linux-Kickstart
PhysicalPxeProvisioningWorkflow	■ HP ILO ■ Dell iDRAC ■ Cisco UCS	PXE-Provisionierung
PhysicalSccmProvisioningWorkflow	■ HP ILO ■ Dell iDRAC	SCCM-Provisionierung
PhysicalSccmPxeProvisioningWorkflow	■ HP ILO ■ Dell iDRAC ■ Cisco UCS	PXE-Provisionierung

Tab. 6 3 *Workflows für Physical Blueprints*

Mit diesen Workflows sind bei der Bereitstellung von physischen Maschinen folgende Szenarien denkbar:

- Mit einem PXE-Boot-Server im Netzwerk kann die Installation automatisiert durch vRealize Automation durchgeführt werden. Dabei wird zu Beginn ein *Network Boot Strap*-(NBP-)Programm gestartet, das das zu installierende Image von einem Netzwerkshare herunterlädt und anschließend installiert.
- Kickstart und AutoYaST ermöglichen es, mithilfe einer Konfigurationsdatei ein ISO-Image herunterzuladen und dieses dann auf dem Zielrechner zu installieren.
- Microsoft System Center Configuration Manager (SCCM) erlaubt die Erstellung einer *SCCM Task Sequence*, die durch vRealize Automation angesteuert werden kann. Dabei sorgt vRealize Automation für den Start des physikalischen Rechners. Anschließend übernimmt SCCM die weitere Kontrolle. Mithilfe des Guest Agent sind aber weitere Anpassungen am Ende des Provisionierungsprozesses durch vRealize Automation möglich.
- Die letzte Möglichkeit besteht darin, mithilfe einer WinPE-Umgebung ein *Windows Imaging File* (WMI) zu laden und Windows bereitzustellen.

Nachdem die entsprechenden Vorarbeiten abgeschlossen sind, können die Konfigurationsarbeiten in vRealize Automation fortgesetzt werden: das Anlegen von

Endpoints, Fabric Groups, Business Groups, Reservierungen und schließlich die Definition von Blueprints.

Einige Custom Properties sind für die Definition von Physical Blueprints besonders relevant. Aus diesem Grund werden sie in Tabelle 6–4 hervorgehoben werden.

Custom Property	Beschreibung
Image.ISO.Location	Ort der ISO-Datei
Image.ISO.Name	Name der ISO-Datei, die installiert werden soll
Image.WIM.Path	UNC-Pfad, von dem die WMI-Datei geladen werden soll
Image.WIM.Name	Name der WMI-Datei
Linux.ExternalScriptName	Name eines Custom-Skripts, das nach der Installation des Betriebssystems ausgeführt werden soll
Linux.ExternalScript.LocationType	Der Ort des Custom-Skripts
Linux.ExternalScript.Server	NFS-Server, auf dem das Skript gespeichert ist.

Tab. 6–4 *Custom Properties für Physical Blueprints*

6.6 Zusammenfassung

In diesem Kapitel haben wir verschiedene Blueprint-Arten in vRealize Automation vorgestellt: Virtual-, Cloud- und Physical Blueprints. Dabei haben wir detailliert aufgezeigt, wie mit diesen die zu deployenden Maschinen und deren Lebenszyklen spezifiziert werden können. Besonderes Augenmerk haben wir dabei auf Custom Properties gelegt, da diese es ermöglichen, den Provisionierungsvorgang von vRealize Automation flexibel anzupassen.

In diesem Kapitel haben wir jedoch die Multimachine Blueprints ausgeklammert, da diese in der Regel weitere Netzwerkvorarbeiten erfordern. Die Multimachine Blueprints sind Thema von Kapitel 7.

Nachdem die Blueprints definiert worden sind, können sie als Nächstes im Service Catalog (siehe Kap. 8) veröffentlicht werden, so dass sie von End-Usern auch genutzt werden können.

7 Multimachine Blueprints

Bisher haben wir nur gezeigt, wie einzelne Maschinen mithilfe von vRealize Automation bereitgestellt werden können. In der Praxis tritt jedoch häufig die Anforderung auf, dass ein Provisionsprozess verschiedene Maschinen, die untrennbar miteinander verbunden sein sollen, auf einmal bereitstellen soll. Ein Beispiel hierfür ist eine Multitier-Anwendung die aus einem Web-Frontend-Server, einen Applikationsserver und einer Datenbank bestehen soll (siehe Abb. 7–1). Diese Maschinen haben denselben Lebenszyklus, sollen gemeinsam verwaltet werden können und teilen sich darüber hinaus vielleicht noch weitere Ressourcen, wie z.B. ein gemeinsames Netzwerk. Um dies umzusetzen, muss für jede Maschine zuerst ein normaler Blueprint erstellt werden. Anschließend kann die Definition des Multimachine Blueprint erfolgen.

In diesem Kapitel erläutern wir Multimachine Blueprints genauer. Nach einer Beschreibung der notwendigen Vorarbeiten schildern wir den Erstellungsprozess detailliert. Zum Abschluss erklären wir noch, wie Multimachine Blueprints im Zusammenspiel mit *vCloud Networking and Security* (vCNS) sowie NSX betrieben werden können.

7.1 Einführung in Multimachine Blueprints

Multimachine Blueprints fassen eine oder verschiedene Maschinen als eine Entität zusammen. Die darin enthaltenen Blueprints werden auch *Component Blueprints* genannt (und die dazugehörige Maschine heißt dann *Component Machine*). Der Lebenszyklus eines Multimachine Blueprint entspricht dabei dem eines normalen Blueprint. Darüber hinaus ist es möglich, Skripte bzw. Workflows zu hinterlegen, die während des Lebenszyklus ausgeführt werden sollen. Dies kann beispielsweise zum Zeitpunkt des Provisionierens, beim Ausschalten oder auch beim Einschalten passieren.

Aufseiten von vRealize Automation ist der *Distributed Execution Manager* (DEM) für das Ausführen dieser Skripte und Workflows verantwortlich.

Genauso wie beim Anfordern von einzelnen virtuellen Maschinen hat der Endbenutzer die Möglichkeit, Rahmenbedingungen für den Provisionierungsprozess zu definieren. Dies umfasst die Anzahl der zu erstellenden Maschinen, deren nutzbare Hardwareressourcen (wie zum Beispiel CPU, Speicher oder Storage), aber auch allgemeine Einstellungen, wie die Dauer der Bereitstellung oder Custom Properties.

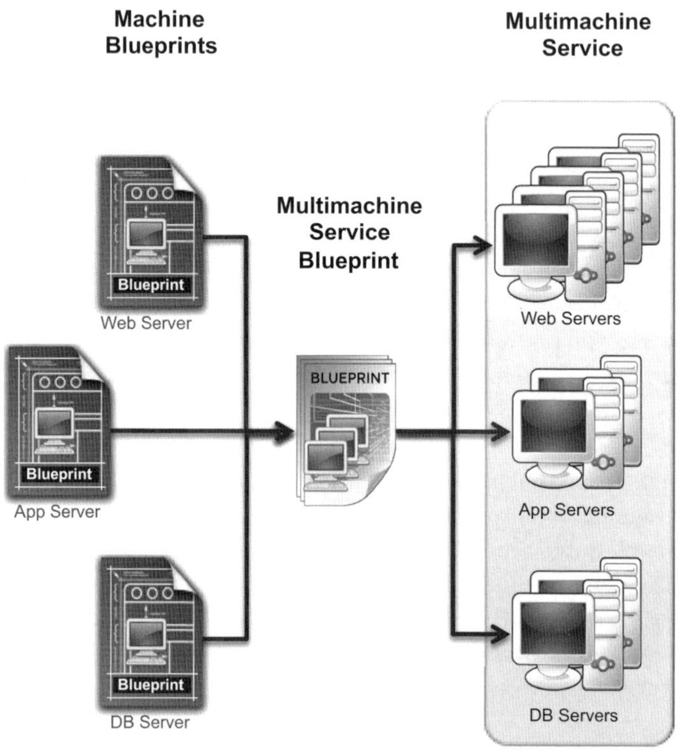

Abb. 7–1 *Multimachine Blueprint*

Vergleich mit vCloud Director App

Die Funktionalität von Multimachine Blueprints ähnelt der von vCloud Director vApps, es gibt aber auch Unterschiede. Aus diesem Grund stellen wir sie in Tabelle 7–1 gegenübergestellt.

vRealize Automation Multimachine	vCloud Director vApp
Der Multimachine Blueprint referenziert einzelne Blueprints.	Basiert auf vApp-Templates.
Physische, Cloud- und virtuelle Maschinen können erzeugt werden.	Es können nur virtuelle Maschinen erzeugt werden, die auf vSphere basieren.
Maschinen können durch vRealize Automation administriert werden.	vApp-Maschinen können durch vRealize Automation administriert werden.
Zugriff über: ■ Microsoft Remote Desktop ■ SSH ■ VMware Remote Console	Zugriff über: ■ Microsoft Remote Desktop ■ SSH ■ VMware Remote Console
Netzwerkprovisionierung über vCNS bzw. NSX	Netzwerkprovisionierung in vApp möglich
Hinzufügen weiterer Maschinen nach Provisionierung möglich	Kein Hinzufügen weiterer Maschinen nach Provisionierung möglich
vRealize Automation definiert die Startreihenfolge.	Die Startreihenfolge wird in vApp-Templates konfiguriert.

Tab. 7–1 *Vergleich von vRealize Automation Multimachine Server und vCloud Director vApp*

7.2 Vorarbeiten für Multimachine Blueprints

Falls in einem Multimachine-Service nicht nur Maschinen, sondern auch Netzwerke provisioniert werden sollen, sind vor der Erstellung der Multimachine Blueprints einige Vorarbeiten notwendig. Dies umfasst das Einrichten einer *Transport Zone*, die Konfiguration der Endpoints, das Anlegen und Zuweisen von Network Profiles und die Anpassung von Reservations.

Falls Sie nur Maschinen in bestehende Netzwerke provisionieren wollen, sind diese Schritte nicht notwendig und Sie müssen diesen Abschnitt nicht lesen.

7.2.1 Konfiguration einer Transport Zone

Die *Transport Zone* ist dasjenige Konstrukt, mit dessen Hilfe das bereitzustellende Netzwerk erstellt werden kann. Dabei ist dieses Netzwerk nur für Ressourcen des Multimachine Blueprint verfügbar.

Damit jedoch eine Transport Zone angelegt werden kann, muss zuvor eine VXLAN-Konfiguration erstellt werden.

VXLAN

Bei *Virtual Extensible LAN* (VXLAN) handelt es sich um eine Netzwerkvirtualisierungstechnologie, mit deren Hilfe Layer-2-Ethernet-Pakete in Layer-3-UDP-Pakete gekapselt werden. Damit ist es möglich, große Layer-2-Netzwerke über verschiedene Datacenter und Standorte hinweg zu erzeugen. Im Hintergrund funktioniert VXLAN mithilfe von Multicasting. VXLAN wurde von VMware, Arista Networks und Cisco spezifiziert, und mittlerweile unterstützt eine Vielzahl von anderen Firmen VXLAN.

Einrichten von VXLAN bei vCNS

1. Als Erstes müssen Sie *vCloud Networking and Security* installieren und an vSphere anbinden.
2. In vSphere muss anschließend ein Distributed Switch erzeugt werden. Dieser kann später als VXLAN-Trägermedium dazu benutzt werden, virtuelle Netzwerke zu erzeugen.
3. Der nächste Schritt besteht darin, im vCNS die Connectivity und eine Segment-ID zu konfigurieren.
4. Anschließend wird ein *Network Scope* erstellt. Dieser entspricht der Transport Zone, die vRealize Automation nutzen soll.

Sie müssen übrigens keinerlei Virtual Wires oder Edges erzeugen bzw. konfigurieren. Diese werden zur Provisionszeit des Multimachine Blueprint automatisch durch vRealize Automation erzeugt.

Einrichten von VXLAN bei NSX

Das Einrichten einer Transport Zone ist Teil der Installation von NSX und soll an dieser Stelle nicht weiter beschrieben werden.

7.2.2 Anlegen eines vCNS- oder NSX-Endpoints

Folgende Schritte müssen Sie ausführen, um einen vCNS- bzw. NSX-Endpoint zu erstellen:

1. Navigieren Sie auf die Seite **Infrastructure > Endpoints > Endpoints.**
2. Klicken Sie in der Liste der Endpoints auf den vSphere-Endpoint, und klicken Sie anschließend im Dropdown-Feld auf **Edit.** Daraufhin öffnet sich das Konfigurationsfenster für den Endpoint (siehe Abb. 7–2).
3. Klicken Sie auf die Checkbox **Specify manager for network and security platform.** Nach dessen Aktivierung erscheinen zwei neue Textboxen.
4. Geben Sie in der Textbox **Address** die URL von vCNS bzw. von NXS ein (z.B. `https://nsx.ix.lab`).
5. Hinterlegen Sie im Feld **Credentials** die Zugangsdaten für vCNS bzw. NSX.
6. Klicken Sie auf **OK**, um den Vorgang zu beenden.

Tipp: vRealize Automation 6.1 und NSX

Falls Sie NSX an vRealize Automation 6.1 oder höher anbinden wollen, müssen Sie zuerst einen Orchestrator-Endpoint in vRealize Automation konfiguriert haben. Zudem ist es notwendig, dass das NSX-Plug-In in Orchestrator installiert und konfiguriert worden ist. In Kapitel 12 beschreiben wir die Installation und Konfiguration von Orchestrator.

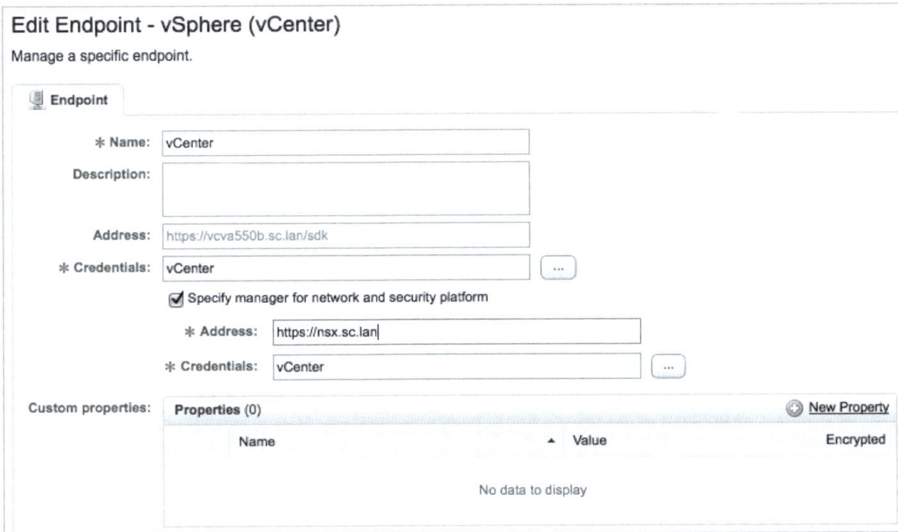

Abb. 7–2 *Anlegen eines vCNS/NSX-Endpoints*

7.2.3 Einrichten von Network Profiles

Network Profiles sind die Voraussetzung, um mit Multimachine-Blueprints Netzwerke zu erzeugen. Dabei haben Network Profiles zwei verschiedene Funktionen:

1. Sie definieren als Erstes die Netzwerk-Interface-Konfiguration. Dies umfasst Einstellungen wie die IP-Adresse, die Subnetzmaske, das Default-Gateway, die DNS-Server und WINS-Server.
2. Darüber hinaus bestimmen sie, wie vRealize Automation mit vCNS bzw. NSX kommunziert, um Netzwerke zu erzeugen.
3. Es gibt dabei vier verschiedene Arten von Network Profiles:

- External Network Profile
- NAT Network Profile
- Private Network Profile
- Routed Network Profile

External Network Profile

Falls die zu erzeugenden vRealize-Automation-Komponenten (z.B. virtuelle Maschinen oder Edges) direkt in ein externes Netzwerk provisioniert werden sollen, sollten Sie ein External Network Profile konfigurieren.

Führen Sie folgende Schritte aus, um ein External Network Profile zu erstellen:

1. Wechseln Sie auf die Seite **Infrastructure > Reservations > Network Profile.**
2. Klicken Sie anschließend rechts auf den Link **New Network Profile > External.** Der Konfigurationsbildschirm öffnet sich (siehe Abb. 7–3).
3. Vergeben Sie einen **Namen** für das Netzwerk.

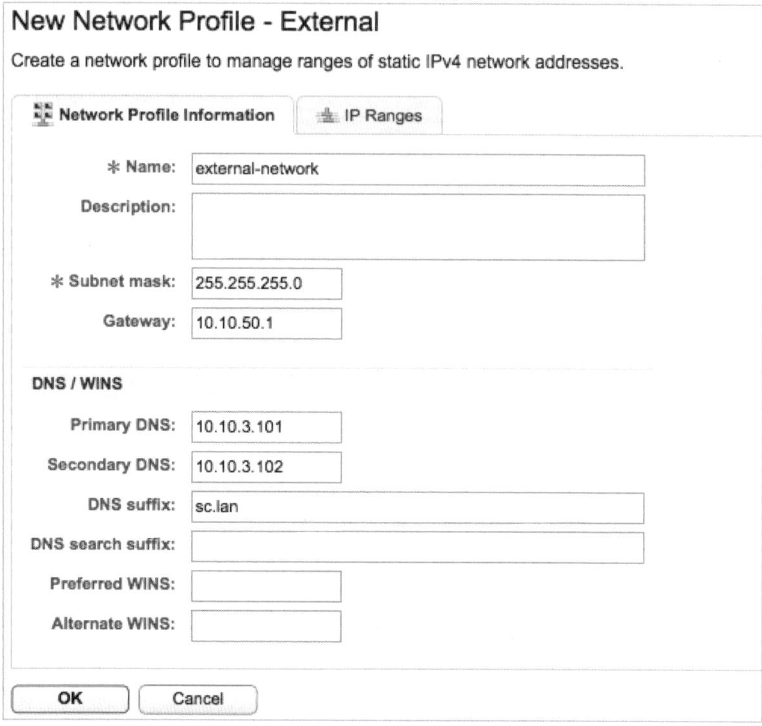

Abb. 7–3 *Konfiguration des External Network Profile*

4. Definieren Sie die **Subnet mask.**
5. Die weiteren Felder – **Gateway, Primary DNS, Secondary DNS, DNS suffix, DNS search suffix, Preferred WINS, Alternate WINS** – sind alle optional.
6. Klicken Sie auf die Registerkarte **IP Ranges**, um feste IP-Adressen für das Netzwerk zu vergeben. Auch dies ist optional. Sie können die IP-Adressen manuell als Range einspielen, alternativ können Sie auch eine CSV-Datei mit der Liste an Adressen hochladen. Falls Sie diese Werte nicht konfigurieren, wird vRealize Automation DHCP für die Vergabe von IP-Adressen verwenden.
7. Klicken Sie auf **OK**, um den Vorgang abzuschließen.

Routed Network Profile

Ein Routed Network wird zur Provisionierungszeit dynamisch erstellt. Dabei handelt es sich um einen IP-Adressbereich, der in verschiedene Subnetze unterteilt wird. Die verschiedenen Subnetze sind über eine Routingtabelle miteinander verknüpft. Die Maschinen in den Subnetzen können sowohl mit dem externen Netzwerk als auch mit den Subnetzen kommunizieren, die durch das gleiche Network Profile definiert sind. Diese Art des Netzwerks eignet sich gut, wenn ein Applikationsstack mit verschiedenen Schichten (Tiers) erzeugt werden soll. So könnten beispielsweise Load Balancer, Webserver, Applikationsserver oder Datenbankserver durch verschiedene Subnetze voneinander getrennt werden. In Abbildung 7–4 ist ein Routed Network grafisch abgebildet.

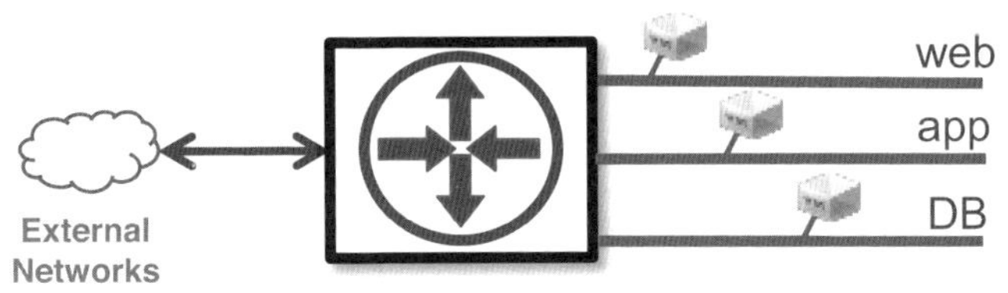

Abb. 7–4 *Routed Network*

Führen Sie folgende Schritte aus, um ein Routed Network zu erstellen:

1. Wechseln Sie auf die Seite **Infrastructure > Reservations > Network Profile.**
2. Klicken Sie anschließend rechts auf den Link **New Network Profile > Routed.** Der Konfigurationsbildschirm öffnet sich (siehe Abb. 7–5).
3. Vergeben Sie einen **Namen** für das Netzwerk.
4. Vergeben Sie optional im Feld **Description** eine Beschreibung.
5. Wählen Sie in der Dropdown-Liste **External network profile** das vorher erstellte Netzwerkprofil aus.
6. Definieren Sie eine **Subnet mask** (z.B. 255.255.0.0).
7. Legen Sie die die **Range subnet mask** an. Diese bestimmt die zu erstellenden Subnetze. Falls Sie beispielsweise 255.255.240.0 definieren, können Sie 16 Subnetze erzeugen.
8. Vergeben Sie eine **Base IP**-Adresse, die für das erste zu erzeugende Subnetz verwendet werden soll.
9. Überprüfen und ändern Sie ggf. die Werte in den Feldern **Primary DNS, Secondary DNS, DNS suffix, DNS search suffix, Preferred WINS** und **Alternate WINS** ab. Diese Textboxen werden automatisch durch die Konfiguration des External Networks bestimmt.
10. Wechseln Sie anschließend auf die Registerkarte **IP Ranges**.
11. Mit dem Button **Generate Ranges** können Sie automatisch die Anzahl der Subnetze erzeugen, die Sie durch die **Range subnet mask** definiert haben. Alternativ können Sie mit dem Button **New Network Range** ein eigenes Subnetz erstellen (siehe Abb. 7–6).
12. Klicken Sie auf **OK**, um den Vorgang abzuschließen.

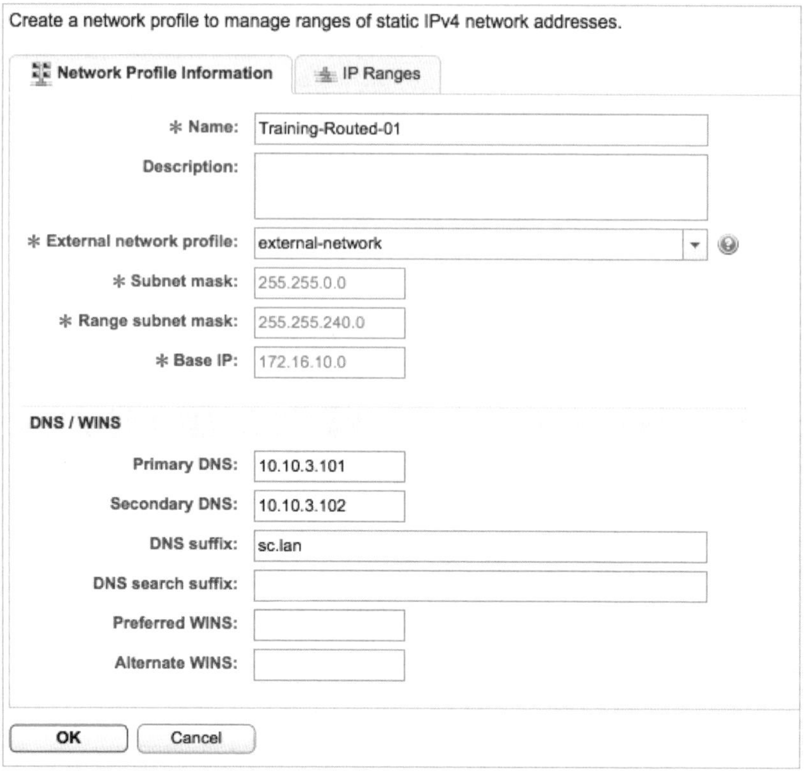

Abb. 7–5 *Konfiguration des Routed Network Profile*

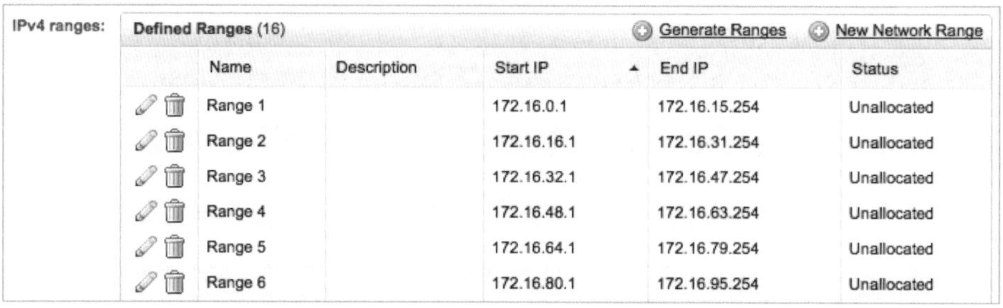

Name	Description	Start IP	End IP	Status
Range 1		172.16.0.1	172.16.15.254	Unallocated
Range 2		172.16.16.1	172.16.31.254	Unallocated
Range 3		172.16.32.1	172.16.47.254	Unallocated
Range 4		172.16.48.1	172.16.63.254	Unallocated
Range 5		172.16.64.1	172.16.79.254	Unallocated
Range 6		172.16.80.1	172.16.95.254	Unallocated

Abb. 7–6 *Erzeugen der Network Ranges*

Private Network Profile

Mit einem *Private Network Profile* ist es möglich, komplett isolierte Netzwerke zu erzeugen. Dabei können die Maschinen intern miteinander kommunizieren, jedoch nicht nach außen (siehe Abb. 7–7). Aus diesem Grund ist es von außerhalb nicht möglich, mit einer der Maschinen eine Verbindung mittels SSH oder Remote Desktop zu öffnen. Die einzige Möglichkeit zur Kommunikation besteht in der Nutzung der VMware Remote Console. Ein Private Network wird wie die anderen Netzwerke auch zur Provisionszeit erzeugt.

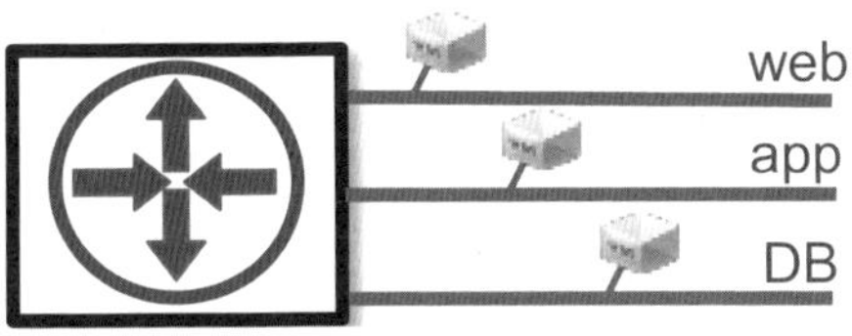

Abb. 7–7 *Private Network*

Führen Sie folgende Schritte aus, um ein Private Network zu erstellen:

1. Wechseln Sie auf die Seite **Infrastructure > Reservations > Network Profile.**
2. Klicken Sie anschließend rechts auf den Link **New Network Profile > Private.** Der Konfigurationsbildschirm öffnet sich (siehe Abb. 7–8).

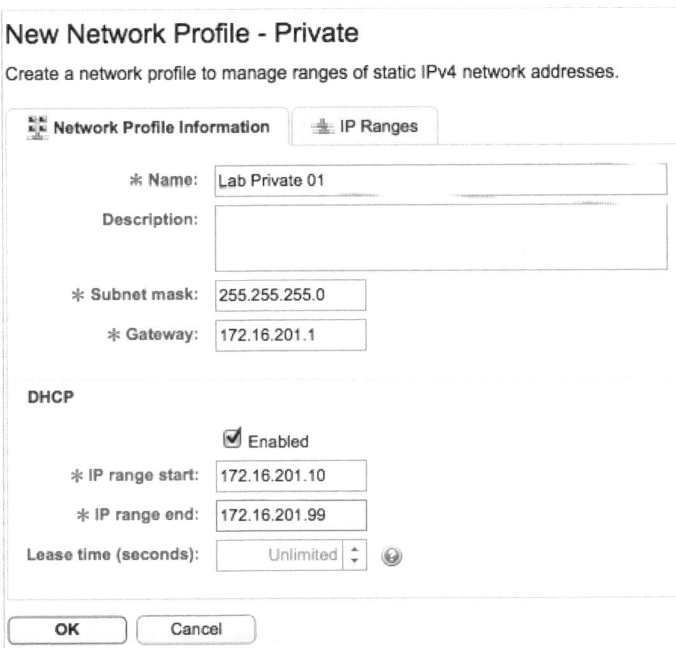

Abb. 7–8 *Konfiguration eines Private Network*

3. Vergeben Sie einen Namen für das Netzwerk.
4. Vergeben Sie optional im Feld **Description** eine Beschreibung für das Netzwerk.
5. Konfigurieren Sie die **Subnet mask.**
6. Definieren Sie das **Gateway.**
7. Im Bereich **DHCP** können Sie optional DHCP und eine dazugehörige **IP range** definieren.

8. Falls Sie IP-Adressen manuell konfigurieren wollen, wechseln Sie auf die Registerkarte **IP Ranges**.
9. Klicken Sie nach Abschluss der Konfiguration auf den **OK**-Button.

NAT Network Profile

Das letzte Netzwerk, das erstellt werden kann, ist das *NAT Network* (siehe Abb. 7–9). Wie beim Routed Network braucht dieses eine Anbindung an die Umgebung mittels eines External Network, das vorher definiert werden muss. Ein NAT Network kann in zwei verschiedenen Ausprägungen existieren:

- Beim *One-To-One NAT Network* erhält jede virtuelle Maschine eine externe und eine interne IP-Adresse.
- Das *One-To-Many NAT Network* bietet dagegen nur eine externe IP-Adresse. Eine dynamisch erzeugte Edge dient in diesem Fall als NAT-Router, um zwischen dem internen und dem externen Netz zu vermitteln.

Abb. 7–9 *NAT Network*

Ein NAT-Netzwerk eignet sich am besten, falls immer wieder identische Umgebungen benötigt werden. Beispiele sind hier das Nachbauen von Produktivumgebungen, das Testen oder auch die Erstellung von Schulungsumgebungen.

Führen Sie folgende Schritte aus, um ein Private Network zu erstellen:

1. Wechseln Sie auf die Seite **Infrastructure > Reservations > Network Profile.**
2. Klicken Sie anschließend rechts auf den Link **New Network Profile > Private.** Der Konfigurationsbildschirm öffnet sich (siehe Abb. 7–10).
3. Tragen Sie im Feld **Name** einen Namen für das Netzwerk ein.
4. Vergeben Sie optional im Feld **Description** eine Beschreibung für das Netzwerk.
5. Definieren Sie im Feld **External network profile** das Netzwerk, das Sie anbinden wollen. Nach der Auswahl werden je nach Konfiguration des External Network Profile die Werte im Bereich DNS/WINS automatisch ausgefüllt.
6. Im Feld **NAT type** bestimmen Sie, ob ein **One-To-One**- oder **One-to-Many**-NAT-Netzwerk erstellt werden soll.
7. Definieren Sie die **Subnet mask.**
8. Bestimmen Sie das **Gateway.**
9. Überprüfen Sie die Werte im Bereich **DNS/WINS.**

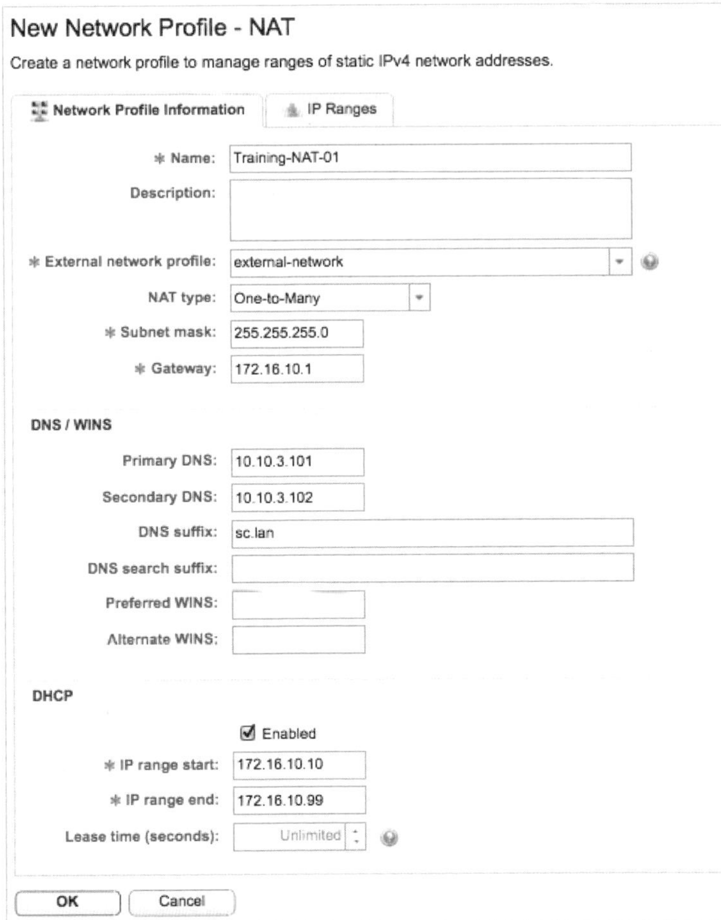

Abb. 7–10 *Konfiguration des NAT Network Profile*

10. Im Bereich **DHCP** können Sie diesen Dienst aktivieren, falls Sie als **NAT type** die Option **One-to-Many** ausgewählt haben.
11. Falls Sie IP-Adressen manuell konfigurieren wollen, wechseln Sie auf die Registerkarte **IP Ranges**.
12. Klicken Sie nach Abschluss der Konfiguration auf den **OK**-Button.

7.2.4 Konfiguration der Reservations

Nachdem die Network Profiles wie gewünscht konfiguriert worden sind, geht es mit der Anpassung der Reservations weiter. Dabei muss die in vCNS oder NSX konfigurierte Transport Zone der Reservation zugeordnet werden. Bitte beachten Sie, dass Sie diesen Schritt erst ausführen können, wenn der vSphere-Endpoint für die Konfiguration mit vCNS oder NSX eingerichtet wurde. Zur Laufzeit kann vRealize Automation mithilfe der konfigurierten Network Profiles die gewünschten Netzwerke erzeugen. Dafür stellt vRealize Automation ein Routed Gateway als Netzwerk-Router bereit.

Zusätzlich zu der Zuweisung von Network Profiles haben Sie auch die Möglichkeit, Security Groups zuzuweisen. Security Groups stellen eine Art Firewall dar und werden in NSX bzw. vCNS definiert, um verschiedene Netzwerke voreinander zu schützen.

Die Konfiguration kann dabei wie folgt geschehen:

1. Wechseln Sie auf die Seite **Infrastructure > Reservations > Reservations.**
2. Klicken Sie auf die **Reservation**, die Sie für Multimachine-Services konfigurieren wollen.
3. Navigieren Sie auf die Registerkarte **Network.**
4. Im ersten Schritt wird das externe Netzwerk zugewiesen. Klicken Sie dazu in der Tabelle **Network Paths** auf das Netzwerk, dem Sie das externe Netzwerk zuweisen wollen, und weisen Sie das Profil entsprechend zu.
5. Als Nächstes muss im Feld **Transport zone** die Transport Zone zugewiesen werden.
6. In der Liste **Security group list** können Sie die gewünschten Security Groups zuweisen.
7. Falls Sie ein Routed Gateway benötigen, können Sie dies auch anpassen. Aktivieren Sie dazu die Checkbox in der Tabelle **Routed Gateways**, wählen Sie einen Network Path, und weisen dann ein External Network Profile zu.
8. Klicken Sie auf das **Save**-Icon.
9. Speichern Sie die Reservation mit dem **OK**-Button.

7.3 Erstellen von Multimachine Blueprints

Nachdem alle Vorarbeiten abgeschlossen worden sind, kann nun ein Multimachine Blueprint erstellt werden. Ein Multimachine Blueprint besteht aus einem oder mehreren Blueprints. An dieser Stelle gehen wir davon aus, dass diese bereits vorhanden sind.

Ein Multimachine Blueprint weist dabei im Vergleich mit normalen Blueprints eine Reihe von Unterschieden auf:

- Für jeden Blueprint, der dem Multimachine Blueprint zugeordnet wird, ist es möglich, die Anzahl der Maschinen, die Start- und Shutdown-Reihenfolge sowie das Netzwerk zuzuordnen.
- Sie haben die Möglichkeit, die Transport Zone, Network Profiles sowie Routed Gateways zu definieren.
- Während des Lebenszyklus eines Multimachine-Service können durch den *Distributed Execution Manager* (DEM) Skripte ausgeführt werden. Dabei stehen sechs verschiedene Zeitpunkte zur Verfügung (siehe Tab. 7–2).

Phase	Beschreibung
Pre-provisioning	Ein zugeordnetes Skript wird nach dem Approval, aber vor dem Beginn der Provisionierung ausgeführt.
Post-provisioning	Das Skript wird nach der Provisionierung und nach dem Einschalten der Maschinen ausgeführt.
Pre-startup	Ausführung vor dem Einschalten der Maschinen
Post-startup	Dieses Skript wird sofort nach dem Einschalten aller Maschinen ausgeführt.
Pre-shutdown	Ein Skript wird vor dem Herunterfahren ausgeführt.
Post-shutdown	Nach dem Ausschalten der Maschinen

Tab. 7–2 *Phasen für ausführbare Skripte*

Folgende Schritte müssen Sie ausführen, um einen Multimachine Blueprint zu erstellen.

1. Navigieren Sie zur Seite **Infrastructure > Blueprints > Blueprints.**
2. Klicken Sie auf **New Blueprint > Multi-Machine.**
3. Füllen Sie die Werte auf der Registerkarte **Blueprint Information** aus.
4. Wechseln Sie auf die Seite **Build Information.**
5. Klicken Sie in der Tabelle auf das Icon **Add Blueprint.**
6. Wählen Sie die Blueprints aus, die Sie hinzufügen möchten, und klicken Sie anschließend auf **OK.**
7. Klicken Sie daraufhin in der Tabelle auf **Edit**, um auf den neu hinzugefügten Blueprints die Netzwerkkonfiguration anzupassen.
8. Im Fenster **Edit Network** haben Sie die Möglichkeit, der Maschine Netzwerkkarten hinzuzufügen, diese mit Network Profiles zu versehen und Security Groups zu setzen. Schließen Sie das Fenster nach der Konfiguration mit **OK.** Falls Sie eine Transport Zone erstellt haben, können Sie zusätzlich Load Balancer anlegen lassen.
9. Klicken Sie auf die Registerkarte **Network.**
10. Weisen Sie die **Transport Zone** und die **Network Profiles** zu.
11. Wechseln Sie auf die Registerkarte **Scripting**, und konfigurieren Sie ggf. auszuführende Workflows (siehe Abb. 7–11).
12. Auf der Registerkarte **Properties** haben Sie die Möglichkeit, Build Profiles und Custom Properties zu verwalten.
13. Auf der letzten Seite, **Actions**, können Sie definieren, welche Konfigurationsmöglichkeiten End-User nach der Provisionierung haben.
14. Klicken Sie zum Speichern des Blueprints auf **OK.**

Nach dem Anlegen des Workflows müssen Sie ihn noch veröffentlichen. Ist dies geschehen, können Sie den Workflow anschließend in den Service Catalog aufnehmen.

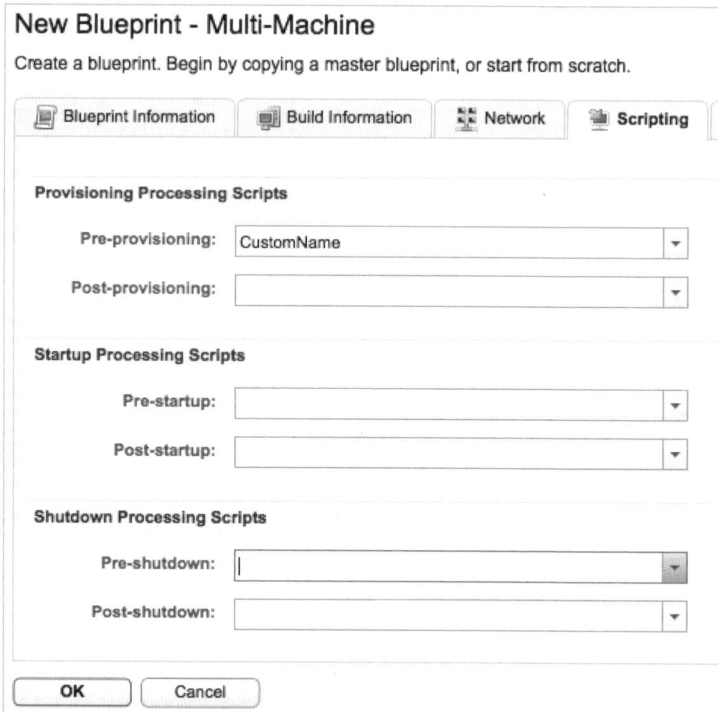

Abb. 7–11 *Scripting-Konfiguration*

Bei der Anforderung eines Multimachine-Service wird dann neben der Erzeugung der Maschinen auch das Netzwerk wie gewünscht bereitgestellt. Dies geschieht in der folgenden Reihenfolge:

1. vRealize Automation deployt den Multimachine Blueprint.
2. Im nächsten Schritt werden Virtual Wires erzeugt.
3. Anschließend erfolgt das Deployment der *vShield Edge* (VSE). Diese Appliance kann für DHCP-, Firewall- und Routing-Dienste genutzt werden.
4. Zum Schluss werden die einzelnen Maschinen bereitgestellt.

7.4 Zusammenfassung

In diesem Kapitel haben wir Multimachine Blueprints vorgestellt. Mit diesen lassen sich nicht nur einzelne Maschinen, sondern auch ganze Netzwerke provisionieren. Das Cloud Automation Center kann jedoch Netzwerke nicht alleine erzeugen, sondern benötigt dafür VMware NSX bzw. vCNS. Ist die Anbindung an eines dieser Produkte geglückt, ist eine weitere Konfiguration in vRealize Automation nötig. Dabei müssen Sie Network Profiles und entsprechende Reservations anpassen.

8 Service Catalog

Damit Endbenutzer auf einfache Art auf vRealize Automation zugreifen und Maschinen anfordern sowie verwalten können, bietet vRealize Automation einen sogenannten *Self-Service Catalog* an.

Damit dieser von den Usern genutzt werden kann, müssen administrationstechnisch natürlich noch Vorarbeiten ausgeführt werden. Diese umfassen einerseits den Aufbau und die Organisation des Self-Service Catalog, die zu vergebenden Berechtigungen, aber auch das Definieren von Freigabeprozessen. Im Folgenden zeigen wir, wie dies alles eingerichtet werden kann und wie Endbenutzer mit dem Portal arbeiten können.

8.1 Konfiguration des Service Catalog

Bevor wir Ihnen die eigentliche Konfiguration des Service Catalog zeigen, stellen wir an dieser Stelle die darin verwendeten Begrifflichkeiten vor (siehe Abb. 8–1).

- Der Service Catalog veröffentlicht **Services.** Die bekanntesten Services sind die IaaS-Services. Neben den IaaS-Diensten existieren XaaS-Dienste (Anything as a Service) und PaaS-Dienste (Platform as a Service).
- Im vCloud Automation Center ist der Service Catalog unter der Registerkarte **Catalog** erreichbar.
- Die verschiedenen Dienste können in *Service Categories* angezeigt und organisiert werden.
- Einzelne Dienste (wie z.B. Blueprints) werden als *Catalog Items* veröffentlicht.
- Diejenigen Ressourcen, auf die ein Benutzer Zugriff hat, werden als *Items* bezeichnet.
- Benutzer können verschiedene *Actions* (Operationen) auf Items durchführen. Beispiele dafür sind das Einschalten bzw. das Neustarten einer Maschine oder die Verbindung mittels Remote-Desktop-Verbindung.
- *Entitlements* beschreiben Berechtigungen. Entitlements können auf eine ganze Service Category, auf ein Catalog Item oder eine Action vergeben werden.
- Bevor ein Dienst in den Service Catalog aufgenommen werden kann, muss er veröffentlicht *(published)* worden sein.

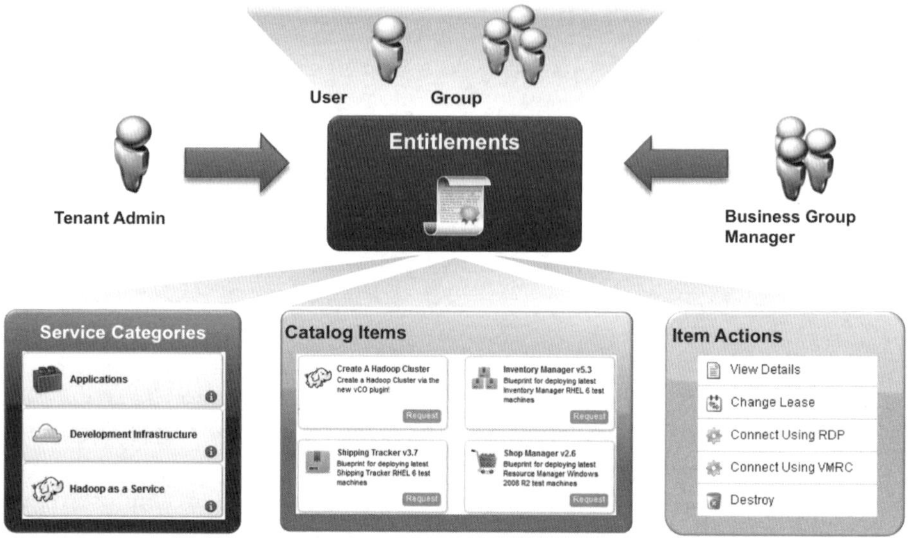

Abb. 8–1 *Entitlements, Service Catalog, Catalog Items und Item Actions*

8.1.1 Anlegen eines Service

Um einen Service im Service Catalog anlegen zu können, müssen Sie als Tenant-Administrator oder Service Architect im System angemeldet sein. Dann können Sie die folgenden Schritte ausführen:

1. Wechseln Sie auf die Seite **Administration > Catalog Management > Services.**
2. Klicken Sie auf das [+]-Icon. Das Service-Fenster öffnet sich (siehe Abb. 8–2).
3. Vergeben Sie im Feld **Name** eine Bezeichnung für den Service.
4. Im Feld **Description** können Sie eine Beschreibung hinterlegen.
5. Sie haben die Möglichkeit, ein Bild als Icon für den Service hochzuladen. Klicken Sie dazu auf den **Browse**-Button.
6. Wählen Sie den **Status** für den Service aus. Nur falls dieser **Active** ist, ist er später für den Endbenutzer sichtbar.
7. Im Feld **Hours** können Sie die Zeiten hinterlegen, an denen das Support Team erreichbar ist.
8. Das Feld **Owner** kann mit dem Service Owner ausgefüllt werden.
9. Optional kann auch ein **Support Team** festgelegt werden.
10. Das Feld **Change Window** beschreibt, welche Zeit den Benutzern als Wartungszeitraum angezeigt wird.
11. Klicken Sie auf **Add**, um den Vorgang abzuschließen.

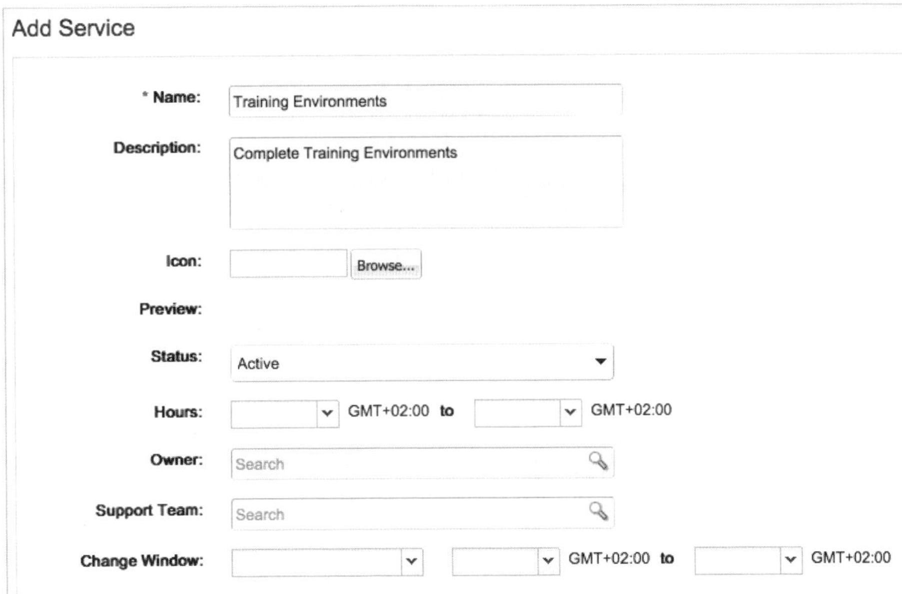

Abb. 8–2 *Hinzufügen eines Service*

8.1.2 Verwalten von Catalog Items

Sobald ein Service angelegt worden ist, können die Catalog Items hinzugefügt werden. Dies geht wie folgt:

1. Melden Sie sich als Tenant-Administrator, Service Architect oder Business Group Manager an vRealize Automation an.
2. Wechseln Sie auf die Seite **Administration > Catalog Management > Services.**
3. Suchen Sie den Service, dem Sie ein Catalog Item hinzufügen möchten (siehe Abb. 8–3).
4. Wählen Sie oben im Menü **Manage Catalog Items** aus.
5. Klicken Sie auf das [+]-Symbol, um ein neues Catalog Item zu erstellen oder wählen Sie ein bestehendes Catalog Item aus.
6. Wählen Sie diejenigen Einträge aus, die Sie Ihrem Service hinzufügen wollen.
7. Klicken Sie auf **Add.**
8. Schließen Sie den Vorgang mit **Close** ab.

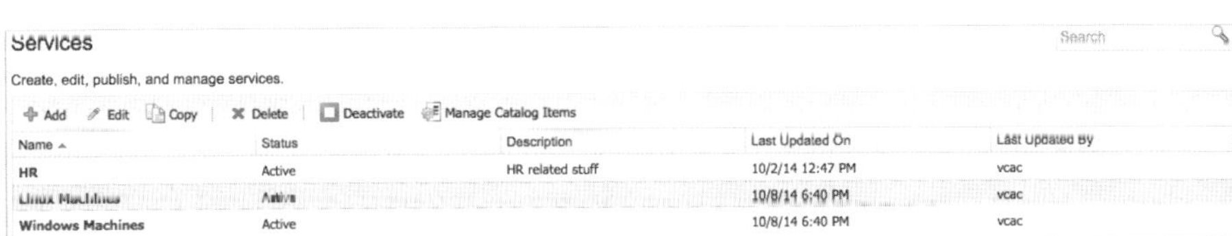

Abb. 8–3 *Hinzufügen eines Catalog Item*

8.1.3 Setzen der Berechtigungen

Damit Benutzer die entsprechenden Catalog Items sehen und Ressourcen anfordern können, müssen noch Entitlements gesetzt werden. Entitlements können dabei auf Services, Catalog Items und Resource Actions vergeben werden.

Falls Sie ein Entitlement auf einen Service setzen, vergeben Sie den Benutzern Berechtigungen auf alle Catalog Items in dem betreffenden Service. Bei der Vergabe von Resource Actions bestimmen Sie, welche Aktionen ein Benutzer auf eine bereitgestellten Ressource (z.B. Virtuelle Maschine) durchführen kann. Bitte beachten Sie, dass Actions erst auf dem entsprechenden Blueprint konfiguriert werden müssen, bevor sie als Entitlement zugewiesen werden können.

Führen Sie folgende Schritte aus, um ein neues Entitlement hinzuzufügen bzw. ein vorhandenes Entitlement abzuändern:

1. Melden Sie sich als Tenant-Administrator oder Business Group Manager an.
2. Wechseln Sie auf die Seite **Administration > Catalog Management > Entitlement.**
3. Klicken Sie auf das [+]-Symbol, um ein neues Entitlement hinzuzufügen, oder bearbeiten Sie ein vorhandenes Entitlement mit Edit.
4. Vergeben Sie auf der Registerkarte **Details** einen **Namen** als Bezeichnung.
5. Im Feld **Description** können Sie optional eine Beschreibung hinzufügen.
6. Falls Sie ein Ablaufdatum für das Entitlement spezifizieren wollen, können Sie dies bei **Expiration Date** hinterlegen.
7. Setzen Sie den **Status** auf **Active**, um das Entitlement zu aktivieren.
8. Überprüfen Sie die **Business Group**, für die das Entitlement gelten soll.
9. Wählen Sie rechts die **User und Gruppen** für die Berechtigung aus.
10. Wechseln Sie mit **Next** auf die Registerkarte **Items & Approvals** (siehe Abb. 8–4).
11. Falls Sie Berechtigungen auf einen oder mehrere Services vergeben wollen, können Sie diese im Control **Entitled Services** im linken Bereich hinzufügen.

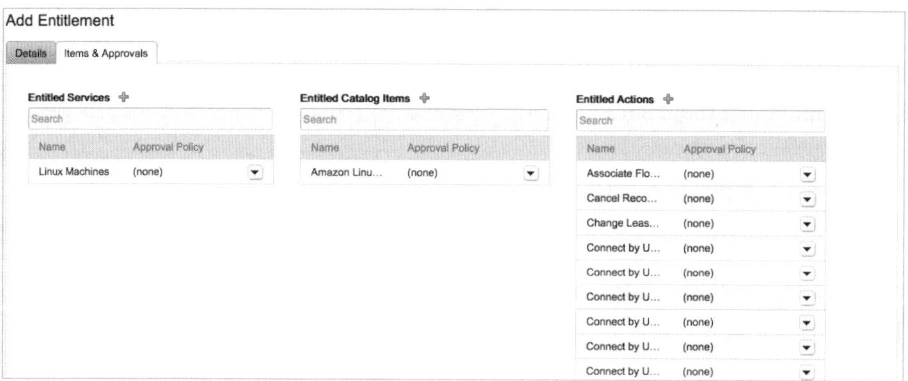

Abb. 8–4 *Konfiguration der Entitlements*

12. Einzelne Catalog Items können im Control **Entitled Catalog Items** hinzugefügt werden.
13. Auf der rechten Seite können die **Ressource Actions** vergeben werden.
14. Klicken Sie zum Abschließen des Vorgangs auf **Add.**

8.2 Konfiguration von Freigabeprozessen

In vielen Umgebungen ist es eine Anforderungen an das Selfservice-portal, Freigabemechanismen (Approvals) zu implementieren. Dies bedeutet, dass vor der Provisionierung einer Maschine eine Zustimmung durch Approver erfolgen muss. Dabei sind sowohl einstufige als auch mehrstufige Freigabeprozesse möglich.

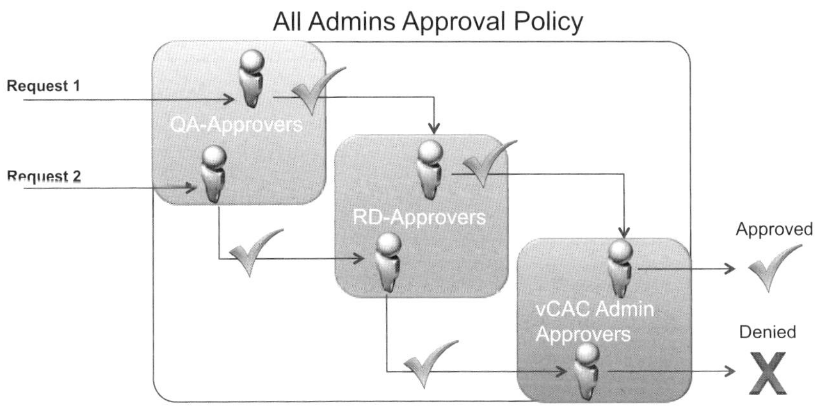

Abb. 8–5 *Approval-Prozess*

Abbildung 8–5 zeigt das Schema für einen derartigen Freigabeprozess. Dieser besteht aus drei Stufen. In der ersten Stufe muss ein Ansprechpartner aus dem Qualitätsmanagement (QA-Approver) zustimmen, in der zweiten Stufe ein Mitarbeiter aus der Forschungsabteilung (RD-Approver) und zuletzt ein vRealize-Automation-Administrator. Nur wenn alle drei Verantwortlichen mit dem Provisionieren einverstanden sind, beginnt vRealize Automation mit dem Erstellungsvorgang.

Damit Freigabemechanismen in vRealize Automation realisiert werden können, muss zuerst eine Approval Policy erstellt werden. Dabei unterscheidet man zwischen verschiedenen Approval-Policy-Typen: Approval Policies für Requests, für Catalog Items und für Resource Actions.

Darüber hinaus kann der Freigabemechanismus vor dem Erstellen und nach dem Erstellen der Ressource ausgeführt werden.

Damit eine Approval Policy wirksam werden kann, muss diese nach dem Erstellungsvorgang noch in einem zweiten Schritt im Rahmen eines Entitlements zugewiesen werden.

Führen Sie folgende Schritte als Tenant- oder Approval-Administrator aus, um eine Approval Policy anzulegen:

1. Wechseln Sie auf die Seite **Administration > Approval Policies.**
2. Klicken Sie auf das Add-Symbol [+].
3. Wählen Sie einen passenden Approval Policy Type aus.
4. Klicken Sie auf **OK.**
5. Vergeben Sie einen Namen für die Approval Policy.
6. Optional haben Sie die Möglichkeit, eine Beschreibung zu hinterlegen.
7. Setzen Sie den Status der Approval Policy auf **Active**, um sie in einem Entitlement nutzen zu können.

Im nächsten Schritt können die verschiedenen Levels definiert werden. Für jeden Level werden dabei ein Name, eine Beschreibung und die entsprechenden Approver bestimmt. Dabei muss nicht jeder Level in jedem Antrag zwingend durchlaufen werden. Vielmehr kann die Notwendigkeit des Approvals an Bedingungen geknüpft werden (z.B. Datum, Grund, Antragsteller, Business-Group-Mitgliedschaft, Kosten, Catalog Item, etc.).

Führen Sie folgende Schritte aus, um einen Level in einer Approval Policy hinzuzufügen:

1. Klicken Sie auf das [+]-Symbol bei **Levels.** Die entsprechende Dialogmaske öffnet sich (siehe Abb. 8–6).
2. Vergeben Sie einen **Namen** für den Level.
3. Bestimmen Sie, ob der Approval in dem Level immer ausgeführt werden muss oder ob er von Bedingungen abhängig ist.

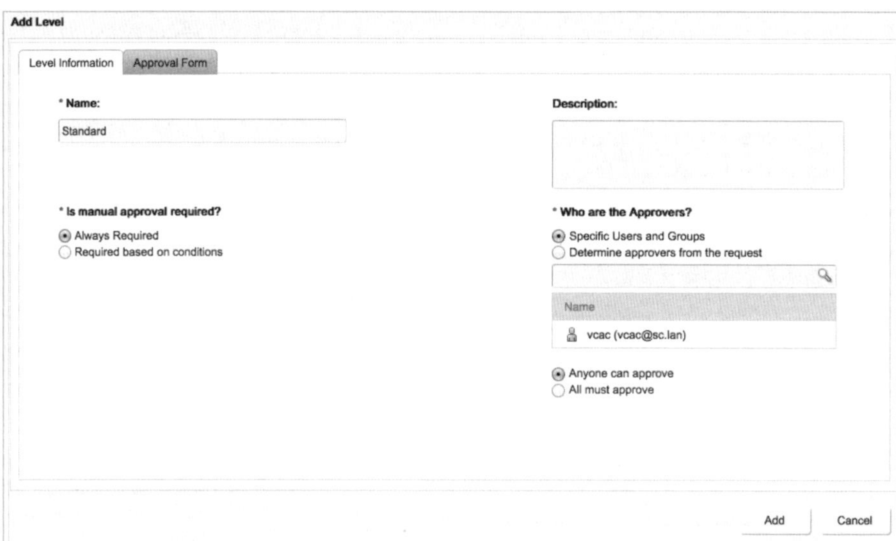

Abb. 8–6 *Hinzufügen eines Approval-Levels*

4. Vergeben Sie optional eine Beschreibung.
5. Wählen Sie im Feld **Who are the Approvers** diejenigen Personen aus, die über einen Antrag entscheiden könnnen.
6. In der darunterliegenden Checkbox können Sie festlegen, ob alle Mitglieder eine Genehmigung erteilen müssen oder ob bereits eine einzelne Person reicht.
7. Klicken Sie auf **Add**, um den Level abzuspeichern.

Nachdem die Approval Policy erstellt worden ist, kann diese einem Entitlement hinzugefügt werden:

1. Wechseln Sie auf die Registerkarte **Administration > Catalog Management > Entitlements.**
2. Wählen Sie das betreffende Enitlement aus.
3. Klicken Sie auf die Registerkarte **Items & Approvals.**
4. Fügen Sie entweder einen neuen Service, ein neues Catalog Item bzw. eine neue Action hinzu oder ändern Sie vorhandene.
5. Weisen Sie die Policy zu, und klicken Sie auf **OK** (siehe Abb. 8–7).
6. Klicken Sie auf **Add**, um den Vorgang abzuschließen.

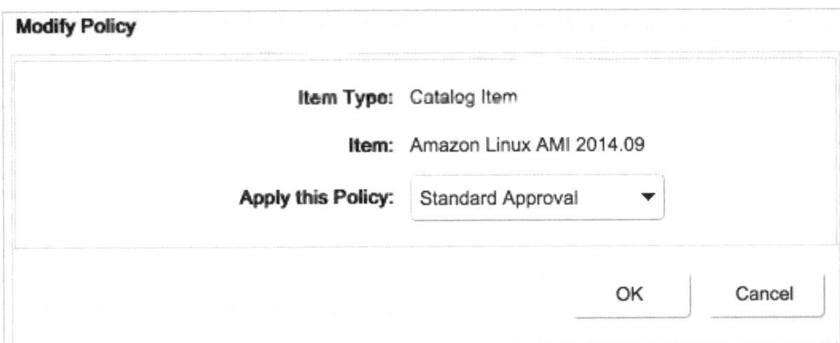

Abb. 8–7 *Zuweisen einer Approval Policy*

8.3 Provisionieren von Ressourcen

An dieser Stelle sind nun endlich alle Arbeiten abgeschlossen, um eine Ressource zu provisionieren. Endbenutzer können sich an dem Self-Service Portal anmelden und Maschinen aus dem Service Catalog anfordern.

8.3.1 Einrichten von Benachrichtigungen

Benutzer haben die Möglichkeit, sich Benachrichtigungen senden zu lassen. Damit dies gelingt, müssen diese aber zuerst konfiguriert werden:

1. Melden Sie sich bei vRealize Automation als Tenant-Administrator an.
2. Wechseln Sie auf die Seite **Administration > Notifications > Scenarios.**

3. Überprüfen Sie alle Szenarien, für die Sie eine Benachrichtigung aktivieren wollen (siehe Abb. 8–8).
4. Klicken Sie auf **Update**.

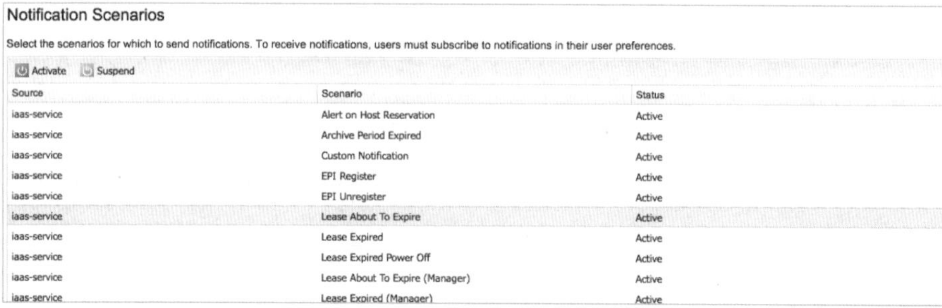

Abb. 8–8 *Konfiguration von Notifications*

Anschließend haben Nutzer die Möglichkeit, sich benachrichtigen zu lassen, wenn die aktivierten Szenarien eintreten.

1. Klicken Sie oben rechts auf **Preferences**.
2. Aktivieren Sie die **Enabled**-Checkbox für die E-Mails in der Notifications-Tabelle.
3. Wählen Sie Ihre Sprache aus.
4. Klicken Sie auf **Apply**.
5. Schließen Sie das Fenster mit **Close**.

8.4 Arbeiten mit dem Service Catalog

Bisher haben wir uns darauf konzentriert, wie der Service Catalog für Endbenutzer eingerichtet werden kann. Sobald dies geschehen ist, können sich Endbenutzer an ihm anmelden, Ressourcen anfordern und diese verwalten.

8.4.1 Anfordern von Services

Um Services anzufordern, muss sich ein Benutzer zuerst am Self-Service Portal anmelden. Das Format der zu benutzenden URL lautet: `https://<vrealize-automation-appliance.domain.name>/vcac/org/<tenantNam>` bzw. `https://<vrealize-automation-appliance.domain.name>/vcac`, falls der Default-Tenant genutzt wird). Im Service Catalog stehen anschließend die verfügbaren Dienste zur Auswahl.

Um einen Anforderungsprozess zu beginnen, muss man anschließend auf den entsprechenden Service klicken.

Abb. 8–9 *Anfordern eines Service*

Dabei kann der Benutzer einsehen, wie teuer die täglichen Kosten für die Bereitstellung sind. Darüber hinaus kann er in Abhängigkeit von der Konfiguration des Blueprints verschiedene Einstellungen ändern (siehe Abb. 8–9). Diese umfassen die Anzahl der CPUs, den verfügbaren Hauptspeicher, die Storage-Größe und eine Beschreibung. Natürlich ist es möglich, weitere Einstellungen mittels Custom Properties zu konfigurieren. Sie finden eine tiefgehende Beschreibung von Custom Properties in Kapitel 10.

Neben dem Anfordern von Maschinen basierend auf Singlemachine Blueprints konnen natürlich auch Multimachine Blueprints benutzt werden. Diese unterscheiden sich von Ersteren darin, dass Sie bei jeder Maschine bestimmen können, wie viele Instanzen Sie bereitstellen wollen. Darüber hinaus muss beachtet werden, dass Custom Properties, die auf Ebene des Multimachine Blueprint spezifiziert werden, die Properties auf Komponentenebene überschreiben.

Der Request kann mit **Submit** abgeschlossen werden. (Der **Save**-Button speichert den Request nur, schickt die Anforderung aber nicht ab.)

8.4.2 Nachverfolgen von Requests

Nach Abschluss der Anforderung kann der aktuelle Provisionierungsprozess auf der Karteikarte **Requests** nachverfolgt werden (siehe Abb. 8–10).

Dabei können Sie oben rechts über die Dropdown-Listen **Submitter** und **Filter by State** bestimmen, welche Requests angezeigt werden sollen. Darüber hinaus können Sie die vorhandenen Requests auch betrachten bzw. bearbeiten.

Falls ein Request nur abgespeichert worden ist, aber noch nicht abgesendet (submitted), kann dies an dieser Stelle getan werden (**Edit**). Ist der Request dagegen schon abgeschickt, kann der aktuelle Status eingesehen werden (**View Details**). Dies ist besonders interessant, falls der Provisionierungsprozess fehlschlägt. Dann können etwaige Fehlermeldungen eingesehen werden.

Falls für eine Maschine ein Genehmigungsprozess definiert worden ist, ist der aktuelle Stand ebenfalls im Menü **Requests** einsehbar.

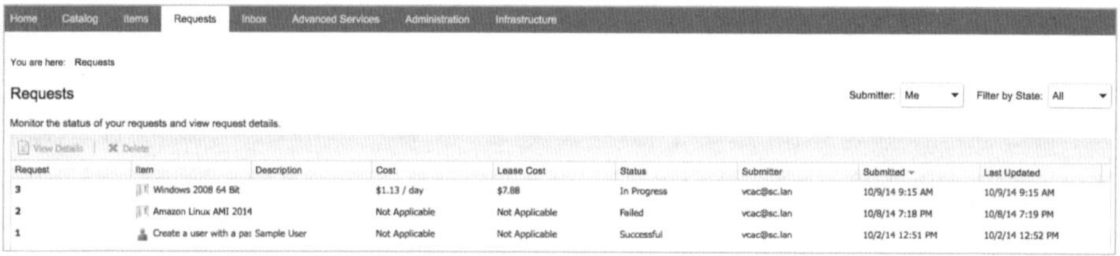

Abb. 8–10 *Nachverfolgen von Requests*

8.4.3 Genehmigen von Requests

Falls in vRealize Automation die E-Mail-Einstellungen richtig konfiguriert worden sind, erhalten genehmigende Personen eine Mail, sobald über einen neuen Request entschieden werden muss. Darüber hinaus sind die zu genehmigenden Requests auch auf der Startseite im Portlet »My Inbox« ersichtlich. Approver können von dort einen Link auf die Genehmigung öffnen und sich die Details anzeigen lassen (siehe Abb. 8–11).

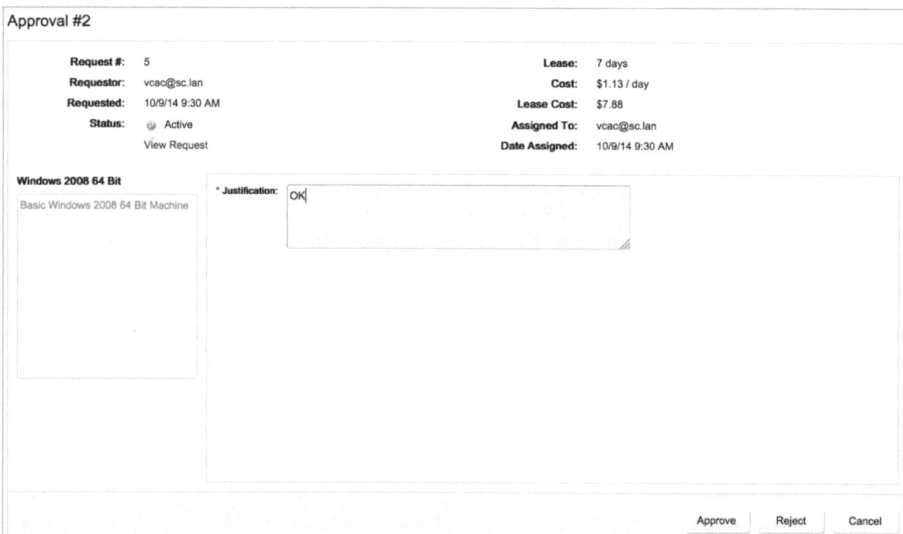

Abb. 8–11 *Genehmigung eines Service-Requests*

8.4.4 Verwalten von virtuellen Maschinen

Sobald der Provisionierungsprozess einer Maschine abgeschlossen ist, kann die Maschine über das Self-Service Portal verwaltet werden. Die »verwaltbaren« Maschinen sind dann unter dem Menüpunkt **Items** einsehbar. Je nach Berechtigungsstufe (User, Support User, Group Manager) sind entweder nur die eigenen oder aber auch die Maschinen der Business Group sichtbar (siehe Abb. 8–12).

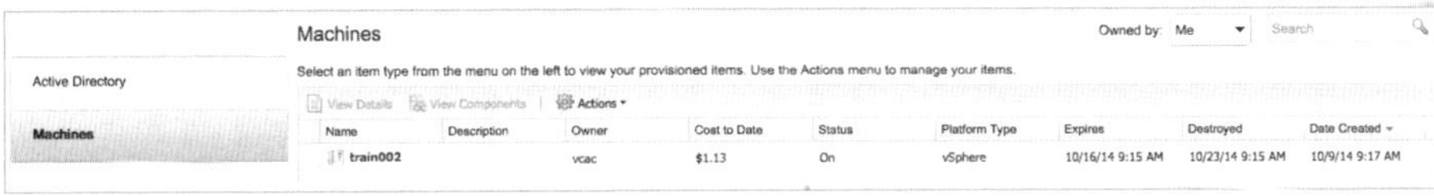

Abb. 8–12 *Verwaltung der eigenen Maschinen*

Die Verwaltung der Maschinen läuft für Endbenutzer ausschließlich über die Verwaltungsoberfläche von vRealize Automation (siehe Abb. 8–13). Dabei stehen ihnen verschiedene Operationen zur Verfügung:

- Erstellen eines Snapshots
- Konfigurieren der Maschine (Änderung der Ressourcen)
- Ändern der Lease-Zeit
- die Möglichkeit, die Maschine erneut zu provisionieren
- die Möglichkeit, eine Maschine freizugeben (Expire)
- Installieren der VMware Tools
- Verbindung mit RDP
- Verbindung mit SSH
- Verbindung mittels *Virtual Machine Remote Console* (VMRC)
- Einschalten, Ausschalten oder Neustarten

Abb. 8–13 *Verwalten einer Maschine*

Die verfügbaren Operationen können sich je nach Blueprint-Art und Berechtigungsstufe unterscheiden. Auch ist es möglich, mittels Custom-Workflows weitere Operationen zu definieren.

Wie wir bereits gesagt haben, müssen die verfügbaren Operationen jedoch erst konfiguriert werden. Dabei wird auf Blueprint-Ebene bestimmt, welche Operationen überhaupt definiert werden (Registerkarte **Actions**). Die eigentlichen Berechtigungen werden anschließend im Service Catalog festgelegt (siehe Abschnitt 8.1.3 über Entitlements).

8.4.5 Freigeben von Maschinen

Falls eine virtuelle Maschine von einem Benutzer nicht mehr benötigt wird, kann sie wieder freigegeben werden, auch wenn die Lease-Zeit noch nicht abgelaufen ist. Dabei kann zwischen **Expire** und **Destroy** unterschieden werden. Während **Expire** die Maschine in den Archive-Modus setzt (sie bleibt dann während der Archive-Periode ausgeschaltet und wird erst danach zerstört), gibt ein **Destroy**-Befehl die Ressourcen sofort wieder frei.

8.5 Zusammenfassung

In diesem Kapitel haben wir gezeigt, wie Sie den Service Catalog konfigurieren können und wie er von Endbenutzern bedient werden kann. In der betrieblichen Praxis ist es oft notwendig, dass eine Maschinenanforderung erst genehmigt werden muss. Dies kann mithilfe von Approval Policies automatisiert werden.

9 Reclamations

Der betriebliche Alltag zeigt: Wenn es plötzlich einfach ist, neue Maschinen zu erzeugen, dann werden diese auch provisoniert und behalten, auch wenn sie im Zweifelsfall gar nicht nötig wären bzw. gar nicht mehr benötigt werden. Zwar kennt vRealize Automation das Konzept der *Lease Time*, wenn diese aber zu hoch gegriffen ist, kann es passieren, dass eine Reihe von Maschinen im Gebrauch sind, die nur Ressourcen beanspruchen, aber gar nicht mehr benötigt werden. Zum richtigen Problem wird dies, wenn es nicht mehr möglich ist, neue Maschinen zu provisionieren, weil alle vRealize Automation Reservations voll sind. In diesem Fall ist es notwendig, diejenigen Maschinen zu identifzieren, die nicht mehr benötigt werden. Dies kann sich schwierig darstellen, wenn man nicht der Machine Owner ist. Dann sind die provisionierten Maschinen oft eine Art Blackbox, über deren Funktion oft man nichts weiß, weswegen ein Ausschalten bzw. Freigeben nicht immer ratsam ist.

Auch in diesem Fall kann vRealize Automation helfen. Wie wir bereits erläutert haben, sammeln Endpoints in regelmäßigen Abständen Informationen über die einzelnen Maschinen und ihre Auslastung. Basierend auf diesen Informationen ermöglicht es vRealize Automation Endbenutzern nach Maschinen zu suchen, die nur wenig ausgelastet sind. Sind derartige Rechner identifiziert, können die Machine Owner gefragt werden, ob die Maschinen auch wirklich noch benötigt werden. Anschließend können diese Maschinen ggf. freigegeben werden. vRealize Automation fasst diese Vorgehensweise als Reclamation zusammen.

Dieses Kapitel soll das für Reclamation benötigte Wissen vermitteln. Dazu erläutern wir als Erstes die dahinterliegenden Prozesse und zeigen anschließend auf, wie Benutzer Reclamations durchführen können.

9.1 Überblick über den Reclamation-Workflow

Der grundlegende Reclamation-Workflow ist in Abbildung 9–1 abgebildet.

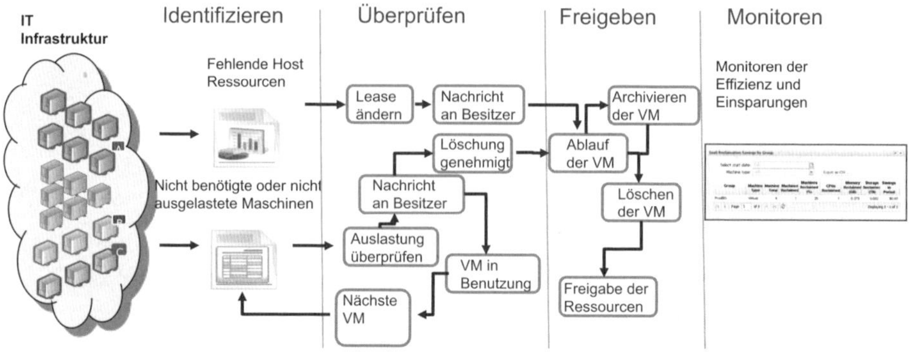

Abb. 9–1 *Service-Reclamation-Workflow*

In der Praxis gibt es in der Regel zwei verschiedene Gründe, einen Reclamation-Prozess zu starten. Zum einen kann es sein, dass aufgrund zu vieler belegter Ressourcen alle Reservations voll sind und somit erst wieder Ressourcen freigegeben werden müssen, damit neue Maschinen provisioniert werden können. Der andere Grund besteht darin, die vorhandene Kostenstruktur zu optimieren und alle nicht benötigten Maschinen zu löschen bzw. auszuschalten.

Falls es darum geht, vorhandene Maschinen ggf. auszuschalten, funktioniert der Workflow wie folgt:

1. Zuerst wird die Auslastung der Maschine überprüft. Falls diese gering ist, wird eine Nachricht an den Benutzer geschickt, ob die Maschine freigegeben werden kann.
2. Falls der Benutzer meldet, dass die Maschine in Gebrauch ist, kann der nächste Rechner überprüft werden.
3. Falls die Löschung genehmigt wurde, läuft die Lease-Zeit der Maschine aus (Expire). Falls eine Archivierungsdauer definiert wurde, wird die Maschine zuerst ausgeschaltet und dann später gelöscht. Andernfalls wird die Löschung sofort ausgeführt.

Falls keinerlei Ressourcen auf dem Rechner mehr zur Verfügung stehen, ist es möglich, die Lease-Dauer der Maschinen zu ändern. Daraufhin wird der Machine-Owner benachrichtigt. Ist die Lease-Dauer dann ausgelaufen, wird die Maschine freigegeben.

9.2 Identifizieren von nicht benötigten Maschinen

Um Maschinen identifizieren zu können, müssen Sie Tenant-Administratorberechtigungen haben. Um dann Ressourcen freizugeben, wechseln Sie auf die Seite **Administration > Tenant Machines > Reclamations.** Auf dieser Seite werden alle Maschinen innerhalb des Tenants angezeigt. Damit Maschinen besser gefunden werden können, existiert eine erweiterte Suche, die unter der Menüleiste **Advanced Search** zu finden ist (siehe Abb. 9–2).

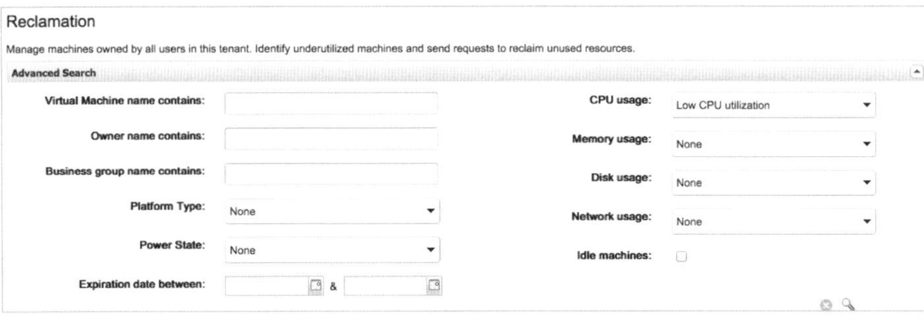

Abb. 9–2 *Suche mit Filtermöglichkeiten*

Dabei können Sie unter anderem nach dem Namen der virtuellen Maschine, dem Besitzer, der Business Group sowie der CPU-, Speicher- oder Netzwerkauslastung suchen.

Haben Sie schließlich eine Maschine identifiziert, können Sie mit dem Button **Reclaim Virtual Machine** den Ressourcenfreigabeprozess einleiten (siehe Abb. 9–3). Dabei wird der Benutzer gefragt, ob die Maschine noch in Gebrauch ist. Oft kommt es jedoch auch vor, dass der Besitzer der Maschine nicht auf den Reclamation Request antwortet. Zu diesem Zweck kann im Feld **Wait before forcing lease (days)** definiert werden, nach wie vielen Tagen die Lease-Dauer herabgesetzt wird.

Abb. 9–3 *Reklamieren einer Maschine*

Anschließend kann der Tenant-Administrator im Menü **Administration > Tenant Machines > Reclamation Requests** seine offenen Requests einsehen. Dabei kann ein Request den Status **Pending, Approved** oder **Rejected** haben.

Sobald der Request abgeschickt worden ist, wird der Machine Owner in seiner Inbox darüber benachrichtigt (siehe Abb. 9–4).

Abb. 9–4 *Beantworten eines Reclamation Requests*

Anschließend kann der Besitzer zwischen drei Optionen auswählen:

- Er wählt den Button **Release for Reclamation** aus. Dies bedeutet, dass die Maschine nicht weiter benötigt wird und ihre Ressourcen sofort freigegeben werden.
- Der Benutzer gibt an, dass die Maschine weiterhin verwendet wird (**Item in Use**). Der Workflow wird beendet, ohne dass die Eigenschaften der virtuellen Maschine geändert werden. Der Tenant-Administrator wird über das Ergebnis unterrichtet.
- Falls der Besitzer der Maschine auf die Anforderung nicht reagiert, wird nach den Einstellungen des Reclamation Request verfahren und nach Ablauf der Reaktionszeit die Lease-Dauer geändert.

9.3 Anzeige von Berichten

Neben dem eigentlichen Reclamation-Prozess bietet vRealize Automation auch eine Reihe von Berichten an, die die Auslastung von vRealize Automation anzeigen. Diese Berichte können in Form von Portlets auf dem Home-Bildschirm des Self-Service Portals angezeigt werden. Dabei stehen folgende Berichte für die Auslastung zur Verfügung:

- **IaaS Capacity by Blueprint:**
  Zeigt die Anzahl der Maschinen und deren benötigten Ressourcen an, die durch einen Blueprint erzeugt worden sind.
- **IaaS Capacity by Group:**
  Zeigt diese Information analog für Gruppen an.
- **IaaS Capacity by Owner:**
  Information pro Besitzer
- **IaaS Capacity by Compute Platform:**
  Informationen pro Compute Platform
- **IaaS Reclamation Savings by Owner:**
  Zeigt die Kostenersparnisse für freigegebene Maschinen pro Besitzer an.
- **IaaS Reclamation Savings by Group:**
  Zeigt die Kostenersparnisse für freigegebene Maschinen pro Besitzer an.

Um einen Bericht hinzuzufügen, reicht es, auf dem Startbildschirm rechts oben auf das Symbol **Add Portlet** zu klicken und dann den entsprechenden Bericht auszuwählen. Dabei können die Daten nicht nur am Bildschirm angezeigt werden, sondern auch im CSV-Format exportiert werden (siehe Abb. 9–5)

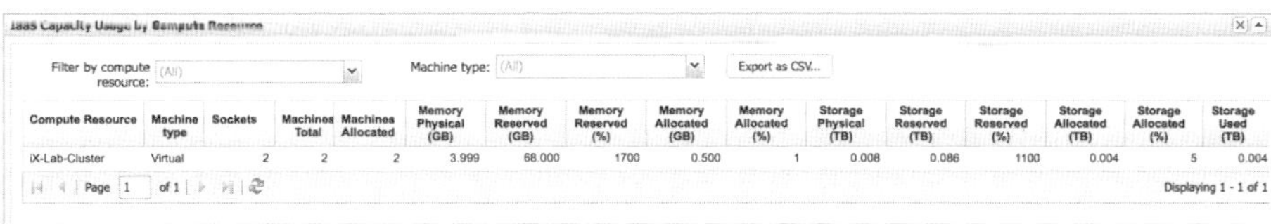

Abb. 9–5 *Anzeige von Berichten auf dem Startbildschirm*

9.4 Zusammenfassung

In diesem Kapitel haben wir gezeigt, wie ein einfaches Monitoring der Ressourcen innerhalb einer Umgebung stattfinden kann. Die Motivation dafür ist zumeist das Einsparen von Kosten bzw. das Freigeben von Maschinen, weil zu viele Ressourcen belegt sind. Neben der Funktionsweise des Reclamation-Prozesses ist insbesondere die Möglichkeit interessant, sich die aktuelle Auslastung auf dem Startbildschirm anzeigen zu lassen.

10 Custom Properties und Build Profiles

Wie bereits in den letzten Kapiteln beschrieben, hat vRealize Automation eine Reihe von Workflows, mit deren Hilfe Maschinen provisioniert werden können. Aus Benutzersicht werden diese Workflows in der Definition des Blueprints spezifiziert. Dabei existieren je nach zu nutzendem Hypervisor oder Cloud-Anbieter verschiedene Provisionierungstechniken, z.B. mittels Klonen oder PXE-Boot. Da im Unternehmensalltag jedoch oft spezielle Anforderungen an die Bereitstellung von Maschinen existieren, kann es notwendig sein, den Bereitstellungsprozess anzupassen. Custom Properties stellen eine eine Möglichkeit dazu dar.

10.1 Grundlagen

Bevor wir Custom Properties und Blueprints im Detail besprechen, geben wir Ihnen an dieser Stelle erstmals einen Überblick über die Anpassungsmöglichkeiten.

vRealize Automation unterstützt dabei die Nutzer auf verschiedenen Ebenen (siehe Abb. 10–1):

- Mithilfe von Custom Properties und Build Profiles ist es möglich, einfache Anpassungen an einer Maschine während ihres ganzen Lebenszyklus (Request, Provision, Manage, Retire) vorzunehmen. Custom Properties und Build Profiles können dabei einfach in der grafischen Oberfläche konfiguriert werden.
- Sollen komplexere Anpassungen vorgenommen werden, die eine dedizierte Business-Logik erfordern, ist es möglich, dies mit *vCenter Orchestrator* bzw. mit dem *vCAC Designer* und *Advanced Service Designer* zu realisieren.
- Alternativ ist es möglich, mittels *Visual Studio* Workflows und Activities in .NET zu implementieren. Dies gibt Entwicklern die Möglichkeit, Fremdsysteme in den Model Manager einzubinden und diese für andere Workflows zur Verfügung zu stellen. Allerdings wird dazu das Development Kit benötigt.

In diesem Kapitel besprechen wir später, wie Custom Properties und Build Profiles eingesetzt werden können. Die anderen Themen werden in den folgenden Kapiteln thematisiert.

Abb. 10–1 *Anpassungsmöglichkeiten mit vRealize Automation*

10.1.1 Lebenszyklus

Wie bereits erwähnt wurde, hat jede Maschine einen Lebenszyklus. Der Lebenszyklus umfasst dabei sechs verschiedene Phasen, die in Abbildung 10–2 dargestellt sind.

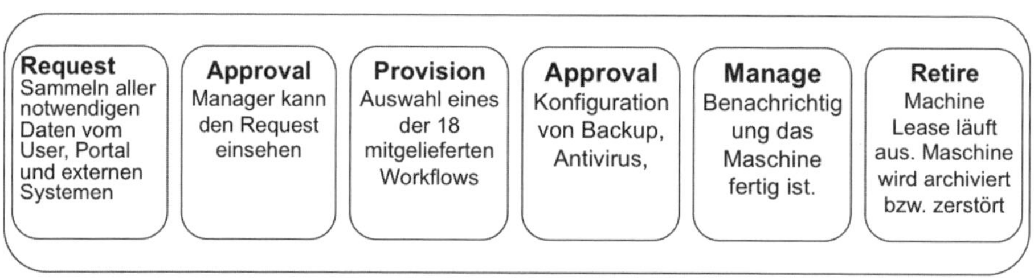

Abb. 10–2 *Lebenszyklus einer Maschine in vRealize Automation*

Da mögliche Anpassungen in vRealize Automation während dieser Phasen zu implementieren sind, macht es Sinn, diese im Folgenden näher zu diskutieren.

Request-Phase

In der Request-Phase werden alle zur Provisionierung notwendigen Informationen vom Benutzer und ggf. von externen Systemen abgefragt. Beispiele für mögliche Anpassungen sind hier:

- Bestimmen des Namens eines Rechners
- Entscheiden, an welchen Ort eine Maschine provisioniert werden soll.
- Eingabe einer Kostenstelle
- Abfrage, mit welchem Netzwerk bzw. auf welchen Storage eine Maschine provisioniert werden soll
- Eingabe des Namens eines Skriptes, das später ausgeführt werden soll

Approval-Phase

Die Approval-Phase beginnt, sobald ein Endbenutzer eine Anfrage abgeschickt hat. Approver sehen eine Zusammenstellung aller Details über die angeforderte Maschine, wie zum Beispiel die gewünschten Hardwareressourcen, die Leasing-Dauer oder die veranschlagten Kosten.

Provision-Phase

In der Provision-Phase wird die Maschine provisioniert. Dies erfolgt im Hintergrund durch den im Blueprint spezifizierten Workflowtyp. Auch dieser kann durch die Definition von Custom Properties angepasst werden. Die dazu notwendigen Werte sind entweder fix in der Blueprint-Definition kodiert oder wurden während der Request-Phase vom Endbenutzer abgefragt.

Post-Approval-Phase

Die Post-Approval-Phase gibt dem Approver ein zweites Mal die Möglichkeit, über die Provisionierung zu entscheiden und somit die Bereitstellung ggf. zu widerrufen.

Manage-Phase

Die Manage-Phase macht den Großteil des Lebenszyklus einer Maschine aus. Endbenutzer können diejenigen Aktionen auf einer Maschine durchführen, die im Blueprint auf der Registerkarte **Actions** definiert sind. Auch hier gibt es viele denkbare Erweiterungsmöglichkeiten. Diese werden jedoch in der Regel mit vCenter Orchestrator bzw. mit Visual Studio implementiert. Dabei sind folgende Szenarien denkbar:

- Workflows können regelmäßig zeitgesteuert im Hintergrund ablaufen. So könnte beispielsweise jede Nacht ein Workflow gestartet werden, der ein Backup von einer Maschine ausführt.
- Workflows können auch benutzergetrieben initiiert werden. Als Beispiel könnten hier Workflows genannt werden, die auf Wunsch des Benutzers zusätzliche Software installieren. vRealize Automation ermöglicht es, Workflows mit Blueprints zu verbinden und diese Workflows auch durch das Self-Service Portal zu starten.

- Anpassungen zur Laufzeit können auch aufgrund von Konfigurations- bzw. Datenänderungen erfolgen. So wäre es zum Beispiel möglich, eine Maschine automatisch aufgrund geringer Datastore-Kapazitäten auf einen anderen Datenträger zu verschieben.

Retire-Phase

Die letzte Phase im Lebenszyklus ist die Retire-Phase. Nach Abschluss der Phase werden die provisionierten vRealize-Automation-Ressourcen wieder freigegeben. Mögliche Anpassungen sind hierbei das vorige Archivieren der Maschine oder eine Austragen von Ressourcen aus einer Konfigurationsmanagement-Datenbank (CMDB).

10.2 Custom Properties

In den Kapiteln 6 und 7 wurde bereits gezeigt, wie Custom Properties und Build Profiles konfiguriert werden können. Im Folgenden beschreiben wir diese jedoch nochmals detailliert.

Tipp: Szenarien für Custom Properties

Die Einsatzgebiete für Custom Properties sind zahlreich. Dennoch sollen an dieser Stelle ein paar Beispiele genannt werden:

- Ein Endbenutzer darf bestimmen, an welcher Portgroup eine virtuelle Maschine angehängt werden soll.
- Entfernen von Geräten an der VM (z.B. CD-ROM-Laufwerk)
- Definition der möglichen Snapshots
- Bestimmen, welcher SCSI-Controller in der VM benutzt werden soll
- Auswählen des Netzwerks
- Auswählen eines Storage-Typs
- Bestimmen eines vCenter-Folders, in den die Maschine platziert werden soll
- Aufräumen des Active Directory nach dem Löschen
- Einschalten von Monitoring
- Einschalten von Antivirensoftware

Reihenfolge der Auswertung

Custom Properties können in vRealize Automation auf verschiedenen Ebenen (gleichzeitig) definiert werden:

- Business Group
- Blueprint
- Build Profile
- Endpoint
- Reservation
- Compute Resource
- Storage

Dabei ist neben einer möglichen Mehrfachdefinition auch die Reihenfolge der Auswertung wichtig. Falls eine Custom Property mehrfach festgelegt wird, hat die zuerst genannte Property Vorrang. Falls beispielsweise eine Custom Property auf Ebene eines Blueprints gesetzt wird, überschreibt sie entsprechende Properties auf Reservation-Ebene.

Obwohl eine Mehrfachdefinition in der Praxis problemlos möglich ist, sollte dennoch sparsam damit umgegangen werden. Während es einerseits vorteilhaft ist, Custom Properties auf unterer Ebene zu setzen, damit gewisse »Standards« eingehalten werden, kann ein unsorgfältiger Umgang mit Custom Properties auch zu Fehlern führen, weil nicht sofort ersichtlich ist, auf welcher Ebene welche Properties gesetzt sind. Leider existiert bei vRealize Automation auch keine Übersicht, um sich die Definitionen anzeigen zu lassen.

Custom-Property-Typen

Custom Properties lassen sich intern in vier verschiedene Kategorien unterteilen.

Dabei versteht man unter *Read-Only-Properties* Eigenschaften, die sich auf eine vRealize-Automation-Maschine beziehen, aber nur durch vRealize Automation geschrieben werden können. Endbenutzer und Custom-Workflows können die gesetzten Werte zwar lesen, aber zu keinem Zeitpunkt ändern. Im Folgenden sehen Sie einige Beispiele für Read-Only-Properties:

- VirtualMachine.Admin.UUID
- VirtualMachine.Admin.AgentID
- VirtualMachine.Admin.Name

Internal Properties werden nur intern von vRealize Automation genutzt und stellen zumeist Metadaten über die Maschine dar. Diese betreffen zwar die virtuelle Maschine, sind aber nicht für deren internen Zustand relevant. Beispielsweise wird der Approver einer Maschine als Internal Property gespeichert. Andere Eigenschaften umfassen:

- VirtualMachine.Admin.Owner
- VirtualMachine.Admin.Description
- VirtualMachine.Admin.AdministratorEmail
- VirtualMachine.Admin.ConnectionAddress
- VirtualMachine.Admin.NameCompletion

Die nächste Kategorie von Eigenschaften sind *External Properties*. Diese Eigenschaften betreffen die virtuellen Maschinen selber. Sie werden darüber hinaus wie die anderen Properties auch in der vRealize-Automation-Datenbank gespeichert. Vorsicht ist jedoch geboten, falls sich die Properties auf der Maschine ändern. In diesem Fall werden die Werte nicht mit denen in der vRealize-Automation-Datenbank synchronisiert. Folglich können nach Konfigurationsänderungen in der Datenbank veraltete Werte stehen. Beispiele für External Properties sind:

- Hostname
- VirtualMachine.Admin.ClusterName
- VirtualMachine.Admin.ForceHost
- VirtualMachine.Admin.ThinProvision
- VirtualMachine.Admin.AddOwnerToAdmins
- VirtualMachine.Admin.AllowLogin
- VirtualMachine.Storage.Name
- VMware.Memory.Reservation
- VMware.VirtualCenter.Folder
- VMware.VirtualCenter.OperatingSystem

Die letzte Kategorie ist die der *Updated Custom Properties*. Zumeist werden die Hardwareeigenschaften mithilfe dieser Custom Properties gespeichert. Diese verhalten sich ähnlich wie die External Properties, jedoch mit dem Unterschied, dass die Werte mit der vRealize-Automation-Datenbank synchronisiert werden (falls Sie z.B. den Storage oder die CPU-Anzahl ändern, ist es notwendig, dass vRealize Automation dies mitbekommt – wenn auch nur beispielsweise für Abrechnugszwecke). Im Folgenden sehen Sie eine Liste von Updated Custom Properties:

- VirtualMachine.Admin.Hostname
- VirtualMachine.Admin.TotalDiskUsage
- VirtualMachine.Memory.Size
- VirtualMachine.CPU.Count

10.2.1 Konfiguration von Custom Properties

Die grundlegende Konfiguration von Custom Properties ist relativ einfach.

Abbildung 10–3 zeigt, wie ein Hostname für eine virtuelle Maschine gesetzt werden kann. Die Definition einer Custom Property umfasst dabei folgende Parameter:

- **Name** der Custom Property
- einen Wert (**Value**) der Property, falls dieser vorbelegt werden soll
- die Angabe, ob der Wert der Custom Property verschlüsselt werden soll (**Encrypted**)
- die Angabe, ob der Wert zur Request-Zeit vom Endbenutzer abgefragt werden soll (**Prompt User**)
- Da in diesem Fall die Option **Prompt User** aktiviert worden ist, wird anschließend bei der Anforderung der Maschine der Name des Rechners vom Endbenutzer abgefragt (siehe Abb. 10–4).

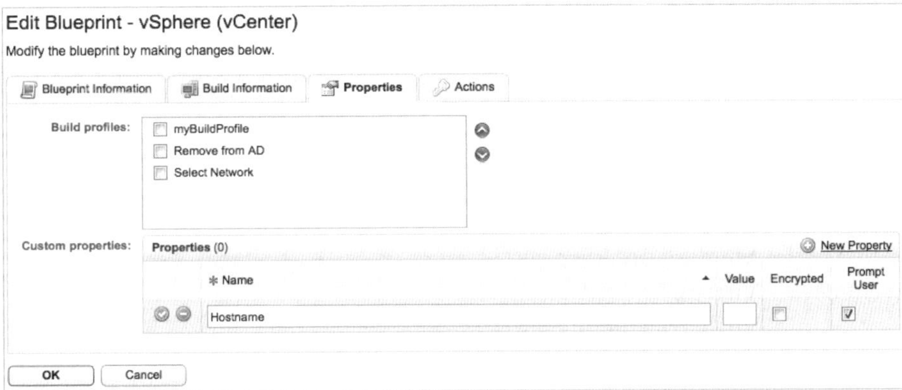

Abb. 10–3 *Erstellen einer Custom Property*

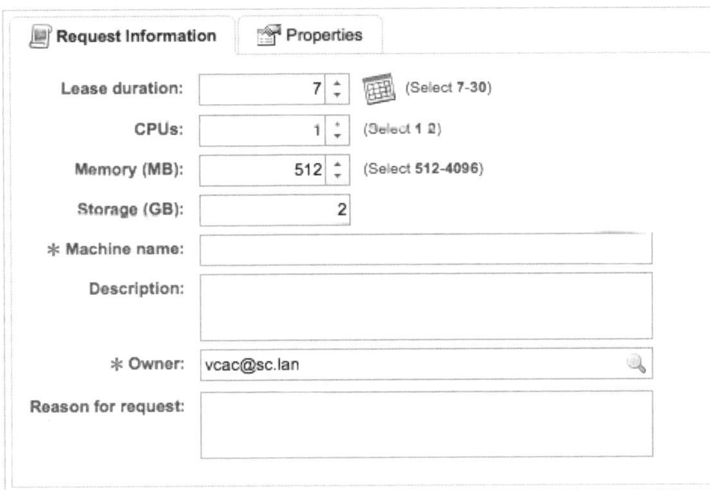

Abb. 10–4 *Abfrage einer Custom Property vom Benutzer*

Da insgesamt viele Hundert verschiedene Custom Properties existieren, beschränken wir unsere Beschreibung auf die Verwaltung dieser Properties.[1]

Tipp: Rechtschreibung beachten

Überprüfen Sie bitte bei der Eingabe von Custom Properties die Rechtschreibung – insbesondere auch die Klein- und Großschreibung. vRealize Automation gibt keine Fehlermeldung aus, falls eine Property falsch geschrieben wurde.

1. Die komplette Liste und Beschreibung aller Custom Properties ist in der VMware Referenzdokumentation zu finden.

10.3 Build Profiles

In der Regel wird für die Konfiguration von Workflows nicht nur eine einzelne Custom Property benötigt, sondern eine Kombination aus vielen. Da das manuelle Hinzufügen aber eine zeitaufwendige und fehlerträchtige Aufgabe darstellt, können Sie in vRealize Automation verschiedene Custom Properties zu Build Profiles gruppieren, die dann als eine Einheit behandelt werden können. vRealize Automation bietet out-of-the-box eine Reihe von Build Profiles (es können aber auch eigene definiert werden):

- ActiveDirectoryCleanupPlugin
- CitrixDesktopProperties
- PxeProvisioningProperties
- SysprepProperties
- VmwareXXXXXProperties

10.3.1 Anlegen von Build Profiles

Neben den vordefinierten Build Profiles können natürlich auch eigene Build Profiles erstellt werden. Dabei stellt dieser Ansatz einen eleganten Weg dar, Blueprints weiter anzupassen.

So ist es beispielsweise möglich, einen weitgehend generischen Blueprint für Windows-Maschinen zu erzeugen. Anstatt für jede Art von Windows-Maschine (z.B. SQL Server, IIS-Server) einen eigenen Blueprint zu erstellen, können Sie versuchen, die sich unterscheidenden Eigenschaften zu identifizieren und in Build Profiles »auszulagern«. Bei einem SQL Server würde dies bedeuten, dass die Anforderungen für CPU, Speicher und Storage deutlich größer sind. Somit könnte ein Build Profile erstellt werden, das die Eigenschaften `VirtualMachine.Memory.Size`, `VirtualMachine.CPU.Count` und `VirtualMachine.Storage.Name` umfasst.

Folgende Schritte müssen ausgeführt werden, um ein solches Build Profile in der grafischen Administrationsoberfläche zu erstellen:

1. Melden Sie sich als Fabric-Administrator am System an.
2. Wechseln Sie auf die Seite **Infrastructure > Blueprints > Build Profiles** (siehe Abb. 10–5).
3. Vergeben Sie einen **Namen** für das Build Profile.
4. Optional haben Sie die Möglichkeit, eine Beschreibung (**Description**) zu hinterlegen.
5. Fügen Sie anschließend die Custom Property hinzu. Klicken Sie dazu im Feld **Custom Properties** auf den Link **New Property**. Daraufhin wird eine Zeile in der Tabelle hinzugefügt.
6. Tragen Sie den Namen der Custom Property in der ersten Spalte ein.
7. Vergeben Sie einen Wert in der Spalte **Value**.

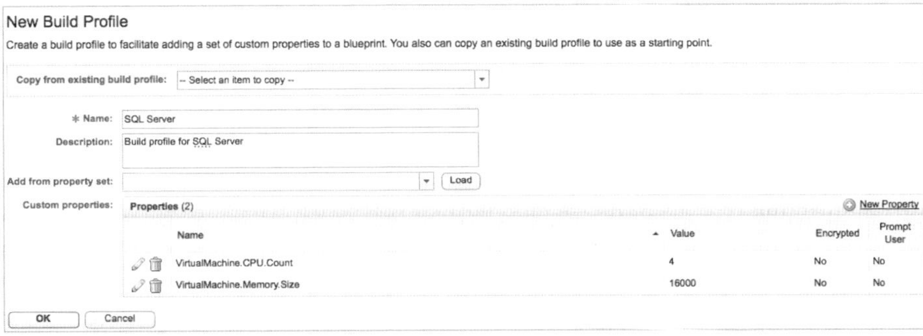

Abb. 10–5 *Anlegen eines Build Profile*

8. Definieren Sie, ob der Wert verschlüsselt (**Encrypted**) werden soll.
9. In der letzten Spalte können Sie definieren, dass der Wert zur Anforderungszeit von einem User abgefragt wird.
10. Sichern Sie den Datensatz mit dem **Save**-Button.
11. Speichern Sie das Build Profile mit **OK** ab, sobald Sie alle Custom Properties definiert haben.

Nachdem Sie ein Build Profile erstellt haben, kann es einer Ressource (z.B. Blueprint) zugewiesen werden (siehe Abb. 10–6).

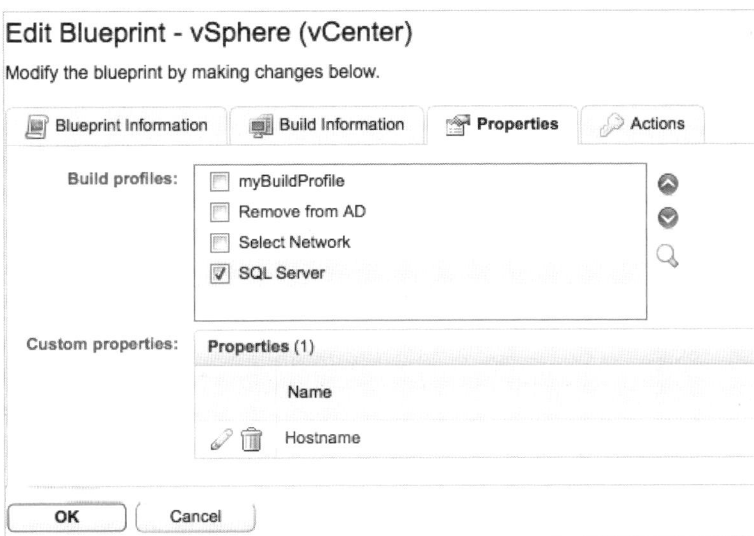

Abb. 10–6 *Zuweisen eines Build Profile*

10.4 Property Dictionary

Obwohl diese Funktionalität von Custom Properties und Build Profiles schon in vielen Fällen vollkommen ausreicht, wenn man Informationen vom Endbenutzer abfragt, gibt es Situationen, in denen man die Dateneingabe genauer spezifizieren möchte.

In diesem Fall kann das Property Dictionary helfen. Es unterstützt Sie dabei in den folgenden Szenarien:

- Mithilfe von **Data Validation** kann geprüft werden, ob die Daten auch im richtigen Format eingegeben werden. So kann beispielsweise gefordert werden, dass es sich bei der Eingabe um eine Zahl handeln muss. Zur Laufzeit wird dann der Datentyp der Eingabe überprüft. Sollte es sich in unserem Beispiel bei der Eingabe um keine Zahl handeln, wird die Eingabe nicht akzeptiert.
- Zusätzlich ist es möglich, **Constraints** auf der Eingabe zu definieren. Dies umfasst zum Beispiel Beschränkungen hinsichtlich eines Minimal- oder Maximalwertes. Auch können reguläre Ausdrücke hinterlegt werden, die durch eine Eingabe erfüllt werden müssen.
- Auch **Tool Tips** können konfiguriert werden. Damit kann ein Benutzer Informationen über das Feld erhalten, wenn er mit der Maus über das entsprechende Control fährt.
- Aber nicht nur einzelne Controls werden unterstützt. Es ist sogar möglich, dass verschiedene Controls interagieren. Auf diese Art und Weise können **Ordered user control layouts** erzeugt werden. Beispielsweise kann eine Dropdown-Liste eine Reihe an Orten anzeigen. Falls ein Benutzer aus dieser Liste einen Ort auswählt, kann eine zweite Dropdown-Liste aktualisiert werden und die an dem Ort verfügbaren Netzwerke anzeigen.

Neben den bekannten Textboxen können Sie dabei folgende User Controls einsetzen:

- Checkboxen
- DateTimeEdit für die Auswahl des Datums und der Zeit
- DropDown
- DropDownList
- Integer-TextBox
- Label für Read-Only-Werte
- Links
- Notes für Texteingaben, die mehr als eine Zeile umfassen
- Password

10.4.1 Benutzen des Property Dictionary

Die Konfiguration eines neuen Eintrags im Property Dictionary umfasst in der Regel drei verschiedene Schritte:

Als Erstes wird die Definition der Property erzeugt. Dies umfasst den Namen, den angezeigten Namen, eine Beschreibung und die Art des zu verwendenden User Controls. Bei der Vergabe eines Namens sollten Sie sich am besten vorher Gedanken über ein passendes Namensschema machen. Empfehlenswert ist hier wie bei den internen Custom Properties das Arbeiten mit Namensräumen, wobei ein Punkt (.) als Trennzeichen dienen kann.

Ist dies erledigt, können in einem zweiten Schritt die Property-Attribute gesetzt werden. Dabei handelt es sich um die erwähnten Datenvalidierungs-, Hilfetext- und Relationship-Konstrukte bzw. um die regulären Ausdrücke.

Der dritte Schritt umfasst die Definition eines Layouts, also in welcher Reihenfolge die Controls auf dem Bildschirm angezeigt werden.

10.4.1.1 Eine Property definieren

Führen Sie folgende Schritte aus, um eine neue Property Definition zu erstellen:

1. Loggen Sie sich als Fabric-Administrator am System ein.
2. Wechseln Sie auf die Seite **Infrastructure > Blueprints > Property Dictionary.**
3. Klicken Sie auf den Link **New Property Definition.**
4. Vergeben Sie eine Bezeichnung (**Name**) für die neue Property-Definition.
5. Im Feld **Display name** können Sie den angezeigten Namen eintragen.
6. Optional können Sie im Feld **Description** eine Beschreibung definieren.
7. Legen Sie anschließend den **Control Type** fest.
8. Bestimmen Sie in der Checkbox **required**, ob die Eingabe eines Wertes verpflichtend ist.
9. Speichern Sie den Datensatz mit dem **Save**-Link ab.

10.4.1.2 Konfiguration der Property-Attribute

Property-Attribute sind Property-Definitionen zugeordnet und können zusätzliche Informationen über mögliche Eingaben spezifizieren. Das Einrichten der Property-Attribute ist in den meisten Fällen sehr einfach. Sie können in der grafischen Oberfläche wie folgt angelegt werden:

1. Melden Sie sich als Fabric-Administrator an vRealize Automation an.
2. Wechseln Sie auf die Seite **Infrastructure > Blueprints > Property Dictionary.**
3. Klicken Sie in der entsprechenden Property-Definition-Zeile auf **Edit.**
4. Wählen Sie **New Property Attribute** aus.
5. Konfigurieren Sie die gewünschten Einstellungen und Einschränkungen, und speichern Sie sie dann mit **Save** (siehe Abb. 10–7).
6. Klicken Sie auf **OK**, um den Vorgang abzuschließen.

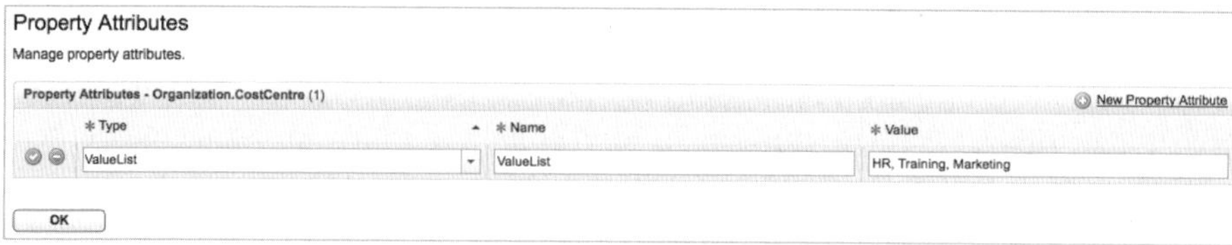

Abb. 10–7 *Konfiguration eines Property-Attributs*

Eine Form der Property-Attribute ist jedoch deutlich komplexer: das Definieren von Beziehungen zwischen Properties. Dabei sind die Werte, die eine Dropdown-Liste anbietet, von der Auswahl in einer anderen Dropdown-Liste abhängig. Abbildung 10–8 zeigt eine derartige Abhängigkeit zwischen den Controls. Im Folgenden soll die Umsetzung dieses Szenarios genauer besprochen werden. Dabei müssen Sie grundsätzlich folgende Schritte ausführen:

7. Zuerst müssen Sie zwei Property-Definitionen erstellen: eine für das Vater-Element und eine für das abhängige Kind-Element.
8. Im zweiten Schritt müssen Sie ein Relationship-Attribut definieren. Dies wird auf der Ebene der Kind-Property-Definition erzeugt und verweist auf die Vater-Property.
9. Der anspruchsvollste Teil besteht in der Definition der *Value Expression.* Diese definiert, welche Werte in der Kind-Dropdown-Liste in Abhängigkeit vom Vater-Element angezeigt werden.
10. Die angelegte Value Expression muss der Kind-Property hinzugefügt werden.
11. Beide Properties müssen entweder einem Blueprint oder einem Build Profile zugeordnet werden.
12. Im Folgenden sollen diese konzeptionellen Schritte umgesetzt werden.

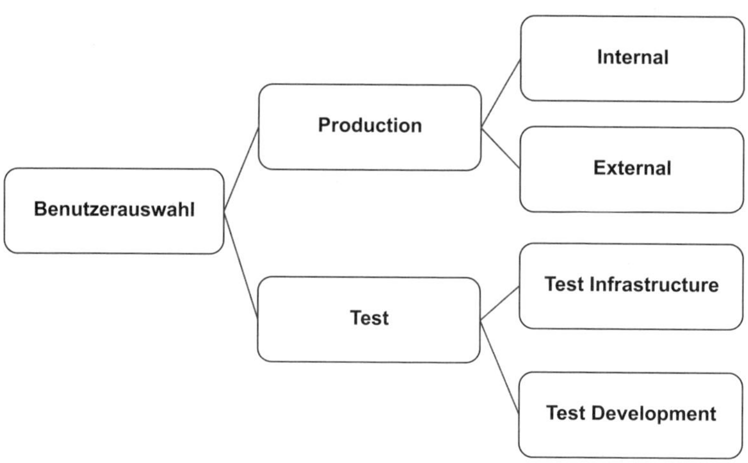

Abb. 10–8 *Beziehungen zwischen Dropdown-Listen*

Erstellen der Property-Definitionen

Der erste Schritt besteht im Festlegen unserer Property Definitions. Damit Sie die Schritte ausführen können, müssen Sie als Tenant-Administrator angemeldet sein.

1. Wechseln Sie auf die Seite **Infrastructure > Blueprints > Property Dictionary.**
2. Wählen Sie auf der Seite **Property Dictionary** die Option **New Property Definition.**
3. In der **Name**-Box können Sie die Bezeichnung **VirtualMachine.Network.Environment** eingeben.
4. Als **DisplayName** können Sie **Umgebung** eingeben.
5. Als **Control Type** ist **DropDownList** auszuwählen.
6. Aktivieren Sie die **Required-Checkbox**, damit User bei der Anforderung einer Maschine einen Wert hinterlegen müssen.
7. Klicken Sie auf **Save** (siehe Abb. 10–9).

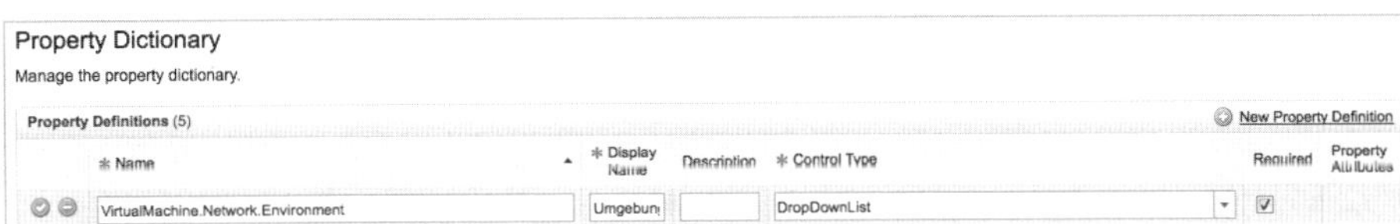

Abb. 10–9 *Anlegen der Network-Environment-Property-Definition*

Als Nächstes legen Sie fest, welche Werte die Dropdown-Liste umfasst:

8. Klicken Sie auf die **VirtualMachine.Network.Environment**-Eigenschaft, und klicken Sie auf **Edit.**
9. Wählen Sie den Link **New Property Attribute.**
10. Aus dem **Type**-Dropdown-Menü wählen Sie **ValueList** aus.
11. Geben Sie im Feld **Name** die Option **Values** ein.
12. Geben Sie **Production, Test** im Feld **Values** ein (Leerzeichen sind im Textfeld erlaubt).
13. Speichern Sie, indem Sie **Save** und dann **OK** wählen (siehe Abb. 10–10).

Abb. 10–10 *Konfiguration des Network-Property-Attributs*

Definition der Relationship

Nachdem Sie die Vater-Property-Definition erstellt haben, können Sie als Nächstes die entsprechende Kind-Definition erstellen:

1. Wählen Sie im Property Dictionary die Option **New Property Definition.**
2. In der **Name**-Box können Sie die Bezeichnung **VirtualMachine.Network0.Name** eingeben.
3. Geben Sie **Network** im Feld **Display Name** ein.
4. Wähen Sie **DropDownList** im Feld **Control Type.**
5. Klicken Sie auf **Save.**

An dieser Stelle haben Sie die Controls für das Vater- und das Kind-Element erstellt. Damit die beiden Controls interagieren können, müssen Sie im nächsten Schritt noch eine Beziehung zwischen beiden implementieren:

6. Klicken Sie innerhalb der **VirtualMachine.Network0.Name**-Zeile auf **Edit.**
7. Wählen Sie **New Property Attribute.**
8. Wählen Sie dieses Mal **Relationship** aus der **Type**-Dropdown-Liste aus.
9. Geben Sie **Parent** im **Name**-Feld ein.
10. Verwenden Sie **VirtualMachine.Network.Environment** als **Value.**
11. Klicken Sie auf **Save** und dann auf **OK** (siehe Abb. 10–11).

Abb. 10–11 *Konfiguration der Beziehung zwischen zwei Property-Definitionen*

Erstellen der Value Expression

Mit dem vorigen Schritt haben Sie die beiden Property-Definitionen in Abhängigkeit zueinander gesetzt. Als Nächstes bestimmen Sie, wie eine Interaktion zwischen den beiden Dropdown-Listen aussieht. Die Abhängigkeit wurde bereits in Abbildung 10–8 visuell dargestellt. Jetzt müssen Sie diese Beziehung in XML »übersetzen«. Öffnen Sie dazu einen XML-Editor, und fügen Sie folgendes XML-Konstrukt ein:

```
<?xml version="1.0" encoding="utf-8" standalone="yes"?>
<ArrayOfPropertyValue xmlns:xsi=
  "http://www.w3.org/2001/XMLSchema-instance">
<PropertyValue>
      <FilterName> VirtualMachine.Network.Environment </FilterName>
      <FilterValue>Production</FilterValue>
        <Value>Internal </Value>
   </PropertyValue>
   <PropertyValue>
      <FilterName> VirtualMachine.Network.Environment</FilterName>
      <FilterValue>Production</FilterValue>
        <Value>External</Value>
   </PropertyValue>
   <PropertyValue>
      <FilterName> VirtualMachine.Network.Environment </FilterName>
      <FilterValue>Test</FilterValue>
        <Value>Test Infrastructure</Value>
   </PropertyValue>
   <PropertyValue>
      <FilterName> VirtualMachine.Network.Environment </FilterName>
      <FilterValue>Test</FilterValue>
        <Value>Test Development</Value>
   </PropertyValue>
</ArrayOfPropertyValue>
```

Obwohl das XML auf den ersten Blick sehr unverständlich erscheint, ist der Aufbau bei näherer Betrachtung einfach zu erschließen. Das XML-Konstrukt definiert alle möglichen Kombinationen zwischen den Dropdown-Werten. Da in unserem Fall vier Kombinationen existieren, sind in dem XML auch vier verschiedene `PropertyValue`-Konstrukte vorhanden.

Jedes `PropertyValue` hat dabei ein Element `FilterName`. Dessen Inhalt sagt aus, dass das `PropertyValue` auf Properties vom Typ `VirtualMachine.Network.Environment` angewandt werden kann.

Die beiden anderen Unterelemente, `FilterValue` und `Value`, bestimmen dabei eine mögliche Kombination. Laut Abbildung 10–8 ist die erste Kombination *Production > Internal*, also ist dies auch dementsprechend in dem ersten `PropertyValue` kodiert.

Hinzufügen der Value Expression

Nachdem Sie das XML erstellt haben, müssen Sie es in vRealize Automation importieren. Dazu müssen aber zuerst alle Zeilenumbrüche entfernt werden. Bearbeiten Sie das XML-Dokument konsequenterweise so, dass es in eine Zeile passt. Anschließend können Sie auf der vRealize-Automation-Oberfläche folgende Schritte ausführen:

1. Klicken Sie auf die **VirtualMachine.Network0.Name**-Eigenschaft, und klicken Sie auf **Edit**, um die Property-Attribute zu bearbeiten.
2. Erstellen Sie mit **New Property Attribute** ein neues Attribut.
3. Wählen Sie in der **Type**-Dropdown-Liste den Eintrag **ValueExpressions** aus.
4. Als **Name** verwenden Sie **Expression**.
5. Fügen Sie das erstellte XML in das Feld **Value** ein.
6. Klicken Sie auf **Save** und dann auf **OK**.

Hinzufügen der Custom Properties auf dem Build Profile

Der letzte Schritt ist wieder einfach. Öffnen Sie den Blueprint, den Sie anpassen wollen, und fügen Sie die beiden Custom Properties hinzu. Achten Sie darauf, die Checkbox **Required** in beiden Fällen zu aktivieren.

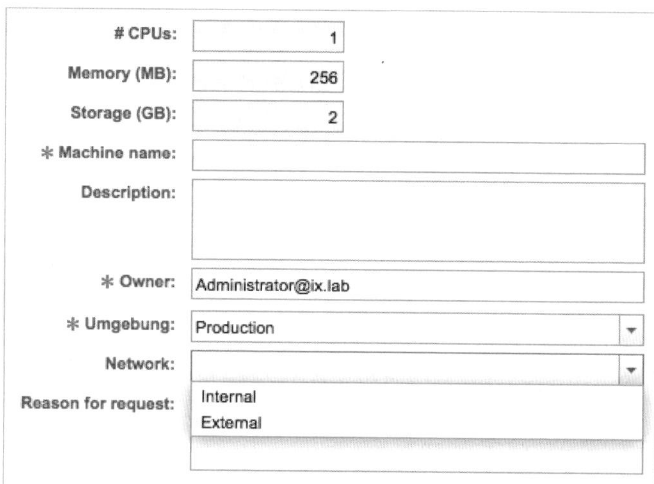

Abb. 10–12 *Fertiger Blueprint*

Falls alles ordnungsgemäß konfiguriert worden ist, können Sie anschließend in den Service Catalog wechseln und Ihren Blueprint auswählen (siehe Abb. 10–12).

10.4.1.3 Property Layout

An dieser Stelle ist die Beschreibung des Property Dictionary fast abgeschlossen – wir müssen uns nur noch die *Property Layouts* ansehen.

Property Layouts dienen als Container für Properties. Das Anlegen eines Property Layout ist einfach. Es muss lediglich ein Name vergeben werden. Anschließend ist es möglich, Property-Definitionen hinzufügen. Dabei wird die Reihenfolge spezifiziert, in der die Definitionen später im Layout angezeigt werden sollen.

Sobald Sie das Property Layout fertiggestellt haben, können Sie es zusätzlich zu den Property-Definitionen zu einem Blueprint und Build Profile hinzufügen. Es sorgt somit dafür, dass die Custom Properties in der richtigen Reihenfolge angezeigt werden.

Wir zeigen die Definition eines Property Layout hier basierend auf dem zuletzt gezeigten Szenario. Wie im vorigen Szenario müssen Sie auch jetzt wieder als Tenant-Administrator angemeldet sein.

1. Wechseln Sie auf die Seite **Infrastructure > Blueprints > Property Dictionary.**
2. Erstellen Sie mit dem Link **New Property Layout** das neue Layout.
3. Vergeben Sie einen Namen.
4. Speichern Sie das Layout mit dem **Save**-Button.
5. Klicken Sie in Ihrer Property-Layout-Instanz auf **Edit** (siehe Abb. 10–13).
6. Fügen Sie mit der **Property Definition**-Dropdown-Liste als Erstes die Property **VirtualMachine.Network.Environment** hinzu.
7. Vergeben Sie die **Order** 1, und speichern Sie mit **Save** ab.
8. Fügen Sie mit der **Property Definition**-Dropdown-Liste als Nächstes die Property **VirtualMachine.Network0.Name** hinzu.
9. Vergeben Sie die **Order** 2, und speichern Sie mit **Save** ab.
10. Klicken Sie auf **OK.**
11. Anschließend können Sie das Property Layout in einem Blueprint bzw. einem Build Profile nutzen.

Abb. 10–13 *Konfiguration eines Property Layout*

10.5 Zusammenfassung

In diesem Kapitel wurde gezeigt, wie mit Custom Properties gearbeitet werden kann. In vRealize Automation unterscheidet man zwischen verschiedenen Arten von Custom Properties: *Internal*, *Read-Only*, *External* und *Updated*.

Die Werte von Custom Properties können fest hinterlegt werden oder bei der Anforderung einer neuen Maschine vom Benutzer abgefragt werden. Um die Eingabe zu validieren, stellt vRealize Automation Ihnen Property-Attribute zur Verfügung. Diese können auch genutzt werden, um verschiedene Eingaben miteinander in Zusammenhang zu setzen.

Darüber hinaus haben wir in diesem Kapitel Build Profiles besprochen, die die Gruppierung von Custom Properties erlauben.

11 Überblick über Extensibility

Nachdem wir in den letzten Kapiteln den Fokus auf die Administration gesetzt haben, soll in diesem und in den nächsten Kapiteln die Anpassung von vRealize Automation der Hauptgegenstand sein.

11.1 Mögliche Anpassungen und Tools

In den meisten Projekten tritt ab einem gewissen Zeitpunkt der Fall auf, dass man nicht mehr alle Aufgabenstellungen mit der reinen Administrationsoberfläche lösen kann. Dies gilt auch für vRealize Automation. Mögliche Szenarien für Anpassungen und Erweiterungen gibt es viele.

Einfache Erweiterungen umfassen oft die Anpassung vorhandener Workflows. So könnte beispielsweise ein Benutzer auswählen, welche Skripte nach der Provisionierung ausgeführt werden sollen, wie ein Rechnername lautet oder wo eine Maschine provisioniert werden soll. Vieles davon lässt sich administrativ mit Bordmitteln lösen. Im letzten Kapitel haben wir dazu bereits Custom Properties, Build Profiles und das Property Dictionary vorgestellt.

Oft kommen aber Anforderungen hinzu, die sich mit diesen Bordmitteln nicht mehr umsetzen lassen. Beispielsweise kann gefordert sein, vRealize Automation an die vorhandene IT-Infrastruktur bzw. deren Dienste anzubinden. Dies kann ein vorhandenes IP-Adressvergabe-System sein, ein System zur Vergabe von Rechnernamen oder auch eine Anbindung an ein betriebswirtschaftliches Auswertungssystem. In diesem Fall stehen der *vCenter Orchestrator* bzw. der *vCloud Automation Center Designer* zur Verfügung.

Ein anderes Szenario sind die Anything-as-a-Service-Dienste (XaaS). Der grundlegende Gedanke ist dabei, dass vRealize Automation für mehr als das Bereitstellen und Verwalten von Maschinen genutzt werden kann. Der mitgelieferte Service Catalog, das dahinterliegende Berechtigungssystem und die Anpassungsmöglichkeiten mittels vCenter Orchestrator gestatten die Bereitstellung von unterschiedlichsten Diensten, die eine IT-Abteilung ihren Kunden zugänglich machen will. Dies kann das Anlegen von Benutzern, das Ausführen von Jobs oder beliebige Aufgaben umfassen, die sich mittels Orchestrator automatisieren lassen. Die einzige Aufgabe seitens der IT-Abteilung besteht darin, diese Dienste mittels des *Advanced Service Designers* den Benutzern zugänglich zu machen.

Aber auch komplexe Anpassungen sind möglich. Mit dem *vCAC Cloud Development Kit* (CDK), das Sie zusätzlich erwerben können, lassen sich tiefgreifende Veränderungen in vRealize Automation implementieren. Dies erlaubt sogar die Erweiterung des internen vRealize-Automation-Modells um eigene Entitäten, die dann anschließend von allen Workflows angesprochen werden können. Auch ist es möglich, Workflows direkt in .NET zu implementieren. Abbildung 11–1 visualisiert diese Ansätze.

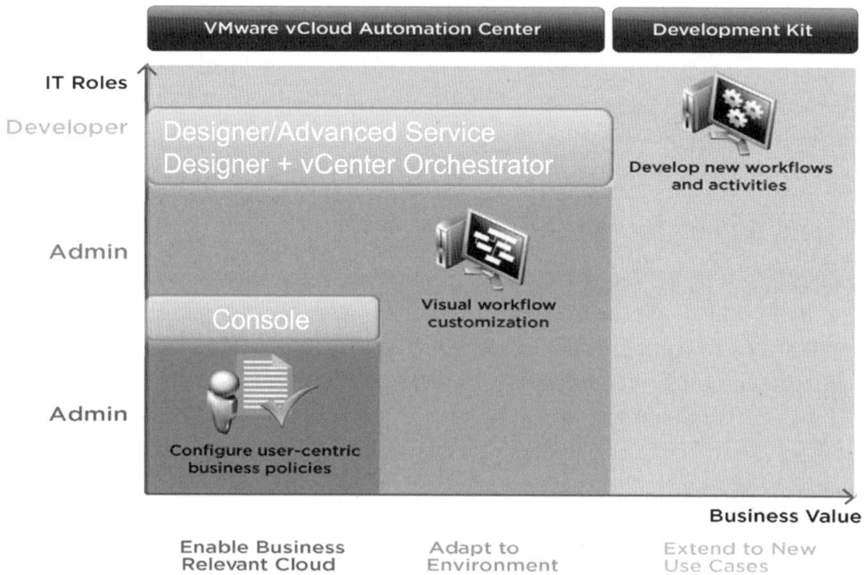

Abb. 11–1 *vRealize Automation-Erweiterungsmöglichkeiten*

In diesem Kapitel geben wir Ihnen einen Überblick über diese Anpassungsmöglichkeiten. Eine detaillierte Besprechung erfolgt dann in den nächsten Kapiteln.

11.2 Anpassung mit vCAC Designer und VMware Orchestrator

Workflows lassen sich sowohl mit dem vCAC Designer als auch mit dem VMware Orchestrator anpassen. Der Grund dafür, dass zwei verschiedene Tools eingesetzt werden können, ist in der Historie zu finden.

vCAC Designer ist eine auf dem .NET-Framework basierende Windows-Anwendung. Ursprünglich ist vCAC Designer dazu entwickelt worden, Workflows anzupassen. Seine Stärken liegen darin, dass es sich als Windows-Applikation sehr performant verhält und die Bedienung der Anwendung intuitiv ist.

vRealize-Automation-Workflows basieren in der aktuellen .NET-Version auf der .NET-Bibliothek *Windows Workflow Foundation* (WWF). Dies begründet eine weitere Stärke des vRealize Automation Designers: Es können vorhandene WWF-Workflows eingebunden werden. Dabei setzen die vRealize-Automation-Workflows direkt auf WWF auf. Somit werden sich .NET-Entwickler mit dem Tool sofort heimisch fühlen.

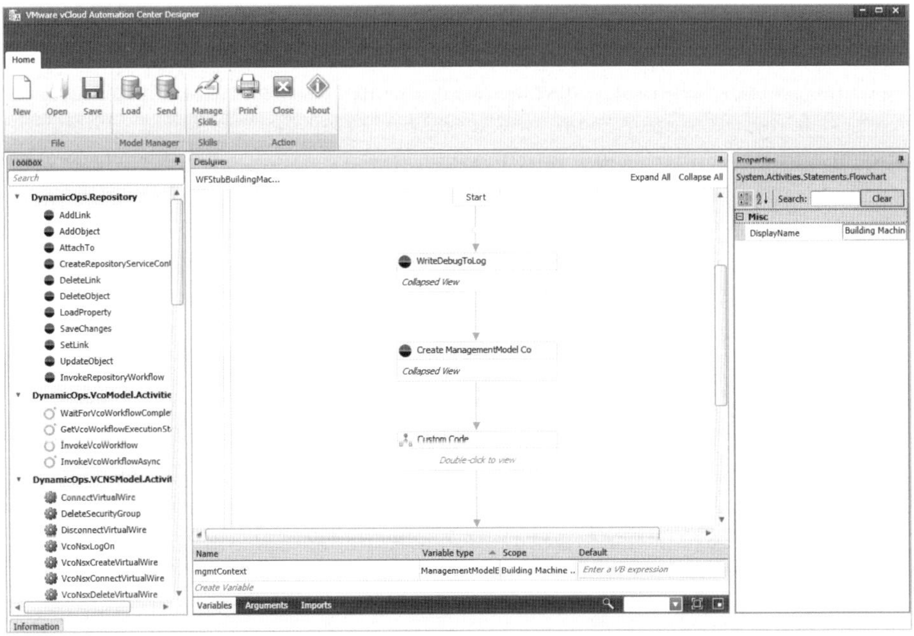

Abb. 11–2 *vCloud Automation Center Designer*

Abbildung 11–2 zeigt das vCloud Automation Center Designer. Auf der linken Seite befindet sich die Toolbox, aus der Sie die Tasks mit Drag & Drop in den Hauptbereich bewegen. Workflows lassen sich dabei implementieren, indem Sie Tasks in den Hauptbereich ziehen und mittels Kanten miteinander verbinden.

Leider hat der vCAC Designer auch Schwächen. Aufgrund der Implementierung in .NET muss er auf einem Windows-Rechner installiert werden. Des Weiteren können zwar Workflows angepasst werden, eine richtige Programmierung ist aber nicht möglich. Es stehen zwar eine Reihe von Tasks (wie zum Beispiel für Kontrollfluss-Konstrukte, Deklarationen und Zuweisungen von Variablen) zur Verfügung, die deklarativ mit Drag & Drop zu einem Workflow kombiniert werden können, eine richtige Programmierung mittels einer Programmiersprache ist aber nicht möglich.

Ein weiterer Nachteil des Tools ist, dass ein Zugriff auf externe Systeme (z.B. Webdienste, Datenbanken) nur über Umwege, aber nicht nativ möglich ist. Dies kann nur geschehen, wenn ein externes Skript (z.B. Microsoft PowerShell) aufgerufen wird oder das vRealize-Automation-Modell mittels der CDK erweitert wird. Auch die Zukunft des Tools scheint nicht gesichert. Zwar basiert die aktuelle IaaS-Komponente von vRealize Automation auf Microsoft .NET, jedoch kann dies für zukünftige Versionen von vRealize Automation zum jetzigen Zeitpunkt nicht garantiert werden.

11.2.1 VMware vCenter Orchestrator

Nach der Übernahme von Dynamic Ops durch VMware begannen bald die Arbeiten für eine Orchestrator-Unterstützung in vRealize Automation. Mit der Version 6 von vRealize Automation werden nahezu alle Features des Designers auch in vRealize Automation unterstützt.

Orchestrator ist das zentrale Tool von VMware für alle Arten von Automatisierung. Im Gegensatz zum vCAC Designer ist es in Java implementiert, was die Installation (mittels Java-Webstart) auf nahezu jedem Betriebssystem zulässt. Orchestrator zeichnet sich durch viele Features aus. Zum einen stellt es eine gut erlernbare *Integrated Development Environment* (IDE) dar. Sobald die am Anfang etwas steile Lernkurve erklommen ist, lassen sich schnell eigene Workflows umsetzen. Dabei ist es genauso wie beim vCAC Designer möglich, Workflows mittels Drag&Drop-Techniken grafisch zu implementieren. Im Gegensatz zu vCAC Designer ist es aber möglich, selbst programmiertechnisch tätig zu werden. Die dabei zu verwendende Programmiersprache ist JavaScript. Ein weiterer Pluspunkt des Orchestrators ist die einfache Integration von Fremdsystemen. Viele Hersteller bieten bereits fertige Plug-Ins für Orchestrator an, so dass keine Programmierung notwendig ist. Zum jetzigen Zeitpunkt existieren dabei ca. 30 verschiedene Plug-Ins. Von Haus aus wird schon eine Reihe von Plug-Ins mitgeliefert, unter anderem für Active Directory, SSH, Datenbankzugriffe, vCenter Server oder auch Webdienste. Besonderes Augenmerk verdient auch die Möglichkeit, Workflows direkt in Orchestrator auszuführen und eine Workflow-Historie einzusehen. Für Entwickler hilfreich ist auch die eingebaute Versionsverwaltungssoftware, die es erlaubt, Workflows mit Major- und Minor-Nummern zu vergeben und bei Bedarf zu alten Versionen zurückzukehren.

Abbildung 11–3 zeigt die Oberfläche von Orchestrator. Ähnlich wie bei vCAC Designer existiert eine Art »Toolbox« (in der Abbildung links), die bereits viele vorgefertigte Komponenten bereitstellt. Der eigentliche Workflow wird im Hauptfenster implementiert. Die grundlegenden Features des Orchestrators werden wir in diesem Buch nicht im Detail beschreiben. Vielmehr konzentrieren sich die nächsten Kapitel auf das Zusammenspiel und die Erweiterungen von Orchestrator für vRealize Automation.

Im Vergleich zum vCAC Designer bietet Orchestrator mehr Möglichkeiten. Zum einen ist es mit Orchestrator wie beim vCAC Designer möglich, vorhandene Workflows anzupassen. Dabei ist aber die Mächtigkeit des Orchestrators größer, weil einerseits eigener Custom-Code implementiert werden kann, andererseits auch eine große Menge an bereits vorhandenen Plug-Ins und Modulen verwendet werden kann.

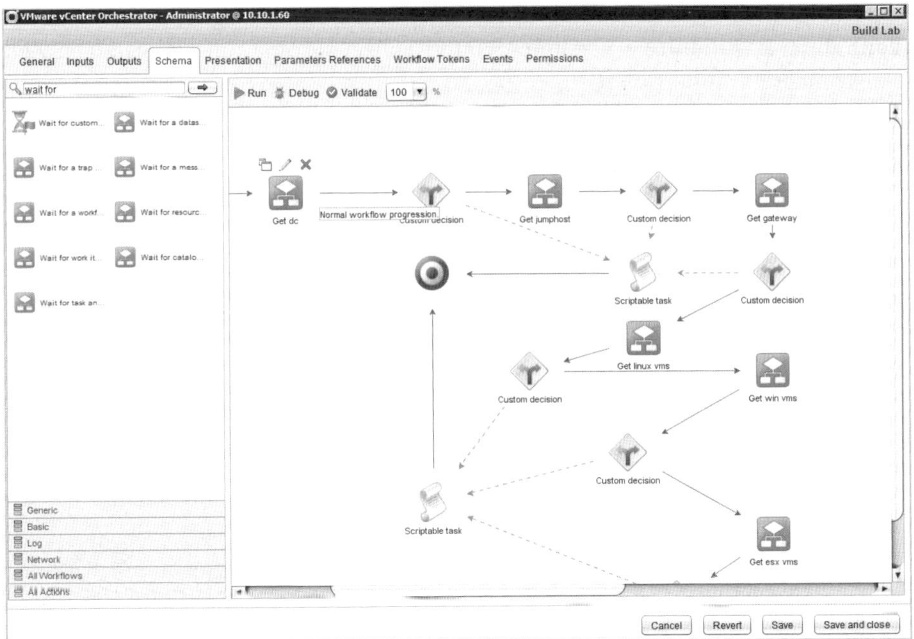

Abb. 11–3 *VMware vCenter Orchestrator*

Ein weiteres Feature von Orchestrator ist, dass für vRealize Automation ein eigenes Plug-In existiert, mit dem vRealize Automation von Orchestrator angesprochen werden kann. Hinter den Kulissen bietet vRealize Automation zwar eine REST-Schnittstelle, diese ist aber für »Nichtprogrammierer« nicht intuitiv benutzbar. Das mitgelieferte Plug-In dagegen liefert für diese Schnittstelle vorgefertigte Workflow-Komponenten, die mit geringem Aufwand in einen eigenen Workflow integriert werden können. Dabei können unter anderem folgende Vorgänge automatisiert werden:

- Konfiguration des *Advanced Service Designer* (ASD)
- Automatisieren von Approval Policies
- Verwalten des Service Catalogs
- Verwaltung von Tenants
- Zugriff auf das vRealize-Automation-Entity-Modell
- Definition von Business Groups und Endpoints
- Anpassen und Erstellen von eigenen Workflows
- Verwalten von virtuellen Maschinen
- Konfiguration von Custom Properties, Build Profiles und des Property Dictionary

Aufgrund der Mächtigkeit von Orchestrator ist dieser für Implementierungsarbeiten dem vorher vorgestellten vCAC Designer in den meisten Fällen vorzuziehen. Eine Ausnahme besteht darin, falls eine Vielzahl von eigenentwickelten

.NET-Workflows vorliegt. Dies dürfte aber in den allermeisten Projekten nicht der Fall sein.

11.3 Advanced Service Designer

Ab der Advanced-Lizenzierung ist der Advanced Service Designer Beststandteil von vRealize Automation. Dieser erlaubt die Veröffentlichung von XaaS-Diensten in das Self-Service Portal. Die eigentlichen Workflows werden dabei technisch im Hintergrund durch Orchestrator ausgeführt. Der Advanced Service Designer bietet dabei in vRealize Automation die Möglichkeit, vorhandene Workflows in das Portal zu integrieren. Dies umfasst zwei Schritte: zum einen das Bereitstellen einer grafischen Benutzeroberfläche zum Aufrufen der Workflows und zum anderen die Integration in den Service Catalog von vRealize Automation samt Vergabe von Berechtigungen. Beispiele für Dienste, die auf dem ASD basieren, gibt es zuhauf:

- Anlegen von Accounts von neuen Mitarbeiten
- Passwortmanagement
- Antriggern von Backup- bzw. Restore-Vorgängen
- Softwareupdates
- Bereitstellen von zusätzlicher Software

11.4 Arbeiten mit dem Cloud Development Kit (CDK)

Obwohl Orchestrator für sich schon relativ mächtig ist, kann es immer wieder Szenarien geben, in denen seine Funktionalität nicht ausreicht.

Ein Feature des CDK ist, dass das vRealize-Automation-Modell angepasst werden kann, das dem Model Manager zugrunde liegt. Dies kann sinnvoll sein, wenn es vRealize Automation möglich sein soll, Fremdsysteme (zum Beispiel ein IP-Adressvergabesystem) nativ zu integrieren. In diesem Fall ist es einfach möglich, die Fremdsysteme mithilfe des Service Designers bzw. Orchestrators einzubinden.

Darüber hinaus ist es mit dem CDK möglich, Workflows direkt in .NET zu implementieren. Dies ist einerseits deshalb interessant, weil die Sprachen von .NET eine hohe Mächtigkeit haben, andererseits, weil es damit möglich ist, vorhandene Windows-DLLs direkt in den Workflow einzubinden.

Aufgrund der Tatsache, dass nicht klar ist, ob die IaaS-Komponenten in zukünftigen Versionen von vRealize Automation weiterhin auf Windows (und somit auf .NET) basieren, sollten Sie genau überlegen, ob Sie die Kosten für das CDK tragen wollen oder ob es nicht andere Möglichkeiten (zum Beispiel über Orchestrator bzw. die mitgelieferte REST-Schnittstelle) zur Realisierung der Anforderungen gibt.

11.5 Zusammenfassung

In diesem Kapitel haben wir Ihnen einen Überblick über die Erweiterungsmöglichkeiten von vRealize Automation gegeben. Wir haben einerseits dargelegt, was mit vRealize Automation umgesetzt werden kann, andererseits erörtert, mit welchen Tools gearbeitet werden kann. Dabei stellte sich heraus, dass Anwender für gewisse Arbeiten unterschiedliche Tools benutzen können: den vCAC Designer, VMware Orchestrator und Visual Studio (falls das CDK lizenziert wurde). Die Tatsache, dass mehr als ein Tool existiert, ist historisch zu betrachten. In früheren Versionen gab es den Designer für einfache Anpassungen, und für komplexere Implementierungen wurde Visual Studio hinzugezogen. Mit der jüngsten Version von vRealize Automation wird aber verstärkt Orchestrator propagiert. Hinsichtlich der künftigen Strategie von VMware ist es darüber hinaus nicht sicher, wie der Designer bzw. Visual Studio in zukünftigen Versionen unterstützt wird.

In den nächsten zwei Kapiteln zeigen wir, wie Sie mit diesen Tools arbeiten. In Kapitel 12 behandeln wir den vCAC Designer und Orchestrator, und in Kapitel 13 widmen wir uns dem Advanced Service Designer.

12 Arbeiten mit dem vCAC Designer und vCenter Orchestrator

Nachdem wir Ihnen im letzten Kapitel einen Überblick über die Erweiterungsmöglichkeiten gegeben haben, zeigen wir jetzt konkret die Arbeit mit dem vCAC Designer bzw. Orchestrator. Der Funktionsumfang bzw. die Frage, wie sich die beiden Produkte abgrenzen, wurde ebenfalls im vorigen Kapitel behandelt, so dass wir uns an dieser Stelle direkt ansehen, wie die Tools funktionieren.

12.1 Das vRealize-Automation-Modell

Bei der Arbeit mit dem vCAC Designer bzw. vCenter Orchestrator ist es an vielen Stellen notwendig, auf das vRealize-Automation-Modell zuzugreifen und dort Änderungen vorzunehmen. Ein gutes Tool, um das vRealize-Automation-Modell zu erforschen, stellt LINQPad dar, das Sie in der Basisversion kostenlos herunterladen können. Nachdem Sie dieses Tool auf einem Rechner mit Zugriff auf den Model Manager installiert haben, können Sie mit folgenden Schritten das vRealize-Automation-Modell erkunden:

1. Starten Sie das Tool LINQPad.
2. Klicken Sie im Navigationsbereich links oben auf **Add Connection**, und wählen Sie **WCF Data Services 5.5 (OData 3)** aus.
3. Verwenden Sie als URI https://<Name des Rechners>/repository/Data/ManagementModelEntities.svc, und aktivieren Sie ggf. die Checkbox **Accept invalid certificates**. Klicken Sie anschließend auf **OK** (siehe Abb. 12–1) .

Anschließend können Sie im linken Navigationsbereich alle vRealize-Automation-Entitäten sehen. Darüber hinaus hilft hnen LINQPad bei der Formulierung von LINQ-Anfragen. Wenn Sie mit der rechten Maustaste auf eine Entität klicken und die erste Funktion <Entity Name>.Take(100) aufrufen, sehen Sie im Hauptbereich alle Datensätze (siehe Abb. 12–2).

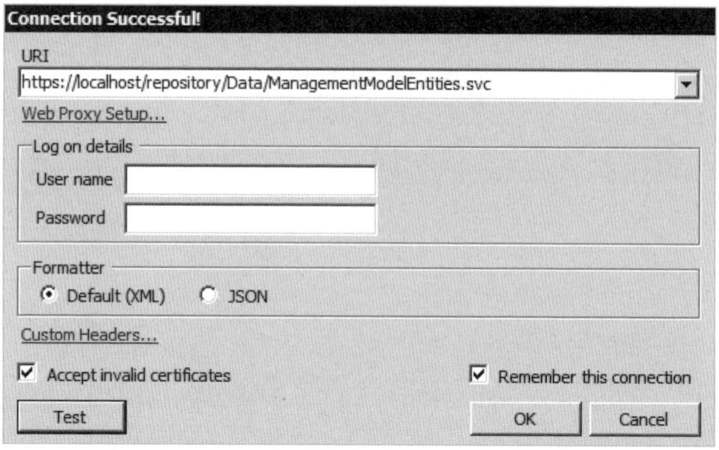

Abb. 12–1 *Verbindungsaufbau zu vCAC in LINQPad*

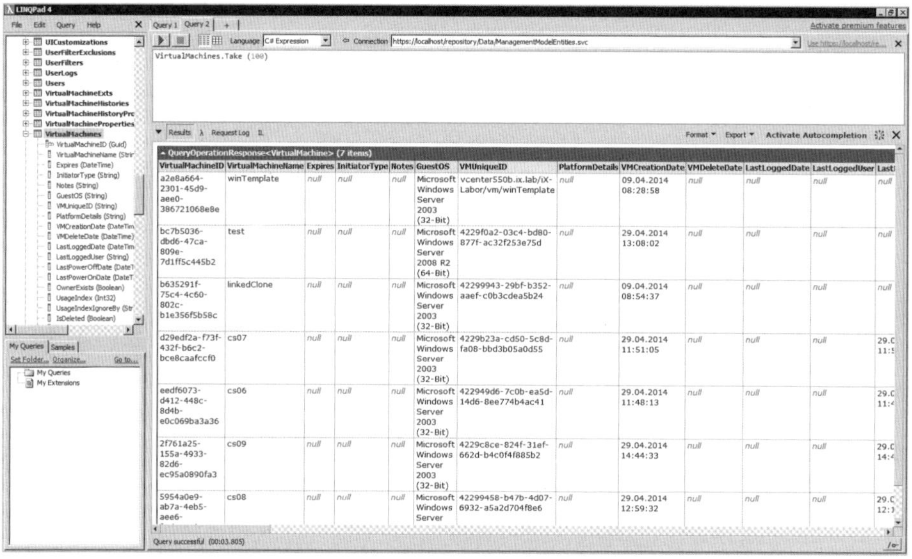

Abb. 12–2 *LINQPad*

Eine Entität besteht in vRealize Automation aus eine Reihe von Properties. Entitäten können auch miteinander verknüpft sein. Beispielsweise kann ein User verschiedene Requests offen haben oder eine virtuelle Maschine verschiedene `VirtualMachineProperties` haben. Derartige Verknüpfungen (1:1-, 1:n- oder 1:m-Beziehungen) sind in vRealize Automation durch eine gerichtete »Gabel« und Farbe gekennzeichnet (siehe Abb. 12–3).

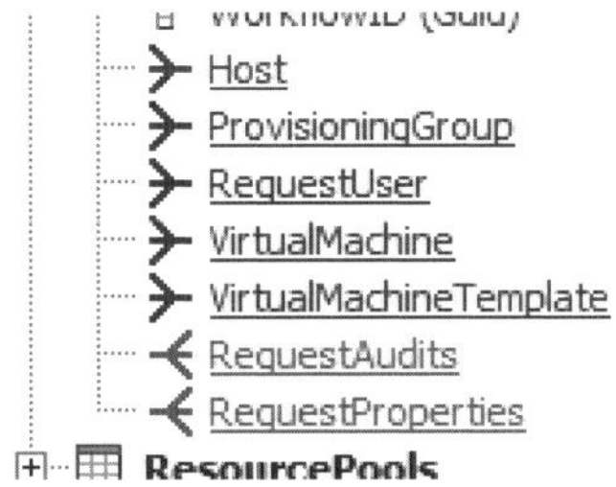

Abb. 12–3 *Verknüpfungen zwischen Entitäten*

Hintergrund: LINQ

Bei LINQ (Language Integrated Query) handelt es sich um eine Technologie zur Abfrage von Daten. Ihre Syntax ist an SQL angelehnt, jedoch ist LINQ in vielerlei Hinsicht mächtiger und deutlich einfacher. So müssen bei Abfragen über verschiedene Entitäten keine Join-Konstrukte verwendet werden. Vielmehr ist es möglich, vorhandene Verknüpfungen zwischen Entitäten einfach mit dem ».«-Operator zu verbinden. Darüber hinaus werden Lambda-Ausdrücke unterstützt, d.h. anonyme Funktionen, die beispielsweise auf einer Wertemenge zum Sortieren, Filtern oder Gruppieren genutzt werden können.

Im Folgenden sind Beispiele für LINQ-Queries aufgelistet:

- Laden einer virtuellen Maschine:

  ```
  from vm in VirtualMachines where vm.VirtualMachineName = "vm1"
  ```

- Laden aller Compute Resources mit den Credentials der zugehörigen Endpoints:

  ```
  from host in Hosts.Expand("ManagementEndpoint/Credential") select host
  ```

12.2 vCAC Designer

Als Erstes müssen Sie den vCAC Designer herunterladen und installieren. Den Link zur Installationsdatei finden Sie auf der Webseite der vRealize Automation Appliance (unter der Adresse `https://<vrealize-automation-appliance.domain.name>:5480` zu finden). Bei der Installation werden unter anderem die Adresse des vRealize-Automation-Servers und des Model Managers abgefragt. Ein Verbindungsaufbau zu der vRealize-Automation-Umgebung ist für die Installation und den Betrieb des Tools notwendig. Nach der Installation kann das Tool gestartet werden (siehe Abb. 12–4).

Der grafische Aufbau des Designers ist intuitiv erlernbar. Die Menüleiste erlaubt das Öffnen und Speichern von vorhandenen Workflows aus dem Dateisystem. Für das Anpassen von Workflows existieren die Buttons **Load** und **Send**. Auf der linken Seite des Designers befindet sich die Toolbox. Die darin enthaltenen Komponenten sind in verschiedene Kategorien unterteilt:

- **DynamicOps.Repository:**
  Diese Kategorie erlaubt den Zugriff auf das vRealize-Automation-Entitätsmodell und das Aufrufen von Workflows, die bereits im Modell gespeichert sind.
- Im Bereich **DynamicOps.VcoModel.Activities** befinden sich diejenigen Komponenten, die zum Aufrufen von Orchestrator-Workflows benötigt werden.
- **DynamicOps.Cdk.Activities** gruppiert vRealize-Automation-spezifische Aktivitäten.
- Die Kategorien **ControlFlow** und **FlowChart** bündeln Schleifen und Verzweigungen für die Programmierung.
- Im Bereich **Primitives** stehen Elemente für grundlegende Programmierarbeiten wie das Zuweisen von Variablen, das Aufrufen von Methoden oder Ausgabefunktionen zur Verfügung.
- Der Zugriff auf Listen oder Felder wird durch Elemente der Kategorie **Collections** geregelt.
- Der letzte Bereich bietet Konstrukte zur Fehlerbehandlung an.

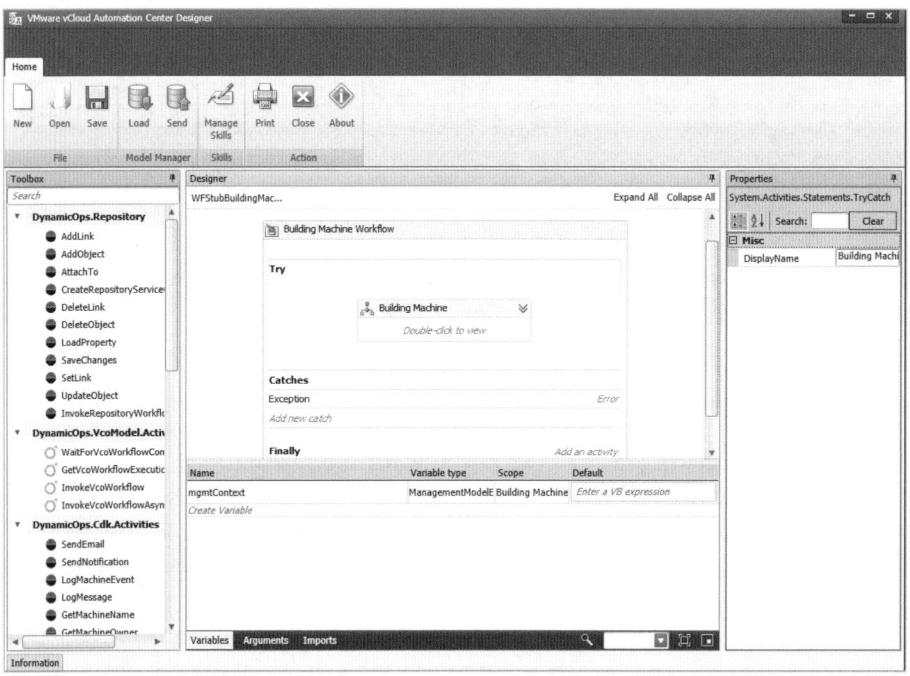

Abb. 12–4 *vCAC Designer*

Elemente können mit Drag & Drop aus dem Toolbox-Bereich in einen geöffneten Workflow gezogen werden. Dabei kann jedes Element konfiguriert werden. Dafür muss es markiert werden und im linken Properties-Bereich mit den entsprechenden Einstellungen versehen werden.

Die Definition von Variablen erfolgt im vCAC Designer im unteren Teilbereich unter der Registerkarte **Variables**. Dabei ist zu beachten, dass Variablen ein Gültigkeitsbereich zugewiesen werden kann, d.h., Sie können festlegen, in welchem Kontext eine Variable überall gültig ist.

Oft ist es auch notwendig, dass ein Workflow von außen Parameter erhält. Dies ist bei Workflows der Fall, die auf virtuelle Maschinen zugreifen müssen und somit wissen müssen, auf welcher Maschine bzw. welchem Maschinenobjekt ein Workflow Änderungen vornehmen soll. Die Argumentenliste findet sich ebenfalls im unteren Fensterbereich (auf der Registerkarte **Arguments**).

vCAC Designer erlaubt die Anpassung von vorhandenen vRealize-Automation-Workflows, aber nicht das Erstellen von neuen Workflows (siehe Abb. 12–5). Im Hintergrund stehen vier Machine-Workflows zur Verfügung. Diese könnten genutzt werden, um für eine provisionierte Ressource im Self-Service Portal einen neuen Menüeintrag zu erzeugen. Beispielsweise könnte die Liste der Actions um einen Eintrag für ein Backup verlängert werden.

Name	Description	Revision	Created Date Time
WFMachineMenu1	Customizable wor...	0	22.02.2014 13:58
WFMachineMenu2	Customizable wor...	0	22.02.2014 13:58
WFMachineMenu3	Customizable wor...	0	22.02.2014 13:58
WFMachineMenu4	Customizable wor...	0	22.02.2014 13:58
WFStubBuildingMachine	Customizable wor...	0	22.02.2014 13:58
WFStubBuildingMachine	Customizable wor...	1	10.04.2014 13:45
WFStubBuildingMachine	Customizable wor...	2	10.04.2014 13:57
WFStubMachineDisposing	Customizable wor...	0	22.02.2014 13:58
WFStubMachineExpired	Customizable wor...	0	22.02.2014 13:58
WFStubMachineProvisioned	Customizable wor...	0	22.02.2014 13:58
WFStubMachineRegistered	Customizable wor...	0	22.02.2014 13:58
WFStubUnprovisionMachine	Customizable wor...	0	22.02.2014 13:58

Abb. 12–5 *Anpassbare Workflows*

Darüber hinaus steht eine Reihe von State-Change-Workflows zur Anpassung bereit. Diese können während des Lebenszyklus einer Maschine aufgerufen werden, falls sich der Zustand einer Maschine ändert.

Neben der Implementierung des Workflows werden darüber hinaus oft noch weitere Dateien und Programmfragmente benötigt. Soll zum Beispiel ein Workflow ein vorhandenes PowerShell-Skript aufrufen, ist es notwendig, dieses Skript vorher auf den vRealize-Automation-Server hochzuladen.

Mit diesem theoretischen Wissen im Hinterkopf können Sie mit der Workflow-Implementierung beginnen. Im Folgenden soll diese an einem anschaulichen Beispiel gezeigt werden: Wir wollen mit dem Cloudutil-Dienstprogramm ein PowerShell-Skript hochladen, das anschließend durch einen vRealize-Automation-Workflow aufgerufen werden kann.

Erstellen und Hochladen des PowerShell-Skripts

In diesem Beispiel kommt es nicht auf den Inhalt des PowerShell-Skripts an. Für Demonstrationszwecke reicht an dieser Stelle ein einfaches Skript, das den Namen der virtuellen Maschine erhält, die wir provisionieren wollen.

Öffnen Sie dazu das PowerShell-ISE-Dienstprogramm, und fügen Sie folgenden Code ein:

```
$Hostname = $Properties["VirtualMachineName"]
## Beginn der Skript-Logik
Write-Host $Hostname
```

Speichern Sie das Skript anschließend auf Ihrem Rechner ab. Um das Skript nun in vRealize Automation hochzuladen, müssen Sie folgende Schritte ausführen:

1. Loggen Sie sich auf dem IaaS-Server über die Remote-Desktop-Konsole ein.
2. Öffnen Sie die Eingabeaufforderung, und wechseln Sie in das Verzeichnis C:\Program Files(x86)\VMware\vCAC\Design Center.
3. Mit dem Cloudutil-Dienstprogramm (siehe Abb. 12–6) kann das Skript anschließend hochgeladen werden. Geben Sie dazu folgenden Befehl ein: Cloudutil.exe File-Import -n <Name für die Datei im vRealize Automation Repository> -f <PowerShell-Skript-Datei>
4. Mit dem Befehl Cloudutil.exe File-List überprüfen Sie, ob der File-Upload erfolgreich war. Sie sollten in der Ausgabe den vergebenen Namen im Repository sehen können.

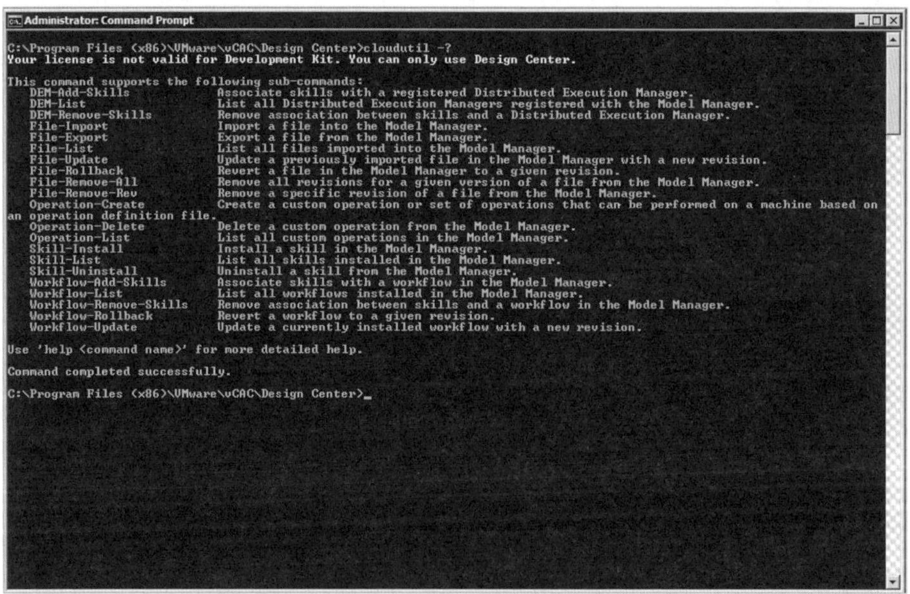

Abb. 12–6 Das Cloudutil-Dienstprogramm

Implementieren des Workflows

Im nächsten Schritt kann mit der Implementierung des Workflows begonnen werden. Dazu muss der vCAC Designer gestartet werden. Führen Sie anschließend die folgenden Schritte aus:

1. Klicken Sie in der Menüleiste oben auf den **Load**-Button, und wählen Sie den **WFStubMachineProvisioned**-Workflow aus. Dieser Workflow wird nach der Provisionierung einer Maschine ausgeführt. Klicken Sie anschließend auf **OK.** Daraufhin öffnet sich der Workflow (siehe Abb. 12–7).

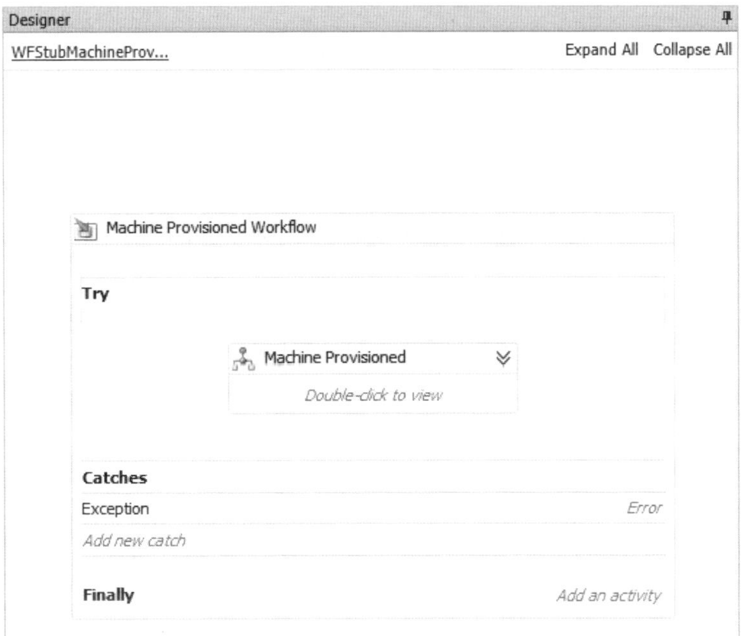

Abb. 12–7 *Der »Machine Provisioned Workflow« in vRA*

> **Hintergrund: Aufbau von Workflows in vCAC Designer**
>
> Um die Übersichtlichkeit von Workflows im vCAC Designer zu erhöhen, werden die verschiedenen Komponenten geschachtelt dargestellt. Auf der höchsten Ebene (in unserem Fall ist das **Machine Provisioned Workflow**) befindet sich nur eine Try-Catch-Anweisung, die in der Try-Klausel ein Machine-Provisioned-Element ausführt. Die Try-Catch-Konstruktion sorgt dafür, dass – falls ein Fehler in der Workflow-Ausführung auftritt – sofort in den Catch-Bereich gesprungen wird und die darin enthaltenen Tasks (z.B. Logging) ausgeführt werden.

→

Wenn Sie das Machine-Provisioned-Element öffnen, tauchen weitere Komponenten auf (siehe Abb. 12–8). Der Workflow beginnt mit einem Log-Eintrag. Anschließend sorgt der **CreateManagementModel Context**-Task dafür, dass der Workflow eine Verbindung zum vRealize-Automation-Repository aufbauen kann. Anschließend kommt ein Task, in dem Sie Ihren eigenen Code implementieren können. Nachdem dies ausgeführt worden ist, wird der Zustand des Workflows auf **Complete** gesetzt und der Workflow mit einer Logausgabe beendet.

2. Klicken Sie anschließend doppelt auf die **Machine Provisioned**-Box (siehe Abb. 12–8).
3. Im weiteren Verlauf müssen Sie doppelt auf den Task **Custom Code** klicken.

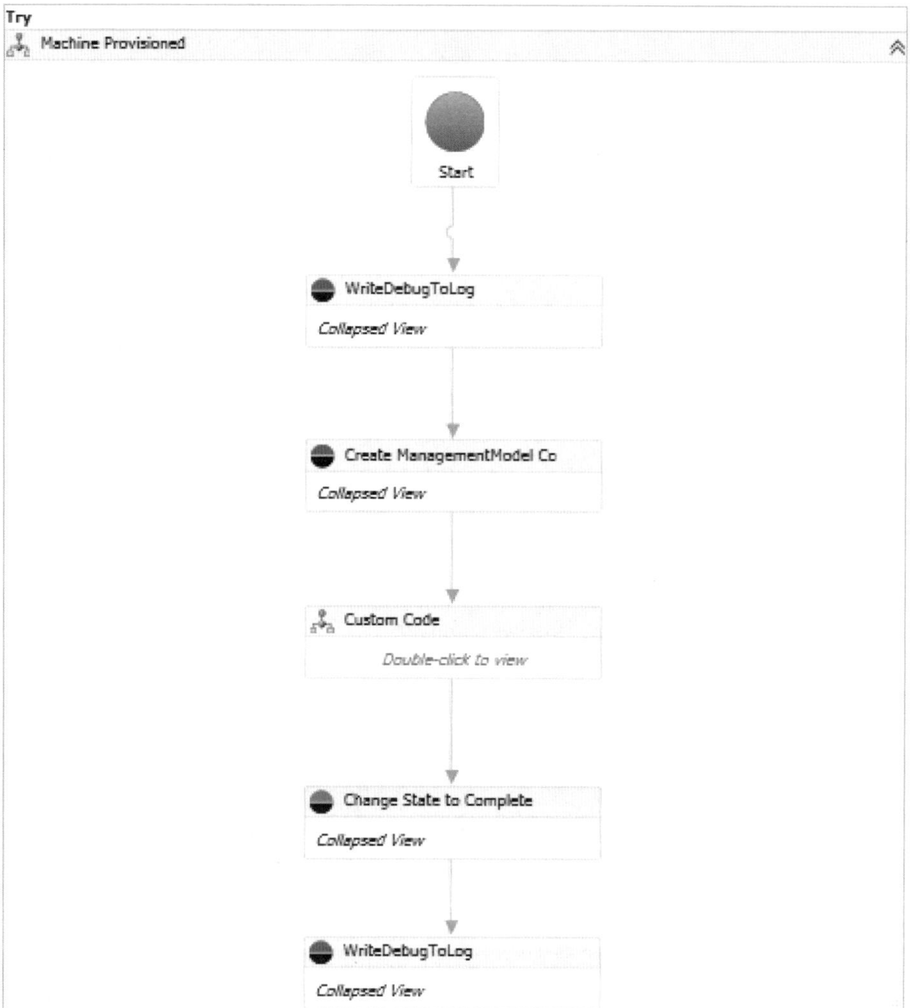

Abb. 12–8 *Die einzelnen Tasks des »Machine Provisioned Workflow«*

4. In dem Workflow-Fragment, das nun erscheint, können Sie Ihren eigenen Workflow implementieren. Wenn Sie den Workflow zum ersten Mal anpassen, sollte nur ein grünes Start-Element auf dem Bildschirm auftauchen. Die erste Aufgabe besteht nun darin, die Aufrufparameter für das PowerShell-Skript vorzubereiten.

   Das PowerShell-Skript erwartet den Namen einer virtuellen Maschine als Eingangsparameter. Der vRealize-Automation-Workflow erhält von vRealize Automation zwar auch einen Parameter für die virtuelle Maschine, dieser enthält aber die GUID (Global Unique Identifier) und nicht den Namen der Maschine (siehe Abb. 12–9). Der erste Schritt im Workflow besteht daher darin, die GUID in einen Namen umzuwandeln. Ziehen Sie dazu aus der Toolbox den Task **GetMachineName**, und legen Sie ihn unterhalb des Start-Tasks ab.

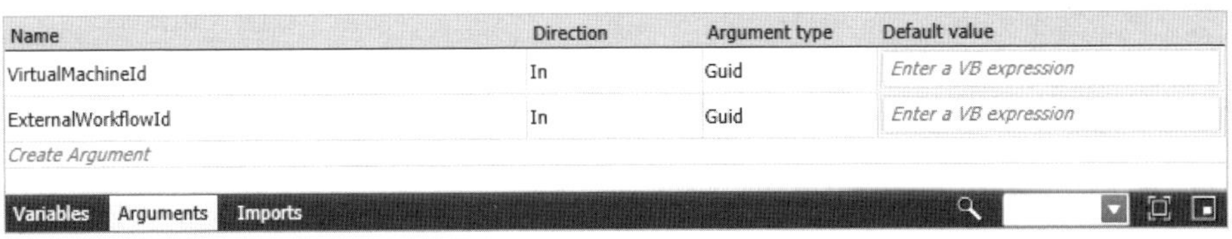

Abb. 12–9 *Eingangsparameter des vCAC-Workflows*

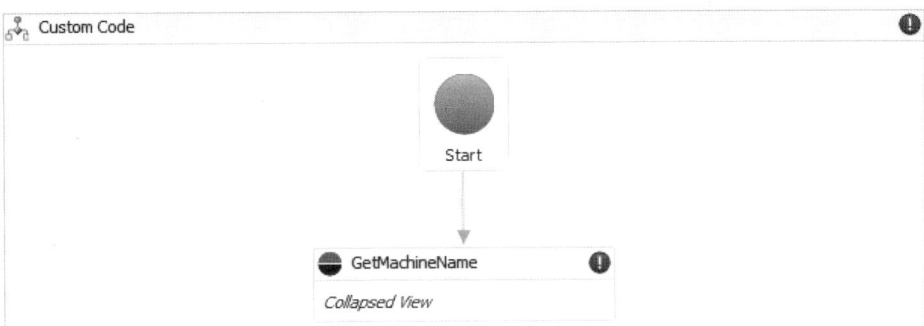

Abb. 12–10 *Der »GetMachineName«-Task*

5. Verknüpfen Sie im nächsten Schritt beide Elemente. Fahren Sie dazu mit dem Mauszeiger auf den **Start**-Knoten. Daraufhin erscheinen in der Mitte der Außenkanten grau ausgefüllte Quadrate. Klicken Sie auf ein Quadrat, und ziehen Sie den Pfeil anschließend mit gedrückter Maustaste auf den **GetMachineName**-Knoten.
6. Das GetMachineName-Element gibt nach seinem Aufruf den Namen der virtuellen Maschine zurück. Dieser muss in einer Variable gespeichert werden. Klicken Sie deshalb unten im Bereich **Variables** in der leeren Zeile auf **Create Variable**, und vergeben Sie als Namen **vmName**.

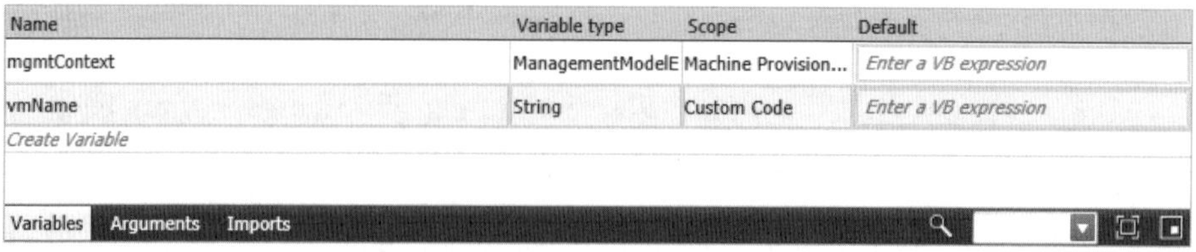

Abb. 12–11 *Definition der »vmName«-Variable*

7. Als Nächstes kann das **GetMachineName**-Element konfiguriert werden. Das Element hat zwei Parameter: einen Eingabeparameter (die GUID der virtuellen Maschine) und den Rückgabeparameter (den Namen der virtuellen Maschine). Klicken Sie dazu doppelt auf das Element, und setzen Sie die Variablen wie folgt (siehe Abb. 12–12):

   Machine Id: »VirtualMachineId«
   Machine Name: »vmName«

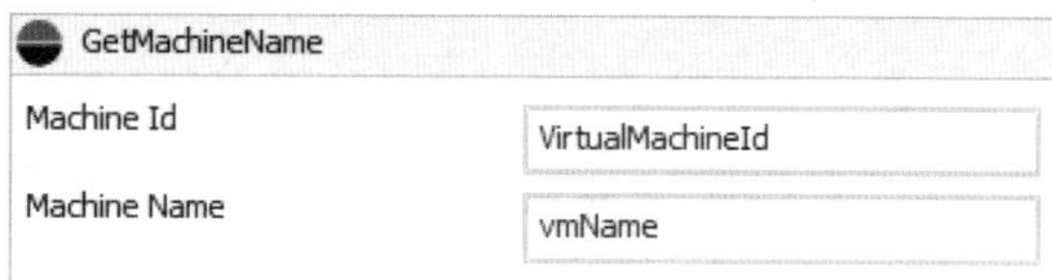

Abb. 12–12 *Konfiguration des GetMachineName-Tasks*

8. Als Nächstes muss der Aufruf für das PowerShell-Skript vorbereitet werden. Da PowerShell-Skripts nicht nur einen einzelnen Parameter als Eingabewert, sondern ein ganzes Feld von Werten erhalten können, ist es notwendig, eine entsprechende Collection im vCAC Designer für den Aufruf zu erstellen.

   Klicken Sie unten im Variablenbereich auf **Create Variable**, tragen Sie als Namen **args** ein, und klicken Sie im Feld **Variable Types** auf **Browse for Types ...** (siehe Abb. 12–13).

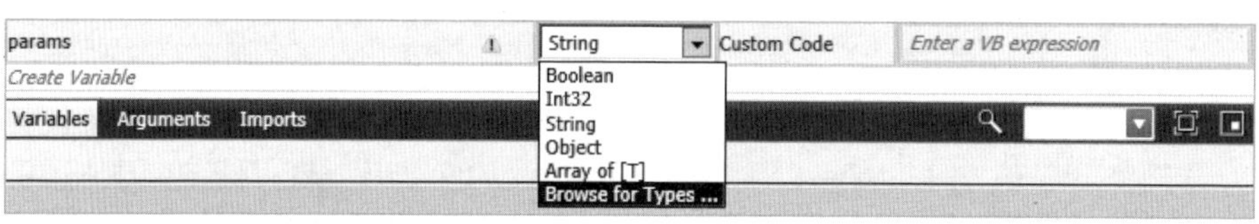

Abb. 12–13 *Anlegen der »params«-Variable*

9. Anschließend öffnet sich ein weiteres Fenster, in dem der genaue Datentyp bestimmt werden kann. Für den Aufruf des PowerShell-Skript wird der Datentyp `System.Collection.Generic.Dictionary <TKey, TValue>` benötigt (die Parameter `TKey`, `TValue` bestimmen, welche Datentypen in dem Dictionary gespeichert werden können). Geben Sie in der Textbox **TypeName** den Dictionary-Datentyp ein, und verwenden Sie für `TKey` und `TValue` **String** als Wert (siehe Abb. 12–14).

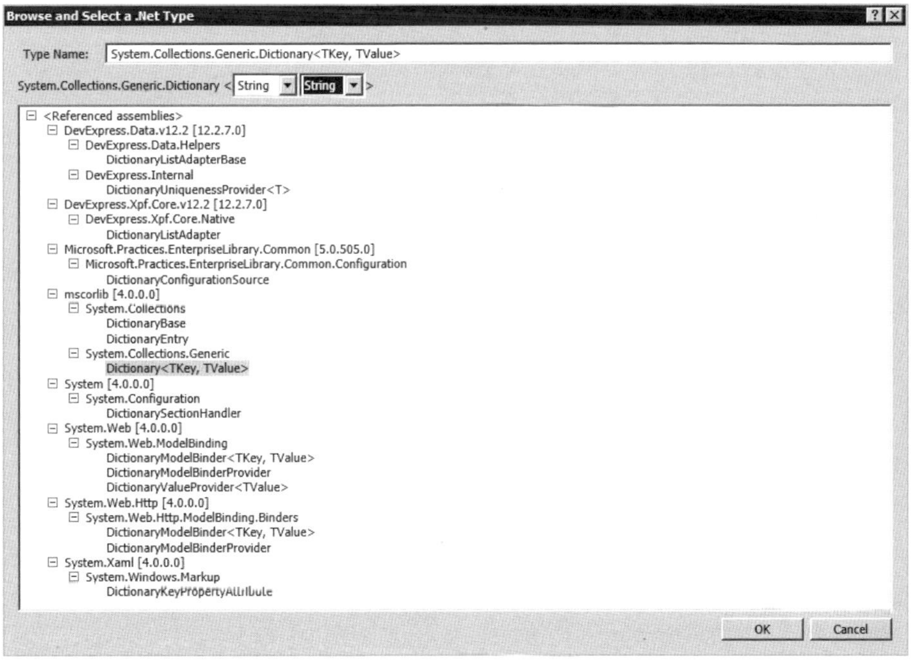

Abb. 12–14 *Bestimmen der Dictionary-Datentypen*

10. Nachdem das Dictionary-Objekt erstellt worden ist, können Sie es befüllen. Dabei muss ein Eintrag gesetzt werden. Da das PowerShell-Skript eine Variable mit dem Namen `VirtualMachineName` erwartet, soll diese auch in dem Dictionary-Objekt entsprechend gesetzt werden.

    Ziehen Sie dazu aus der Toolbox einen **Assign**-Task in den Workflow, und verbinden Sie diesen mit der vorigen **GetMachineName**-Komponente.
11. Der Assign-Task kann wie folgt konfiguriert werden (siehe Abb. 12–15):

    To: »args("VirtualMachineName«)«
    Value: »vmName«

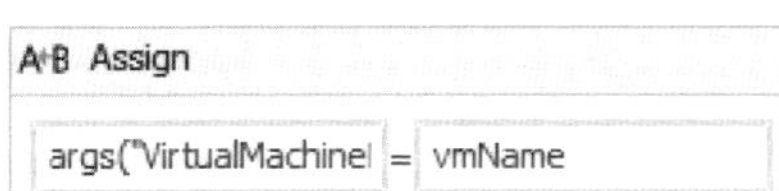

Abb. 12–15 *Assign-Task*

Anschließend kann endlich das PowerShell-Skript aufgerufen werden. Dies gelingt durch die **ExecutePowerShellScript**-Aktivität. Ziehen Sie daher die Aktivität aus der Toolbox in den Workflow, und verbinden Sie sie mit dem vorigen Task (siehe Abb. 12–16).

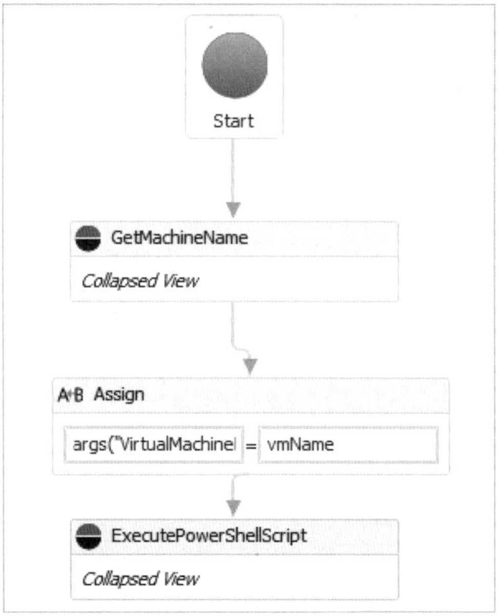

Abb. 12–16 *Workflow mit PowerShell-Aufruf*

12. Die **ExecutePowerShellScript**-Komponente muss natürlich noch konfiguriert werden. Klicken Sie dazu doppelt auf die Komponente, und füllen Sie die Werte wie folgt aus (siehe Abb. 12–17):

    Script Name: der Name des Skripts, der beim Hochladen mit CloudUtil vergeben worden ist.
    Machine Id: »virtualMachineId«
    Arguments: »args«

Abb. 12–17 *Konfiguration des »ExecutePowerShellScript«-Tasks*

13. Nun ist der Workflow fertig implementiert und kann abgespeichert werden. Klicken Sie dazu auf den **Send**-Button in der oberen Menüleiste.

Damit der Workflow auch tatsächlich ausgeführt wird, ist aber noch eine Konfiguration im Blueprint notwendig. Öffnen Sie dazu den entsprechenden Blueprint, und führen Sie die folgenden Schritte aus:

14. Gehen Sie innerhalb des Blueprints auf die Registerkarte **Properties**.
15. Erstellen Sie eine neue Property mit dem Namen **ExternalWFStubs.MachineProvisioned** (siehe Abb. 12–18).

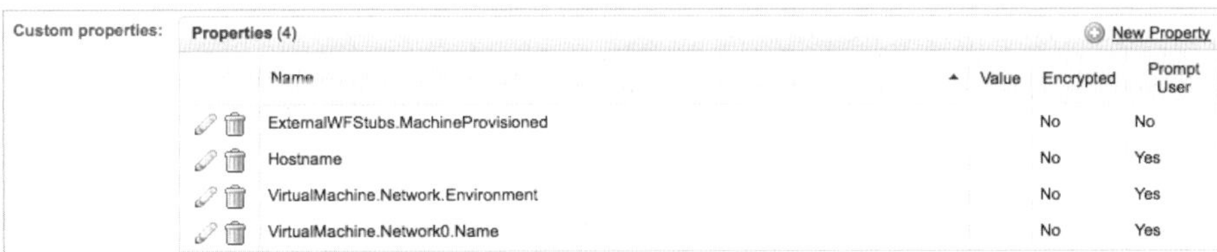

Abb. 12–18 *Aktivieren des Workflows für einen Blueprint*

16. Vergeben Sie keinen Value für die Property, und speichern Sie sie ab.
17. Klicken Sie auf **OK**, um Ihre Änderungen abzuspeichern.

Hintergrund: Aktivierung von Workflows

Nicht nur MachineProvisioned-Workflows müssen im Blueprint aktiviert werden, sondern auch alle anderen Workflows. Dabei sind folgende Properties zu verwenden:

- WFStubBuildingMachine: ExternalWFStubs.BuildingMachine
- WFStubMachineDisposing: ExternalWFStubs.MachineDisposing
- WFStubUnprovisionMachine: ExternalWFStubs.UnprovisionMachine
- WFStubMachineRegistered: ExternalWFStubs.MachineRegistered
- WFStubMachineExpired: ExternalWFStubs.MachineExpired

12.2.1 Weitere Workflow-Aktivitäten

Wie in der Designer-Toolbox ersichtlich, existiert eine Reihe von weiteren vRealize-Automation-Tasks. Die wichtigsten davon sollen an dieser Stelle kurz vorgestellt werden:

- **CreateRepositoryServiceContext:**
  Erstellt einen Context für die Kommunikation mit dem Model Manager.
- **AddLink/DeleteLink:**
  Erstellt im Context einen Link für zwei Objekte bzw. löscht diesen wieder.

- SetLink:
  Verbindet zwei Entitäten mit einem Link.
- AddObject/UpdateObject/DeleteObject:
  Dienen zum Erstellen, Updaten bzw. Löschen eines Objekts und zum Ablegen der Information im Context.
- UpdateObjekt:
  Dient zum dauerhaften Speichern des Objekts. Muss nach AddObject/DeleteObject aufgerufen werden.
- AttachTo:
  Fügt ein Objekt zum Context hinzu.
- LoadProperty:
  Dient zum Nachladen einer Property aus dem Context.
- InvokeRepositoryWorkflow:
  Dient zum Aufrufen eines Workflows.
- SaveChanges:
  Dient zum dauerhaften Speichern der Änderungen. Muss verpflichtend nach einer Änderung aufgerufen werden.
- ExecuteSshScript:
  Dient zum Ausführen eines SSH-Skripts.
- GetMachineName:
  Lädt den Benutzernamen des Besitzers der Maschine.
- GetMachineProperties:
  Lädt die Custom Properties einer Maschine.
- GetMachineProperty:
  Lädt den Wert einer Custom Property.
- GetScriptForName:
  Lädt den Inhalt eines Skriptes, das in den Model Manager hochgeladen worden ist.
- InvokePowerShell:
  Dient zum Ausführen von PowerShell-Befehlen.
- InvokeSSHComand:
  Dient zum Ausführen eines SSH-Befehls.
- LogMachineEvent:
  Dient zum Loggen in das Userlog des Machine Owner.
- LogMessage:
  Dient zum Loggen in das DEM-Log.
- RunProcess:
  Dient zum Ausführen eines Prozesses.

- **SendEmail:**
  Dient zum Verschicken einer Mail.
- **SetMachineProperty:**
  Ändert eine Custom Property einer Maschine.
- **SetWorkflowResult:**
  Modifiziert den Rückgabestatus des Workflows.

12.3 vCenter Orchestrator

Der vCenter Orchestrator stellt das zweite Tool dar, mit dem man einfach Workflows für vRealize Automation implementieren kann. Damit der Orchestrator einsatzbereit ist, müssen Sie ihn jedoch zuerst aktivieren. In einem zweiten Schritt ist es notwendig, eine Verbindung zwischen dem vRealize-Automation-Portal und der Orchestrator-Instanz herzustellen. Beide Schritte sollen im Folgenden gezeigt werden.

12.3.1 Konfiguration von Orchestrator

In der vRealize Automation Appliance ist bereits eine Orchestrator-Instanz enthalten. Jedoch muss der Dienst noch gestartet werden. Dies geht wie folgt:

1. Loggen Sie sich mit einem SSH-Client als »root« an der vRealize Automation Appliance ein.
2. Geben Sie den Befehl `service vco-configurator start` ein.
3. Öffnen Sie die Seite `https://<vrealize-automation-appliance.domain.name>` in einem Browser.
4. Klicken Sie unten im Fenster auf den Link **vCenter Orchestrator Configurator.**
5. Melden Sie sich mit dem Usernamen **vmware** und dem Passwort **vmware** an. Anschließend müssen Sie das Passwort ändern.
6. Überprüfen Sie die vCO-Konfiguration. Wenn in allen Kategorien ein grüner Knopf erscheint, ist Orchestrator einsatzbereit. Gegegebenfalls müssen Sie jedoch die Lizenzinformationen aktualisieren. Da Orchestrator in vCenter Server enthalten ist, empfiehlt es sich, die Lizenzierung über vCenter Server laufen zu lassen.

12.3.2 Anlegen des Orchestrator Endpoints

Im nächsten Schritt kann eine Verbindung zwischen vRealize Automation und der Orchestrator-Instanz hergestellt werden. Zu diesem Zweck muss ein Orchestrator-Endpoint erstellt werden, was wie folgt geschehen kann:

1. Melden Sie sich in im vRealize-Automation-Self-Service-Portal als IaaS-Administrator an.
2. Wechseln Sie auf die Seite **Infrastructure > Endpoints > Endpoints**.
3. Wählen Sie **New Endpoint > Orchestration > vCenter Orchestrator**. Das **Endpoint**-Dialogfeld öffnet sich (siehe Abb. 12–19).
4. Vergeben Sie im Feld **Name** eine Bezeichnung für den Endpoint.
5. Im Feld **Description** können Sie optional eine Beschreibung eingeben.
6. Tragen Sie die Adresse der Orchestrator-Instanz im Feld **Address** ein. Dabei gibt es je nach Orchestrator-Version unterschiedliche Formate:
   - Orchestrator 5.1: http://<hostname>:port
   - ab Orchestrator 5.5: http://<hostname>:port/vco

   Im Falle der in der vRealize Automation Appliance integrierten Orchestrator-Instanz würde dies bedeuten: https://<vrealize-automation-appliance.domain.name>:8281/vco
7. Als Nächstes müssen die Verbindungsdaten eingegeben werden. Klicken Sie dazu auf **Credentials**. Die mitgelieferte Orchestrator-Instanz verwendet als Benutzername administrator@vsphere.local (das Passwort wurde beim Einrichten der SSO-Komponente gesetzt).
8. Da es mehrere Orchestrator-Endpoints geben kann, müssen Sie zum Abschluss noch die Priorität des Endpoints festlegen. Klicken Sie dazu auf den Link **New Property**. Benennen Sie die Property anschließend mit der folgenden Bezeichung: **VMware.VCenterOrchestrator.Priority**, und vergeben Sie als **Value** 1.
9. Speichern Sie die Property mit dem **Save**-Button.
10. Schließen Sie die Konfiguration des Endpoints mit dem **OK**-Button ab.

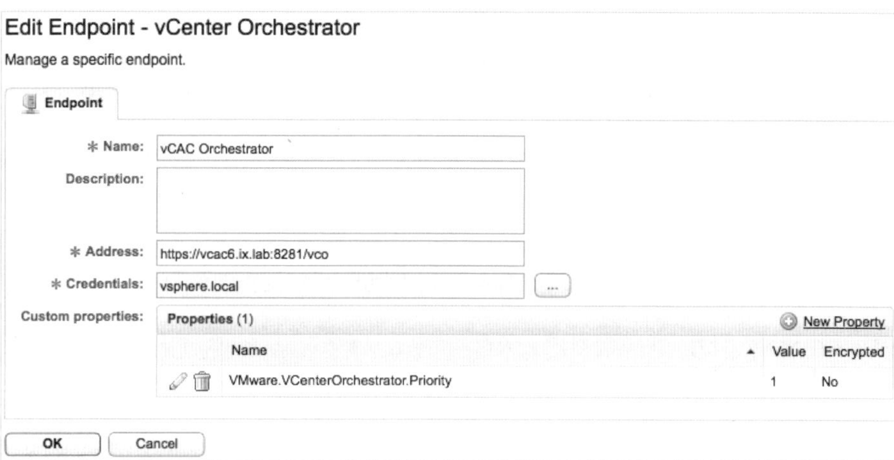

Abb. 12–19 Konfiguration des Orchestrator-Endpoints

> **Tipp: Orchestrator-Konfiguration auf Blueprint-Ebene**
>
> Falls es verschiedene Orchestrator-Instanzen im Netzwerk gibt, kann es manchmal sinnvoll sein, im Blueprint zu bestimmen, auf welcher Orchestrator-Instanz ein Workflow ausgeführt werden soll. Um dies zu realisieren, muss im Blueprint die VMware.VCenterOrchestrator.EndpointName-Property definiert werden. Als Wert geben Sie dabei den Namen des Endpoints an.

12.3.3 Installation des Orchestrator-Clients

Der Orchestrator-Client kann ebenfalls von der vRealize Automation Appliance heruntergeladen werden (https://<vrealize-automation-appliance.domain.name>) heruntergeladen werden. Klicken Sie dazu unten auf der Seite auf den **vCenter Orchestrator Client**-Link. Wie wir bereits erwähnt haben, ist der Client in Java programmiert, so dass eine aktuelle Java-Version auf dem Rechner vorinstalliert sein muss. Nach der Installation kann die Anwendung gestartet werden.

> **Tipp: Orchestrator Client unter Windows**
>
> Je nach vorinstallierter Java-Version kann es passieren, dass der Orchestrator-Client unter Windows nicht gestartet werden kann, falls in vRealize Automation mit selbst signierten Zertifikaten gearbeitet wird. In diesem Fall müssen Sie eine Ausnahmeregel für den Orchestrator-Client eintragen. Öffnen Sie dazu die Systemsteuerung, und wechseln Sie in die Java-Konfiguration. Auf der Registerkarte **Security** können Sie eine Ausnahmeregel definieren. Klicken Sie auf **Edit Site List**, und tragen Sie als **Location** https://<vrealize-automation-appliance.domain.name>8281 ein (siehe Abb. 12–20).

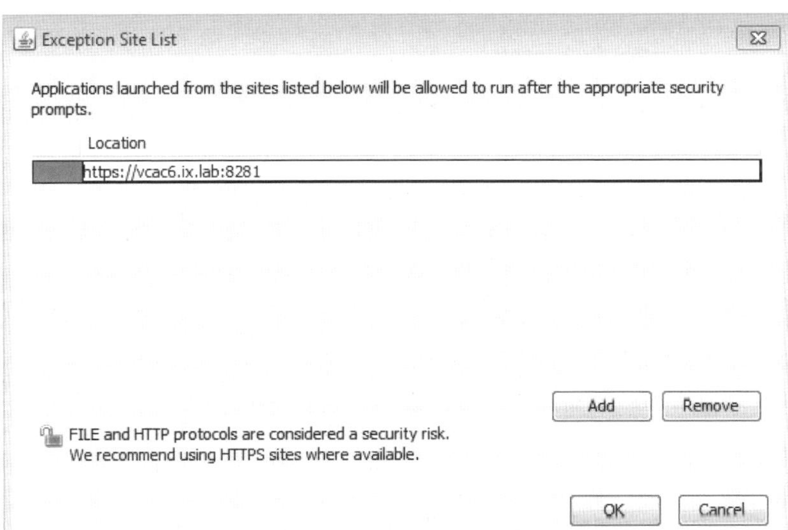

Abb. 12–20 *Java Webstart-Security*

Tipp: Hinzufügen weiterer Benutzer für den Orchestrator-Client

Standardmäßig kann sich nur der Benutzer `administrator@vsphere.local` am Orchestrator-Client anmelden. Sollen dies auch andere Benutzer tun können, muss dies in der vCenter-SSO-Komponente eingerichtet werden. Öffnen Sie dazu den vSphere-Webclient, und wechseln Sie links im Menü auf **Administration > Single Sign On > User and Groups**. Wechseln Sie anschließend auf die Registerkarte **Groups**, und suchen Sie die Gruppe **vcoadmins**. Im unteren Bereich können Sie Gruppenmitglieder hinzufügen. Klicken Sie auf das Hinzufügen-Symbol, wählen Sie Ihre Domäne aus, und fügen Sie die entsprechenden Benutzer hinzu (siehe Abb. 12–21).

Sobald der Vorgang abgeschlossen ist, können Sie im Orchestrator-Client sich mit den neuen Benutzern anmelden.

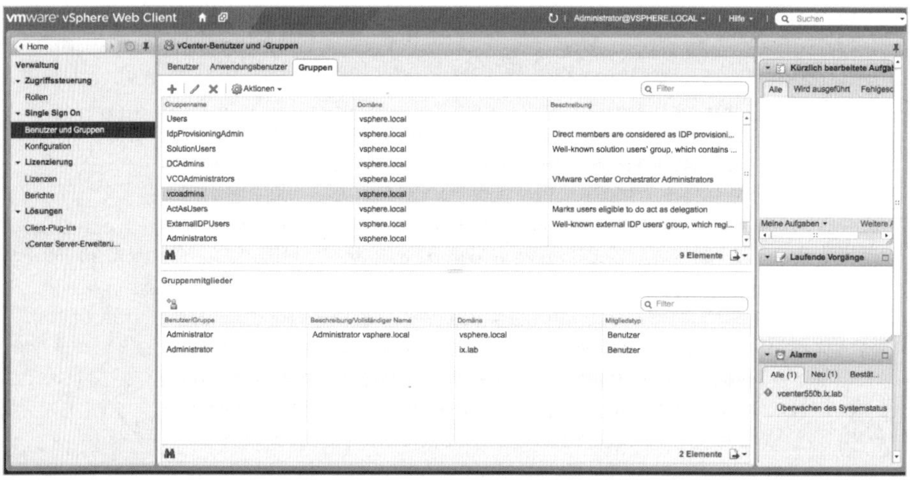

Abb. 12–21 *Hinzufügen von Orchestrator-Client-Benutzern*

12.3.4 Konfiguration von Orchestrator

Wir haben bereits gezeigt, wie eine Anbindung von Orchestrator an vRealize Automation durch einen Endpoint erfolgen kann. Dies ist interessant, wenn vRealize Automation z.B. während der Provisionierung Orchestrator aufrufen soll. Oft ist aber auch der andere Weg wichtig, so dass Orchestrator auf vRealize Automation zugreifen kann. Darüber hinaus kann Orchestrator auch auf die Objekte innerhalb von vCenter Server und Active Directory zugreifen.

12.3.4.1 Installation des vRealize Automation Plug-Ins

Falls Orchestrator in einer Standalone-Version benutzt wird, muss noch das *vRealize Automation Plug-In* installiert werden. (siehe Abb. 12–22). Das Plug-In können Sie im Downloadbereich von VMware herunterladen. Die Installation erfolgt dann anschließend über die VMware-vCenter-Orchestrator-Configuration-Webseite.

Im Menüpunkt **Plug-In** müssen Sie dazu zuerst oben im Dialogfeld die Zugangsdaten eines Benutzers der Orchestrator-Admin-Gruppe eingeben. Anschließend kann das Plug-In hochgeladen werden. Nach Abschluss der Installation muss der Orchestrator-Server noch neu gestartet werden (**Startup Options**). Anschließend können Sie das Plug-In im Orchestrator-Client nutzen.

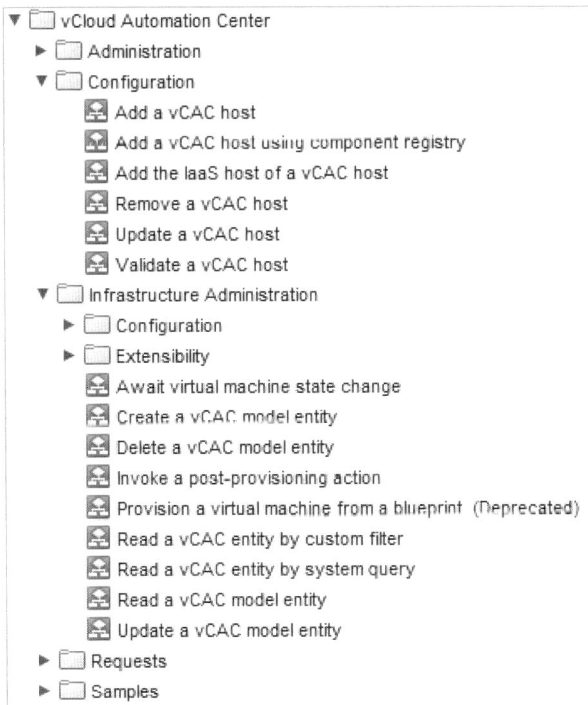

Abb. 12–22 *Workflows des vCAC-Plug-Ins*

Insgesamt werden durch das vRealize Automation Plug-In um die hundert verschiedene Workflows bereitgestellt, die in die entsprechenden Unterordner gruppiert sind. Diese lassen wie folgt beschreiben:

- Der `Administration`-Ordner gruppiert Workflows, in denen Administrationsvorgänge automatisiert werden können. Dies umfasst das Automatisieren von Approval Policies, Advanced Service Designer, Business Groups, Catalog Items, Entitlements, Services und Tenants.
- Die Workflows zur Anbindung und Konfiguration von vRealize Automation finden Sie im `Configuration`-Ordner.
- Der Ordner `Infrastructure Administration` umfasst Workflows, um den Provisionierungsprozess anzupassen bzw. weitere Menü-Actions hinzuzufügen.
- Der `Request`-Ordner beinhaltet Workflows zum Zugriff auf den Service Catalog.
- Der `Sample`-Ordner zeigt Beispielimplementierungen.

12.3.4.2 Anbindung von vRealize Automation und Orchestrator

Die Anbindung kann im Orchestrator wie folgt geschehen:

1. Wechseln Sie im Orchestrator in den **Run**-Modus (Dropdown-Liste oben links).
2. Wechseln Sie im linken Navigationsbereich auf die Registerkarte **Workflow.**
3. Klappen Sie den Ordner **Library > vCloud Automation Center > Configuration** auf.
4. Jetzt muss der vRealize-Automation-Rechner hinzugefügt werden. Starten Sie dazu den Workflow **Add a vRealize Automation Host.** Verwenden Sie dafür folgende Werte (siehe Abb. 12–23), und klicken Sie dann auf **Next:**
   - **Host Name:**
     Name Ihres vRealize-Automation-Servers
   - **Host URL:**
     URL des vRealize-Automation-Servers
   - **Automatically install SSL certificates:**
     Yes
   - **Connection timeout** und **Operation timeout:**
     30s bzw. 60s

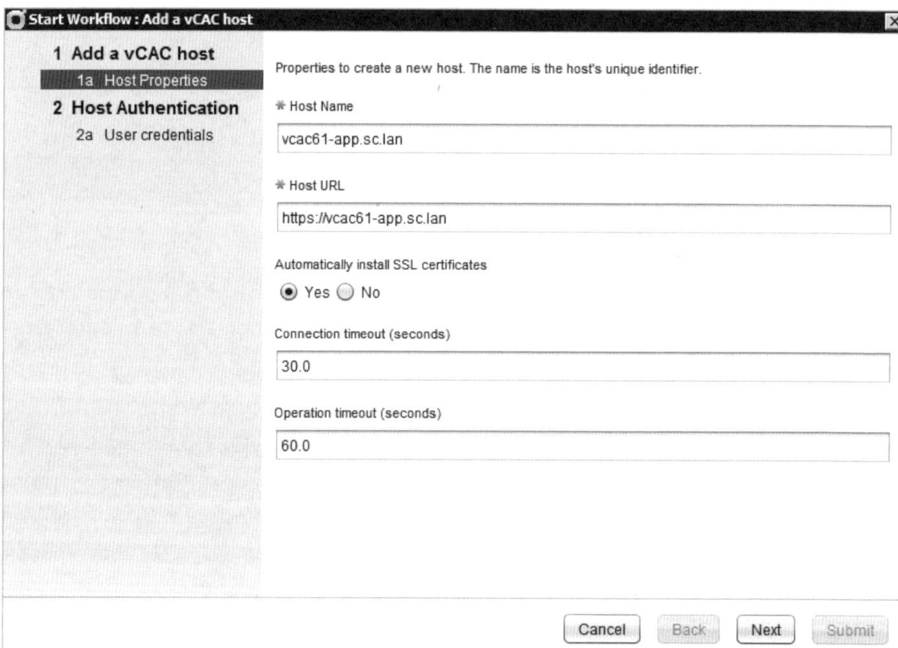

Abb. 12–23 *Workflow für den vRA-Host*

5. Als Nächstes geben Sie die Benutzerdaten für die Authentifzierung ein (siehe Abb. 12–24):
   - Stellen Sie bei **Session mode** die Option **Shared Session** ein.
   - Geben Sie den **Tenant**-Namen ein.
   - Tragen Sie den Benutzernamen und das Passwort ein.

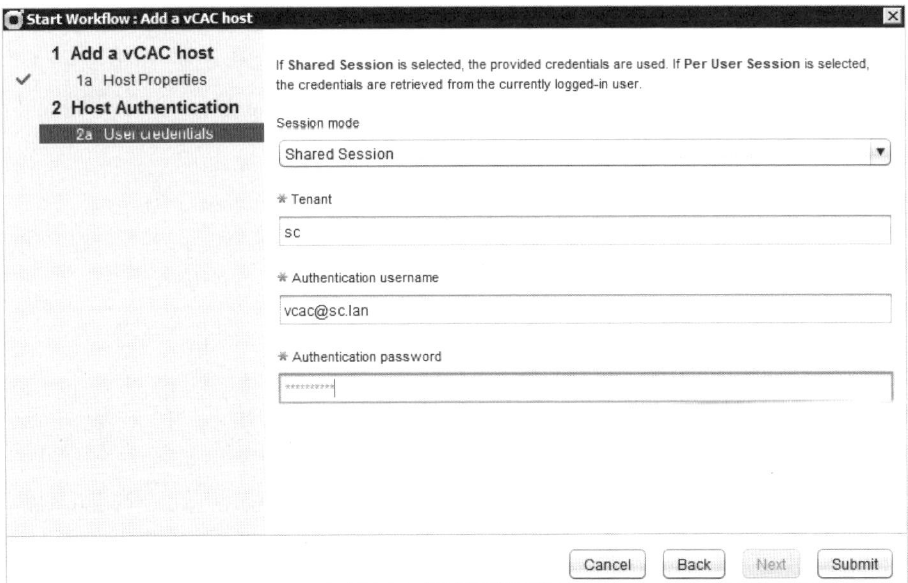

Abb. 12–24 *Eingabe der vCAC-Host-Credentials*

Nachdem der vRealize-Automation-Host hinzugefügt worden ist, kann der IaaS-Rechner in einem zweiten Schritt konfiguriert werden:

6. Wechseln Sie im Orchestrator in den **Run**-Modus (Dropdown-Liste oben links).
7. Wechseln Sie im linken Navigationsbereich auf die Registerkarte **Workflows**.
8. Klappen Sie den Ordner **Library > vCloud Automation Center > Configuration** auf.
9. Starten Sie den Workflow **Add the IaaS host of a vCAC Host.**
10. Übernehmen Sie auf der ersten Maske den vRealize-Automation-Server, den Sie eben angelegt haben.
11. Tragen Sie in das zweite Dialogfeld den Namen und die URL des IaaS-Servers ein (z.B. `https://vcac61-iaas.sc.lan`), und klicken Sie auf **Next**.
12. Überprüfen Sie auf der nächsten Seite, dass der **Session mode** auf **Shared Session** gesetzt worden ist, und hinterlegen Sie Username und Passwort (siehe Abb. 12–25). Klicken Sie dann auf **Next**.
13. Tragen Sie Ihren Domänennamen im NTLM-Format ein (also z.B. `SC`), und starten Sie den Workflow.

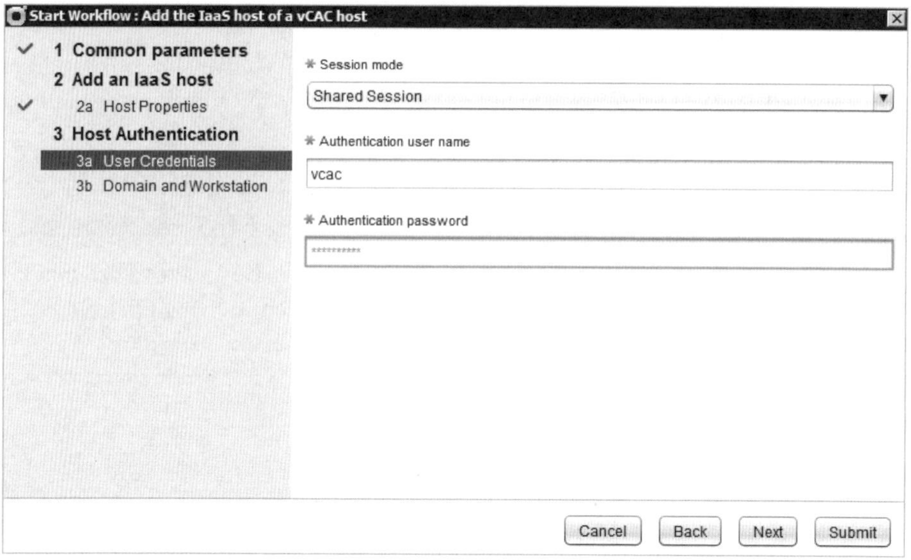

Abb. 12–25 *Eingabe der IaaS-Credentials*

Einspielen der Extensibility-Workflows

Zum Schluss sollten noch die Extensibility-Workflows eingerichtet werden. Diese ermöglichen es (analog zu vCAC Designer), den Provisionierungsprozess von vRealize Automation anzupassen bzw. Custom Menu Actions zu erzeugen. Mithilfe des Extensibility-Workflows wird darüber hinaus die Anzahl der Custom Menus von 4 auf 16 erhöht.

Führen Sie folgende Schritte aus, um den Workflow einzuspielen:

1. Wechseln Sie im Orchestrator in den **Run**-Modus (Dropdown-Liste oben links).
2. Wechseln Sie im linken Navigationsbereich auf die Registerkarte **Worfklows.**
3. Klappen Sie den Ordner **Library > vCloud Automation Center > Infrastructure Administration > Extensibility > Installation** auf.
4. Starten Sie den Workflow **Install vCO Customization.**
5. Definieren Sie im ersten Dialog-Fenster, auf welchen vRealize-Automation-Host die zusätzlichen Workflows eingespielt werden sollen.
6. Im zweiten Menü-Dialog können Sie festlegen, welche State Change Stub geändert werden sollen.
7. Im letzten Konfigurationsfenster regeln Sie, wie viele Menu Actions eingespielt werden.

12.3.4.3 Anbindung an Active Directory

Da es in Workflows oft notwendig ist, Informationen in Active Directory zu lesen bzw. abzuspeichern, sollte auch hierfür eine Anbindung in Orchestrator konfiguriert werden.

Beachten Sie hierbei, dass Orchestrator für die Kommunikation mit Active Directory SSL-verschlüsseltes LDAP benötigt. Aufseiten von Windows ist dies jedoch nicht standardmäßig aktiviert, so dass ggf. zusätzlicher Konfigurationsaufwand entstehen kann. Im Folgenden gehen wir davon aus, dass LDAP mit SSL auf Port 636 freigeschaltet worden ist. Wenn Sie sich nicht sicher sind, können Sie dies mit Tools wie *ldp.exe* (bei Windows Server enthalten) überprüfen.

Anschließend können Sie Active Directory wie folgt einbinden:

1. Schalten Sie im Orchestrator auf die **Run**-Ansicht um.
2. Wechseln Sie auf die Registerkarte **Workflows**.
3. Erweitern Sie anschließend links in der Workflow-Hierarchie den Ordner **Library > Microsoft > Active Directory > Configuration**.
4. Starten Sie den Workflow **Configure Active Directory server**.

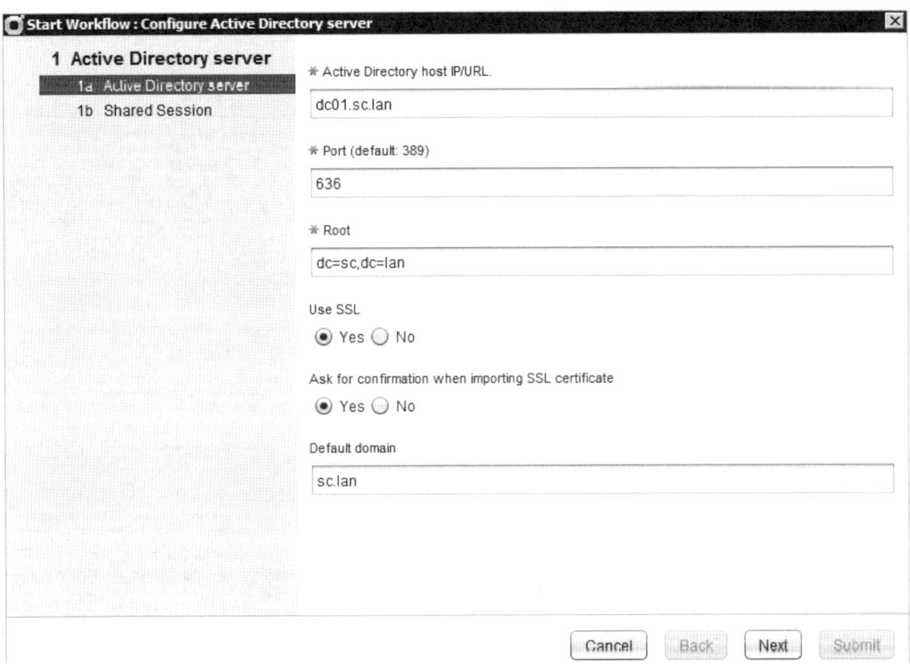

Abb. 12–26 Der Workflow »Configure Active Directory server«

5. Vergeben Sie dabei die Parameter so wie in Abbildung 12–26 dargestellt.
6. Klicken Sie auf **Next** und dann auf **Submit**.

Wenn alles funktioniert hat, können Sie in der Administrator-Ansicht die Anbindung überprüfen (siehe Abb. 12–27).

Abb. 12–27 *Überprüfen der Active Directory-Anbindung*

12.3.5 vRealize-Automation-Workflows mit Orchestrator

Wie bereits erwähnt wurde, ermöglicht es Orchestrator, MachineProvisioned- und StateChanged-Workflows zu implementieren. Konzeptionell kann die Logik in normalen Orchestrator-Workflows implementiert werden. Damit diese jedoch mit vRealize Automation verbunden werden, ist es notwendig, einen der in Abb. 12–28 gezeigten vRealize-Automation-Workflows aufzurufen (Ordner **Library > vCloud Automation Center > Infrastructure Administration > Extensibility**):

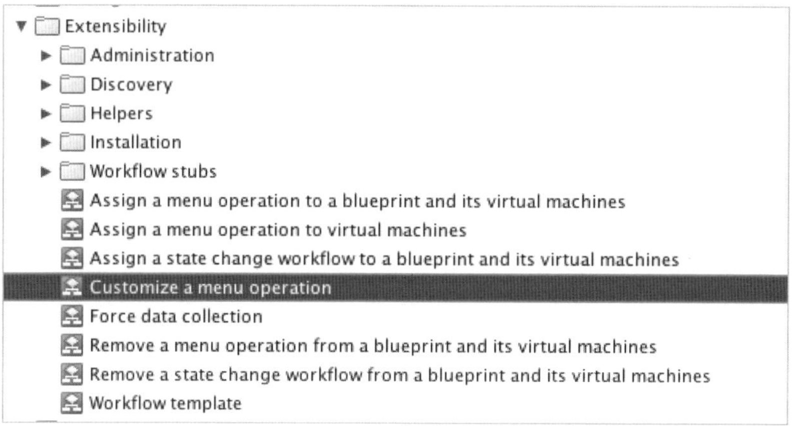

Abb. 12–28 *Extensibility-Workflows*

- **Customize a menu operation:**
  Dieser Workflow ermöglicht es Ihnen, die mitgelieferten Workflow-Stubs mit einem Namen zu versehen, der später in der vRealize-Automation-GUI auch angezeigt wird (siehe Abb. 12–29). Dabei können Sie zusätzlich ein Icon für die Operation und notwendige Berechtigungen hinterlegen. Darüber hinaus können Sie festlegen, ob die Operation im eingeschalteten oder im ausgeschalteten Zustand ausgeführt werden kann.

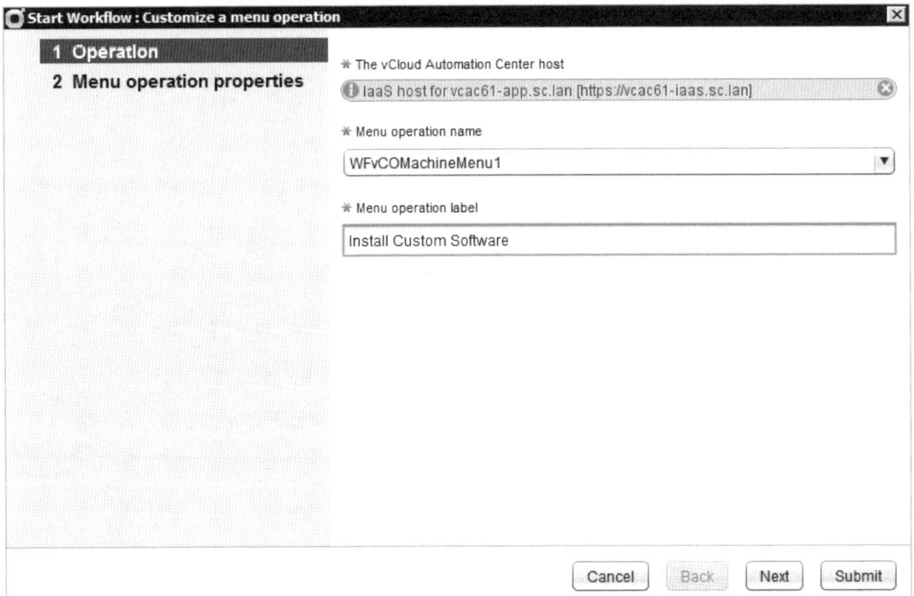

Abb. 12–29 *Der »Customize a menu operation«-Workflow*

- Der Workflow **Assign a menu operation to virtual machines** erlaubt es, einen vRealize-Automation-Workflow an vorhandene virtuelle Maschinen zu binden.
- Mit dem Workflow **Assign a menu operation to a blueprint and its virtual machines** ist es möglich, einen Workflow auch auf einen Blueprint anzuwenden. Nach der Ausführung sind zusätzliche Actions auf der Blueprint-Definition zu sehen (siehe Abb. 12–31).
- **Assign a state change workflow to a blueprint and its virtual machines:** Damit ist es möglich, einen StageChanged-Workflow zu installieren.

Nach der Zuweisung eines Orchestrator-Workflows kann überprüft werden, ob dies auch erfolgreich geschehen ist. Damit Orchestrator Parameter von vRealize Automation erhalten kann, wird die Blueprint-Definition um eine Reihe von Custom-Properties ergänzt (siehe Abb. 12–30).

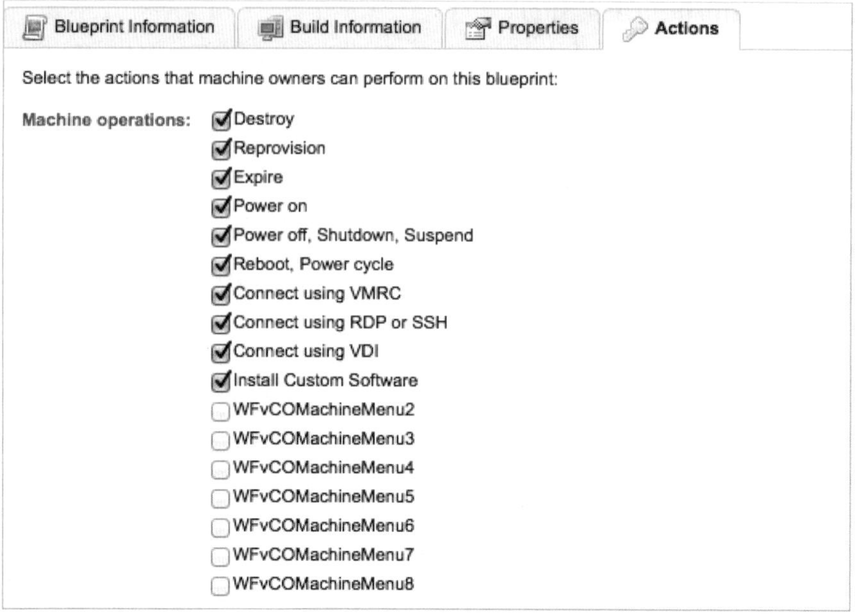

Abb. 12–30 *Blueprint-Actions nach Ausführung der Extensibility-Workflows*

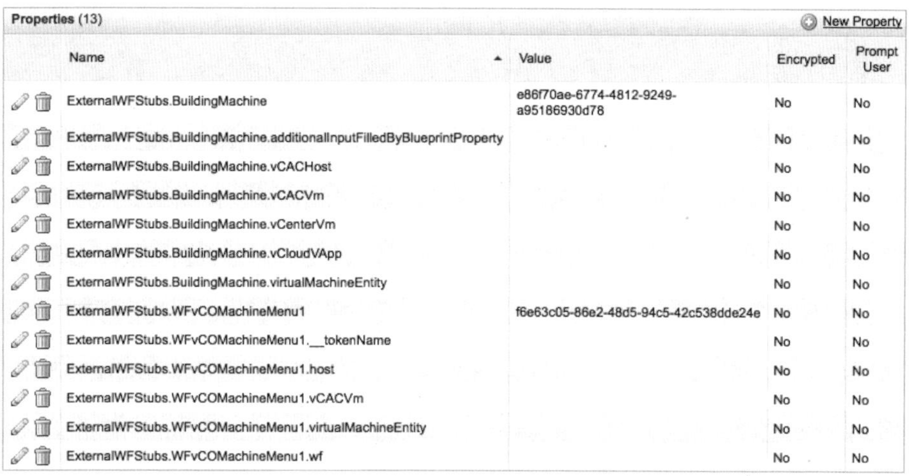

Properties (13) New Property

Name	Value	Encrypted	Prompt User
ExternalWFStubs.BuildingMachine	e86f70ae-6774-4812-9249-a95186930d78	No	No
ExternalWFStubs.BuildingMachine.additionalInputFilledByBlueprintProperty		No	No
ExternalWFStubs.BuildingMachine.vCACHost		No	No
ExternalWFStubs.BuildingMachine.vCACVm		No	No
ExternalWFStubs.BuildingMachine.vCenterVm		No	No
ExternalWFStubs.BuildingMachine.vCloudVApp		No	No
ExternalWFStubs.BuildingMachine.virtualMachineEntity		No	No
ExternalWFStubs.WFvCOMachineMenu1	f6e63c05-86e2-48d5-94c5-42c538dde24e	No	No
ExternalWFStubs.WFvCOMachineMenu1.__tokenName		No	No
ExternalWFStubs.WFvCOMachineMenu1.host		No	No
ExternalWFStubs.WFvCOMachineMenu1.vCACVm		No	No
ExternalWFStubs.WFvCOMachineMenu1.virtualMachineEntity		No	No
ExternalWFStubs.WFvCOMachineMenu1.wf		No	No

Abb. 12–31 *Zusätzliche Custom Properties nach Orchestrator-Customization*

12.4 Zusammenfassung

In diesem Kapitel wurde das Zusammenspiel von vRealize Automation mit vCAC Designer sowie vCenter Orchestrator beschrieben. Wir haben darauf hingewiesen, dass Orchestrator in den Zukunftsplänen von vRealize Automation eine wichtigere Rolle als vCAC Designer einnimmt. Orchestrator muss jedoch für die Anbindung an vRealize Automation noch konfiguriert werden. Dies haben wir schrittweise gezeigt, und wir haben erläutert, wie einfache Workflows implementiert werden können.

13 Advanced Service Designer

In vRealize Automation können Sie nicht nur Maschinen bereitstellen, sondern auch Dienste in einem Self-Service Portal veröffentlichen. Diese Services werden unter dem Begriff *Anything as a Service* (XaaS) zusammengefasst.

Für die Bereitstellung von XaaS-Diensten wird mindestens eine Advanced-Lizenz von vRealize Automation benötigt. Dabei werden die Workflows im Hintergrund durch vCenter Orchestrator ausgeführt – der Advanced Service Designer (ASD) stellt somit das Tool dar, mit dem diese Orchestrator-Workflows in vRealize Automation integriert werden können.

in diesem Kapitel erläutern wir zuerst die Anwendungsgebiete des Advanced Service Designers. Anschließend zeigen wir Ihnen, wie er konfiguriert wird, und zum Schluss demonstrieren wir anhand eines Beispiels die Einbindung eines Workflows.

13.1 Anwendungsgebiete von XaaS

Auf abstrakter Ebene sind die Möglichkeiten von XaaS schnell erläutert:

- Es beginnt mit dem Erstellen und Veröffentlichen von benutzerdefinierten Ressourcen. Ressourcen können dabei fast alles sein, z. B. Benutzer, Dateien, Cluster oder auch ganze Umgebungen.
- Nachdem Ressourcen erstellt worden sind, ist es möglich, auf ihnen Aktionen (Resource Actions) auszuführen. Ein durch vRealize Automation angelegter Benutzer kann beispielsweise deaktiviert bzw. wieder gelöscht werden. Weil die Ausführungszeit dieser Aktionen nicht mit der Erstellungszeit zusammenfällt, sondern die Aktionen ggf. erst an einem »zweiten« Tag ausgeführt werden, heißen derartige Aktionen auch *Day-2 operations*.
- Darüber hinaus können auch ganze Services bereitgestellt werden. Dies gelingt mit einem Service Blueprint.

Auf konkreter Ebene eignen sich XaaS-Lösungen vor allem für Prozesse, die im Unternehmen einerseits oft erledigt werden müssen und andererseits gut automatisierbar sind. Beispiele für derartige Prozesse sind unter anderem:

- Benutzerverwaltung, z.B. das Anlegen von neuen Benutzern, das Aktivieren bzw. Deaktivieren der Konten bzw. das Zurücksetzen von Passwörtern
- E-Mail-Konfiguration
- Bereitstellen von zusätzlichem Storage-Speicher. Dieser Vorgang wird auch oft als *Storage as a Service* bezeichnet.
- Erzeugen von Netzwerken
- Ausführen von Backup und Recovery
- Security- und Compliance-Vorgänge
- Installation von zusätzlicher Software bzw. von Updates

Auch wenn die Beispiele oft trivial wirken, ist es in der Praxis häufig so, dass gerade die Automatisierung derartiger einfacher Workflows eine spürbare Entlastung für die IT-Abteilung bringt. Dabei ist es gar nicht notwendig, dass sofort alle Aktivitäten in vRealize Automation implementiert werden, vielmehr kann dabei inkrementell vorgegangen werden. Das heißt, immer, wenn bemerkt wird, dass eine Funktionalität des Öfteren benötigt wird, kann diese auch über vRealize Automation automatisiert zugänglich gemacht werden.

Der Advanced Service Designer ist darüber hinaus auch für Drittanbieter interessant, weil er es erlaubt, vRealize Automation um eigene Services zu ergänzen. In diesem Fall werden zumeist Orchestrator-Plug-Ins ausgeliefert, die mittels Konfiguration-Workflows in vRealize Automation installiert werden. Beispiele hierfür sind die Storage-Workflows von EMC oder das NetApp WFA Command Package.

13.2 Konfiguration des Advanced Service Designer

13.2.1 Zuweisen der Service-Architect-Rolle

Bevor Sie mit der Konfiguration des Advanced Service Designer beginnen können, müssen Sie als Erstes sicherstellen, dass die notwendigen Berechtigungen vorliegen. Die dazu notwendige Rolle ist die des *Service Architect*. Diese Rolle erlaubt sowohl das Anlegen von benutzerdefinierten Ressourcen und Ressourcenaktionen als auch das Veröffentlichen in den Service Catalog. Die Konfiguration kann wie folgt stattfinden:

1. Wechseln Sie auf die Seite **Administration > Users**.
2. Geben Sie im Textfeld oben rechts den Benutzer ein, dessen Berechtigungen und Rollen Sie ändern wollen.
3. Markieren Sie den entsprechenden Benutzer, und klicken Sie auf **Edit**.
4. Aktivieren Sie im Panel **Add roles to this User** die Service-Architect-Rolle, und klicken Sie auf **Update** (siehe Abb. 13–1).

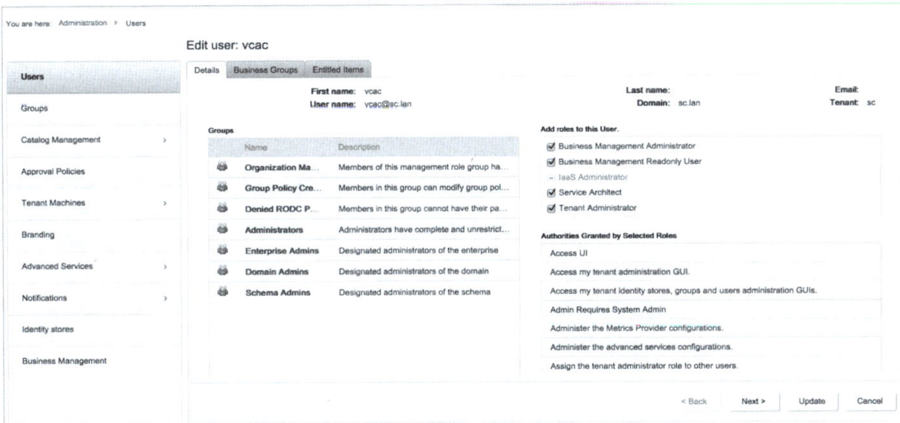

Abb. 13–1 *Advanced Service Designer – Menü*

5. Damit die neue Rollenmitgliedschaft wirksam wird, müssen Sie sich jedoch noch abmelden und neu einloggen. Anschließend erscheint in der Hauptnavigation der zusätzliche Menüpunkt **Advanced Services**. Abbildung 13–2 zeigt die darin enthaltenen Untermenüseiten.

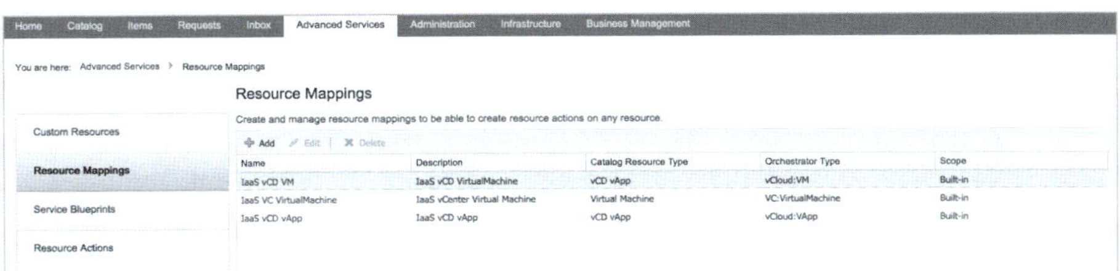

Abb. 13–2 *Die Service-Architect-Rolle aktivieren*

13.2.2 Konfiguration des Endpoints

Die Konfiguration des Advanced Service Designer findet im Menü **Administration > Advanced Services** statt.

Im Menüpunkt **Server Configuration** kann die Orchestrator-Instanz konfiguriert werden. Dabei können Sie entweder die in der vRealize Automation integrierte Orchestrator-Instanz oder eine externe Orchestrator-Instanz konfigurieren.

Im Menüpunkt **Endpoints** können die Orchestrator-Plug-Ins für vRealize Automation konfiguriert werden. Dabei stehen folgende Plug-Ins zur Verfügung:

- Active Directory
- HTTP-REST
- PowerShell
- SOAP
- vCenter Server

13.2.2.1 Konfiguration des Active-Directory-Plug-Ins

Die Konfiguration des Active-Directory-Plug-Ins ist notwendig, damit XaaS-Workflows Zugriff auf Active Directory erhalten können. Dabei müssen folgende Schritte ausgeführt werden:

1. Wechseln Sie auf die Seite **Administration > Advanced Services > Endpoints.**
2. Klicken Sie auf das »+«-Symbol, um einen Endpoint anzulegen.
3. Wählen Sie das Active Directory-Plug-In auf der Registerkarte **Plug-in** aus, und klicken Sie auf **Next.**
4. Vergeben Sie auf der Registerkarte **Endpoint** einen Namen und optional eine Beschreibung, und fahren Sie anschließend mit **Next** fort.
5. Auf der Registerkarte **Details** müssen Sie anschließend die Verbindungsdetails definieren (siehe Abb. 13–3):
   - Im **host**-Feld muss der DNS-Name bzw. die IP-Adresse des Domänencontrollers eingetragen werden.
   - Die Textbox **port** speichert den Verbindungsport des Active Directory-Servers ab. Bitte beachten Sie, dass eine normale Kommunikation mit Port 389 nicht stattfinden kann. Der SSL-Port für die LDAP-Kommunikation ist 636. (Wie wir bereits in Kapitel 12 erwähnt haben, müssen Sie vorher Active Directory für die Kommunikation mit SSL konfigurieren.)
   - Im Feld **ldapBase** speichern Sie das Root-Feld der Active Directory-Domäne.
   - Wählen Sie **Yes** in der Dropdown-Liste **useSSL.**
   - Tragen Sie im Feld **sharedUserName** einen Benutzer mit Berechtigungen auf Active Directory ein.
   - Geben Sie das zugehörige Passwort in das Feld **sharedUserPassword** ein.
6. Klicken Sie auf **Add**, um den Vorgang abzuschließen.

Nach der Konfiguration haben Sie die Möglichkeit zu überprüfen, ob die Konfiguration des Active Directory-Plug-Ins erfolgreich war. Starten Sie dazu vCenter Orchestrator, und wechseln Sie anschließend in den Run-Modus. Auf der **Workflow**-Registerkarte können Sie daraufhin zum Ordner **ASD Endpoint Configuration > Microsoft > Active Directory > Configuration** wechseln. Falls die Ausführung des Workflows *Active Directory Configuration* erfolgreich war, ist die Anbindung von Active Directory geglückt.

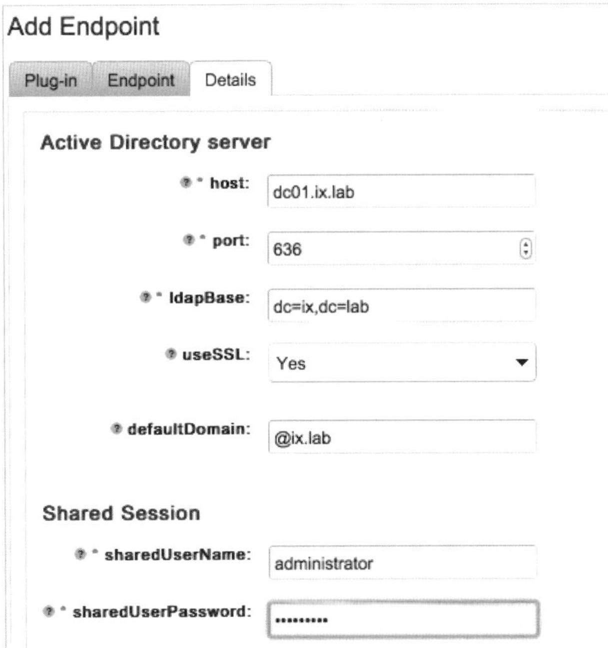

Abb. 13 3 Konfiguration des Active Directory-Plug-Ins

13.2.2.2 Konfiguration des vCenter-Server-Endpoints

Um mit dem Advanced Service Designer vCenter-Objekte erzeugen bzw. verwalten zu können, müssen Sie das vCenter-Server-Plug-In konfigurieren:

1. Wechseln Sie auf die Seite **Administration > Advanced Services > Endpoints**.
2. Klicken Sie auf das [+]-Symbol, um einen Endpoint anzulegen.
3. Wählen Sie das vCenter-Server-Plug-In auf der Registerkarte **Plug-in** aus, und klicken Sie auf **Next**.
4. Vergeben Sie auf der Registerkarte **Endpoint** einen Namen und optional eine Beschreibung, und fahren Sie anschließend mit **Next** fort.
5. Tragen Sie auf der Registrierkate **Details** folgende Werte ein:
   - Tragen Sie die IP-Adresse oder den DNS-Namen des vCenter Servers in der **host**-Textbox ein.
   - Tragen Sie den Port, z.B. 443, im Feld **port** ein.
   - Im Feld **path** muss eingetragen werden, wo die SDK zu finden ist.
6. Klicken Sie auf **Next**.
7. Tragen Sie den HTTP-Port des vCenter Servers im Feld **httpPort** ein.
8. In der Textbox **userName** muss der vCenter-Benutzername eingetragen werden.
9. Geben Sie das Passwort in der untersten Textbox ein, und schließen Sie den Vorgang mit **Add** ab.

13.3 Arbeiten mit dem Advanced Service Designer

Nachdem Sie die Konfiguration des Advanced Service Designer abgeschlossen haben, können Sie mit der Einbindung von Workflows beginnen. Als Ergebnis eines Workflows können Ressourcen erzeugt werden, auf denen wiederum Aktionen (Day-2-Operationen) ausgeführt werden können. Wenn also ein zu erstellender Workflow ein Rückgabe-Objekt hat, das als Item im Service Catalog auftauchen soll, muss dieses als Erstes definiert werden. Anschließend kann der eigentliche Service-Workflow erzeugt werden, und der Schluss besteht darin, ggf. *Resource Actions* zu implementieren.

Im Folgenden zeigen wir diese Tätigkeiten exemplarisch an einem Workflow und gehen dabei auf die Eigenheiten des Advanced Service Designer ein.

Als *Custom Resource* soll ein Active Directory-Benutzer definiert werden. Später soll dann ein Service Blueprint erzeugt werden, der mittels eines Orchestrator-Workflows einen neuen Benutzer in Active Directory anlegt. Die Resource Action besteht darin, den Active Directory-Account zu deaktivieren.

Manchmal ist es notwendig, auch Aktionen auf IaaS-Maschinen zu definieren. Im Gegensatz zu Service Blueprints werden IaaS-Maschinen jedoch nicht durch Orchestrator-Workflows erstellt, sondern durch die IaaS-Komponenten. Damit Orchestrator auf diesen Maschinen Aktionen durchführen kann, ist es notwendig, die provisionierenden Maschinen Orchestrator bekannt zu machen. Dies geschieht durch *Resource Mappings*. In vRealize Automation sind bereits drei verschiedene Mappings vordefiniert (siehe Abb. 13–4): für einfache virtuelle Maschinen, für vCloud-Director-VMs und vCloud-Director-vApps. Falls eigene Mappings hinzugefügt werden sollen, kann dies mit einem eigenen Orchestrator-Workflow geschehen. Ein derartiger Workflow muss als Eingabeparameter ein Objekt vom Typ Properties enthalten. In diesen Properties muss ein Identifier enthalten sein, der dazu genutzt werden kann, das tatsächliche Objekt in Orchestrator zu finden und einem vRealize-Automation-Datentyp zuzuweisen.

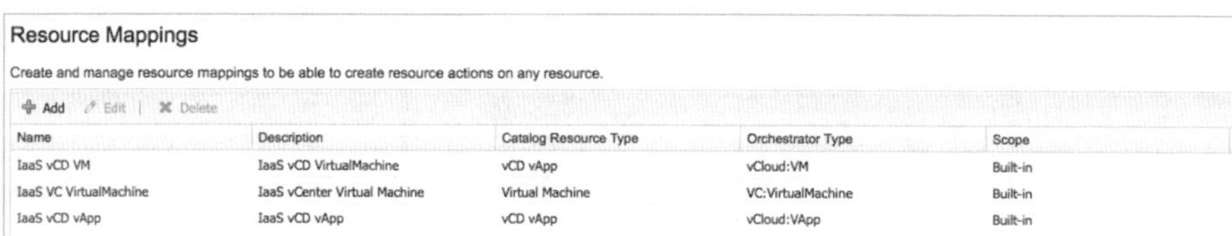
Resource Mappings

Create and manage resource mappings to be able to create resource actions on any resource.

Add Edit | Delete

Name	Description	Catalog Resource Type	Orchestrator Type	Scope
IaaS vCD VM	IaaS vCD VirtualMachine	vCD vApp	vCloud:VM	Built-in
IaaS VC VirtualMachine	IaaS vCenter Virtual Machine	Virtual Machine	VC:VirtualMachine	Built-in
IaaS vCD vApp	IaaS vCD vApp	vCD vApp	vCloud:VApp	Built-in

Abb. 13–4 *Custom Resources*

13.3.1 Anlegen von Custom Resources

1. Klicken Sie im Menü **Advanced Services** auf **Custom Resources**.
2. Klicken Sie auf das [+]-Symbol, um eine neue Custom Resource anzulegen.
3. Geben Sie anschließend im Feld **Orchestrator Type** den Wert **AD:User** ein. Dabei handelt es sich um den Orchestrator-Datentyp des Resource-Typs (siehe Abb. 13–5).
4. Vergeben Sie im Feld **Name** eine Bezeichnung für den Datentyp (z.B. **Active Directory User**).
5. Klicken Sie auf **Next**. Auf der nächsten Seite haben Sie die Möglichkeit, das Anzeigeformular-Feld für die Custom Resource zu ändern.
6. Klicken Sie auf **Add**, um den Vorgang abzuschließen.

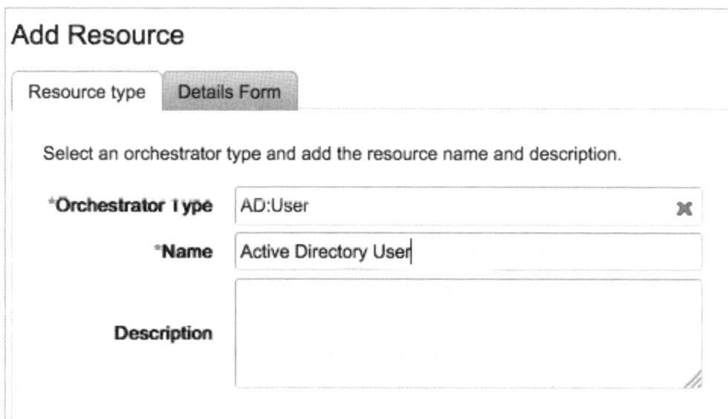

Abb. 13–5 *Anlegen einer Custom Resource*

13.3.2 Erzeugen von Service Blueprints

Als Nächstes kann der Service Blueprint angelegt werden. Gehen Sie dazu wie folgt vor:

1. Klicken Sie im Menü **Advanced Services** auf **Service Blueprints**.
2. Klicken Sie auf das [+]-Symbol, um einen neuen Service Blueprint anzulegen.
3. Erweitern Sie auf der nächsten Maske den Orchestrator-Ordner, und wechseln Sie anschließend in den Unterordner **Library > Microsoft > Active Directory > User**.
4. Wählen Sie den Workflow **Create a user with a password in an organizational unit**, und klicken Sie anschließend auf **Next** (siehe Abb. 13–6).
5. Auf der nächsten Seite sehen Sie den Namen und die Beschreibung für den Service. Ändern Sie diesen ggf. ab, und klicken Sie auf **Next**.

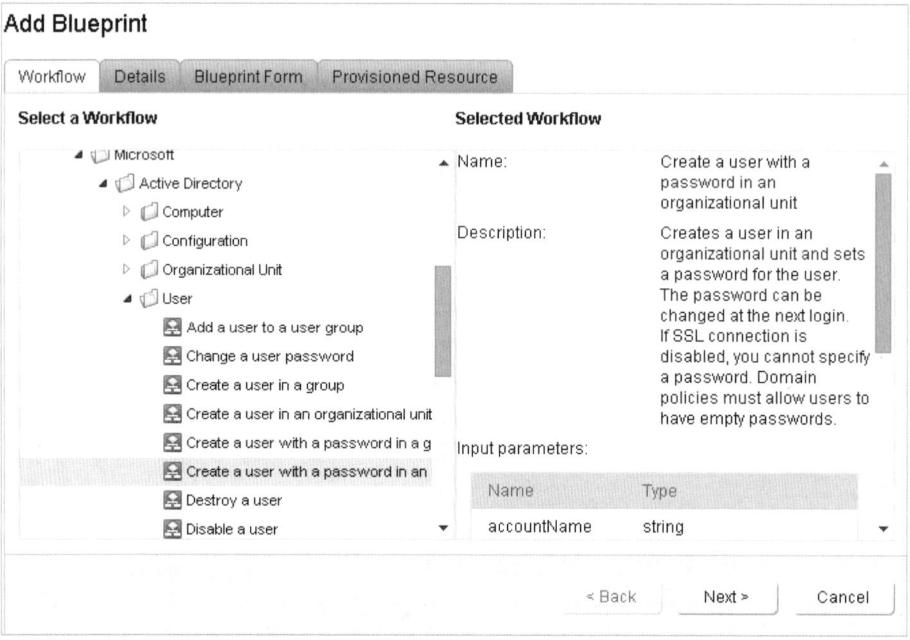

Abb. 13–6 *Auswählen des Orchestrator-Workflows*

6. Im nächsten Schritt des Assistenten haben Sie die Möglichkeit, das später anzuzeigende Dialogfeld zu ändern. Dabei werden automatisch die Input-Felder des Orchestrator-Workflows auf dem Dialogfeld platziert. Sie können jedoch die Anordnung, die Art und die Beschriftungen der Labels abändern. Darüber hinaus ist es auch möglich, neue Attribute hinzuzufügen, die zusätzlich mit den anderen Werten beim Request abgespeichert werden. Ändern Sie als Nächstes folgende Labels ab, indem Sie auf die entsprechenden Labels klicken (siehe Abb. 13–7):
   - **Choose OU:**
     Auswählen der Organisation
   - **ocContainer:**
     OU-Container
   - **account Name:**
     Name
   - **password:**
     Passwort
   - **confirmPassword:**
     Passwort bestätigen
   - **domain Name:**
     Domainname

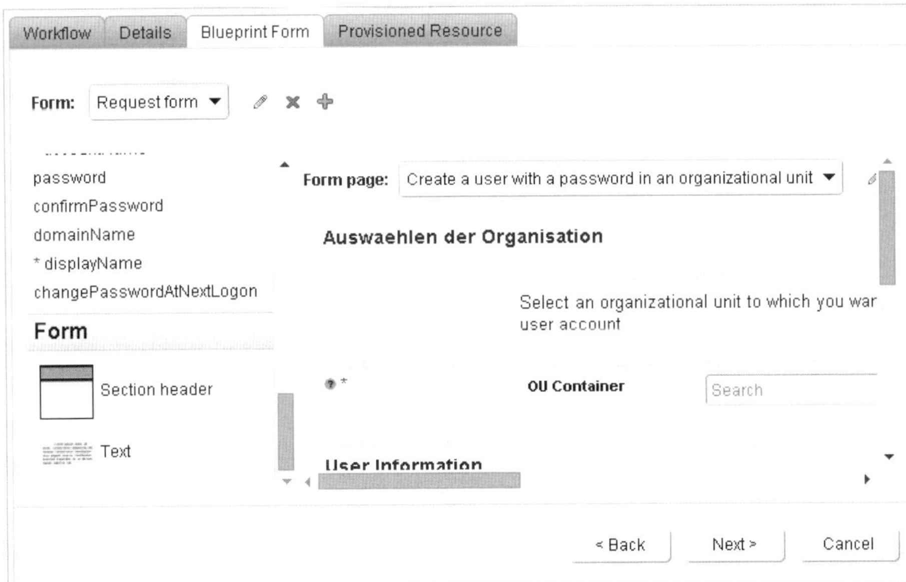

Abb. 13–7 *Anpassen des Layouts*

- **display Name:**
  Anzeigename
- **change PasswordAtNextLogon:**
  neues Passwort beim nächsten Login

Verschieben Sie als Nächstes die Felder:

- **Passwort bestätigen** in die gleiche Zeile wie **Passwort**
- **Anzeigename** in die gleiche Zeile wie **Name**

7. Fügen Sie dann aus dem Bereich **New fields** ein **Integer field** hinzu, und platzieren Sie es passend auf dem Dialogfeld. Vergeben Sie **kostenStelle** als ID und **Kostenstelle** als Label. Schließen Sie den Vorgang mit **Submit** ab (siehe Abb. 13–8).
8. Klicken Sie auf **Next.**
9. Im vierten Schritt des Dialogfelds geben Sie an, was mit dem Ergebnis des Workflows geschehen soll. Dieses soll an die Custom Resource gebunden werden, die in Abschnitt 13.3.1 erzeugt worden ist. Wählen Sie diese Custom Resource aus, und beenden Sie den Assistenten mit **Add.**
10. Damit der Service Blueprint im Service Catalog verfügbar ist, muss er noch veröffentlicht werden. Klicken Sie dazu auf den **Action**-Button in der entsprechenden Zeile, und wählen Sie den Eintrag **Publish** aus.

Die restlichen zu konfigurierenden Schritte dürften Ihnen bekannt sein: Der Service Blueprint muss anschließend noch in den Service Catalog aufgenommen werden. Darüber hinaus muss ein Entitlement mit den notwendigen Berechtigungen für die End-User konfiguriert werden.

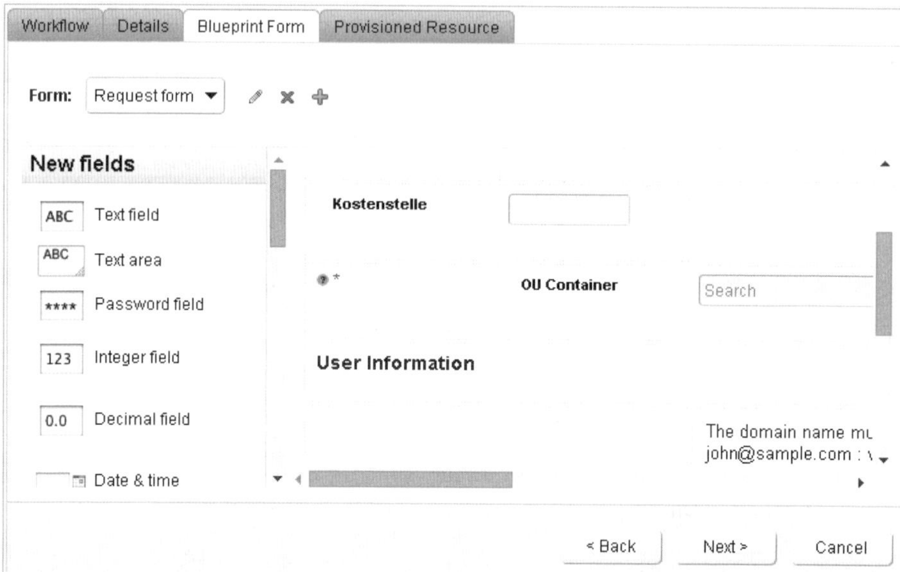

Abb. 13–8 *Hinzufügen eines weiteren Feldes*

13.3.3 Definition von Resource Actions

Die dritte Konfigurationsmöglichkeit innerhalb des Advanced Service Designer ist die Konfiguration von *Resource Actions*. In unserem Beispiel würde dies bedeuten, dass ein Benutzerkonto nach der Provisionierung wieder gelöscht bzw. deaktiviert werden könnte. Um dies zu realisieren, können die folgenden Schritte ausgeführt werden:

1. Klicken Sie im Advanced Service Designer auf das Menü **Resource Actions**.
2. Klicken Sie auf das [+]-Symbol, um eine neue Resource Action zu erzeugen.
3. Wählen Sie anschließend im Assistenten auf der ersten Registerkarte den Workflow **Orchestrator > Library > Microsoft > Active Directory > User > Destroy a User** aus, und klicken Sie auf **Next** (siehe Abb. 13–9).
4. Auf der nächsten Seite wird das Mapping für die Eingabeparameter des Orchestrator-Workflows angezeigt. Überprüfen Sie, ob der **Resource Type** den Wert **Active Directory User** hat und der Input-Parameter richtig gesetzt ist. Klicken Sie anschließend auf **Next**.
5. Ändern Sie ggf. den Namen der Action bzw. ihre Beschreibung ab, und fahren Sie mit **Next** fort.

6. Im letzten Formular sind keine Anpassungen notwendig. Klicken Sie daher auf den **Add**-Button, um den Assistenten zu beenden.
7. Klicken Sie im Warnungsfeld auf **OK**.
8. Veröffentlichen Sie zum Schluss die Resource Action, indem Sie im **Action**-Menü auf **Publish** klicken.

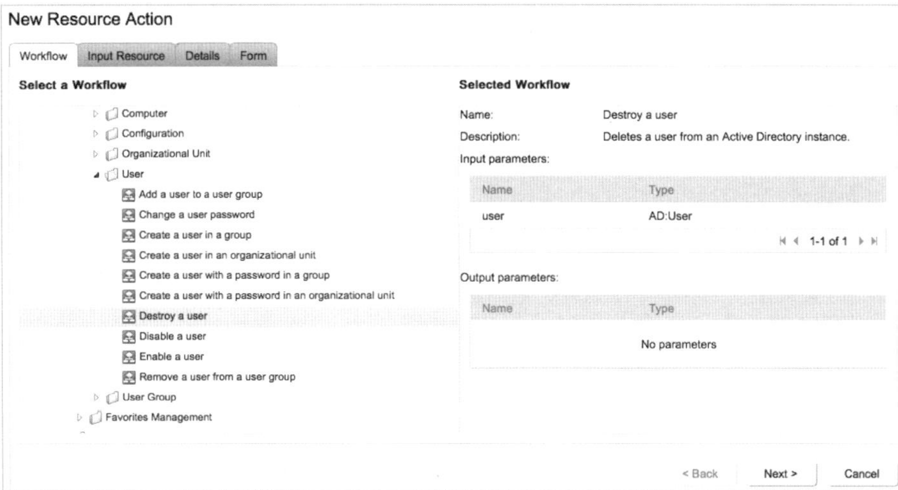

Abb. 13–9 *Auswählen eines Workflows für eine Resource Action*

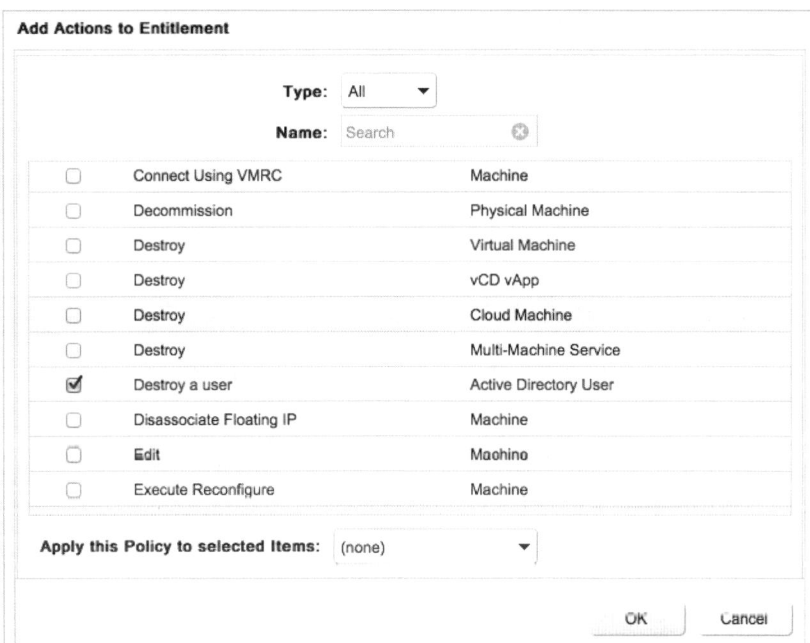

Abb. 13–10 *Berechtigungen für Resource Action*

Nachdem die Resource Action veröffentlicht worden ist, müssen Sie dafür sorgen, dass die entsprechenden Berechtigungen zum Löschen des Benutzers im Service Catalog vorliegen. Wechseln Sie folglich in das Menü **Administration > Catalog Management**, und öffnen Sie das Menü **Entitlement**. Dort haben Sie die Möglichkeit, Ihre vorhandenen Entitlements zu konfigurieren (siehe Abb. 13–10). Bearbeiten Sie Ihre ASD-Entitlements, und wechseln Sie anschließend auf die Registerkarte **Items & Approvals**. Dort haben Sie die Möglichkeit, die Resource Action hinzuzufügen.

Nach dieser Konfiguration ist es End-Usern möglich, das angelegte Active Directory-Konto wieder zu löschen. Dazu wechseln Sie im Service Catalog in das Menü **Items > Active Directory**. Dort finden Sie die provisionierten Benutzer. Sie können einen Benutzer löschen, indem Sie entweder den Workflow direkt aus dem Action-Menü ausführen bzw. indem Sie die Detailseite des Users aufrufen und anschließend den Workflow auswählen (siehe Abb. 13–11).

Abb. 13–11 *Ausführen einer Day-2-Operation*

13.3.4 Validierung der Eingabe

Bei der Bereitstellung von Formularen mit dem Advanced Service Designer ist neben der Layout-Behandlung auch das Überprüfen der Benutzereingabe wichtig. Zum einen erhöht dies den Benutzerkomfort, da der Endbenutzer dann weiß, welche Eingabe erwartet wird, zum anderen erhöht dies die Robustheit der Workflowausführung. Es versteht sich von selbst, dass ein Workflow mit falscher bzw. fehlerhafter Eingabe nicht erfolgreich ausgeführt werden kann. Besser ist es in solchen Fällen, eine Workflow-Ausführung erst dann zu starten, wenn alle Eingaben korrekt sind.

Default Fields

Der erste Schritt bei einer möglichen Überarbeitung eines Formulars besteht darin, passende User-Controls für die Eingabe zu verwenden. Dabei werden folgende Steuerelemente unterstützt:

- Text Field:
  einzeiliges Textfeld
- Text Area:
  mehrzeiliges Textfeld
- Password Field:
  einzeiliges Textfeld für die Passworteingabe
- Integer Field:
  Eingabefeld für eine Ganzzahl. Kann in einen Slider mit Minimal- und Maximalangaben verwandelt werden. Inkrement-Operationen werden ebenfalls unterstützt.
- Decimal-Field:
  Feld zur Speicherung eines Dezimalwertes (mit Nachkommastellen)
- Date & Time:
  Kalenderfeld
- Checkbox
- Yes/No:
  Dropdown-Feld zur Eingabe eines Wahrheitswerts
- Drop-down
- List
- Check box list
- Radio button group
- Search:
  Suchfeld mit Autovervollständigung zur Auswahl eines Objekts
- Tree:
  Baumdarstellung einer Hierarchie

Constraints

Darüber hinaus lassen sich die meisten Steuerelemente mit Constraints versehen, die mögliche Eingaben einschränken können:

- Required:
  Mit diesem Wert kann eingestellt werden, ob ein Feld optional oder verpflichtend ist. Dabei gelten folgende Untereinstellungen:

  - Constant:
    Die Einstellung **Required** gilt immer.
  - Field:
    Die Einstellung hängt von einem anderen Feld ab. So ist es beispielsweise möglich, eine Eingabe nur verpflichtend zu machen, falls woanders eine Checkbox gesetzt worden ist.
  - Conditional:
    Eingabe eines logischen Ausdrucks, der bestimmt, ob die Eingabe verpflichtend ist oder nicht.
- Read-Only:
  Der Wert kann nur gelesen werden.
- Value:
  Anzeige eines Wertes
  - Constant:
    Vorbelegung des Wertes auf eine Zahl
  - Field:
    Der Wert wird aus einem anderen Feld bezogen.
  - Conditional:
    Berechnung des Wertes aus einem Ausdruck
- Visible:
  Sichtbarkeit
- Minimum length:
  Minimallänge (für Texteingabe)
- Maximum length:
  Maximallänge (für Texteingabe)
- Minimum value:
  Minimalwert
- Maximum value:
  Maximalwert
- Increment:
  Definition eines Inkrementwertes, z. B. für Slider
- Minimum Count:
  Definiert, wie viele Elemente eines Controls mindestens ausgewählt sein müssen.
- Maximum Count:
  Definiert, wie viele Elemente eines Controls maximal ausgewählt sein dürfen.

Arbeiten mit dem Form Designer

Das Hinzufügen von Feldern haben wir Ihnen bereits gezeigt. Das Ändern eines Steuerelements für ein Feld ist auch leicht umzusetzen. Dazu klicken Sie im Form Designer auf das Stiftsymbol neben dem Feld (siehe Abb. 13–12).

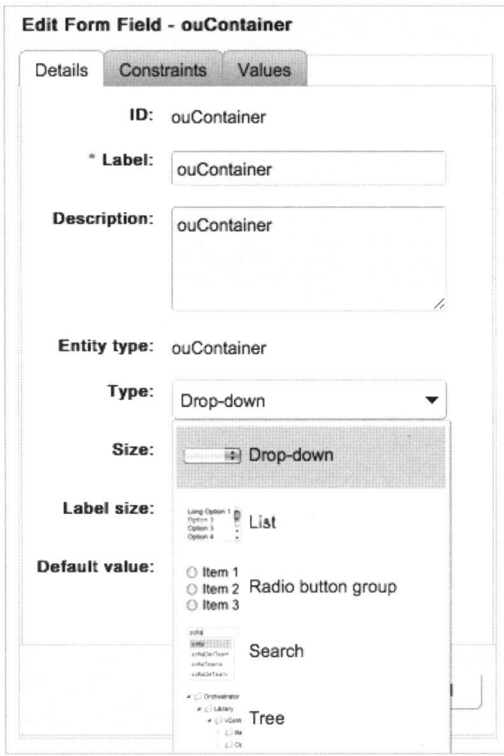

Abb. 13–12 Ändern eines Steuerelements

Das Setzen von Constraints ist auf der zweiten Registerkarte möglich (Abb. 13–13). Falls für ein Steuerelement eine Reihe von festen Eingabewerten definiert werden soll, kann dies auf der Registerkarte **Values** geschehen.

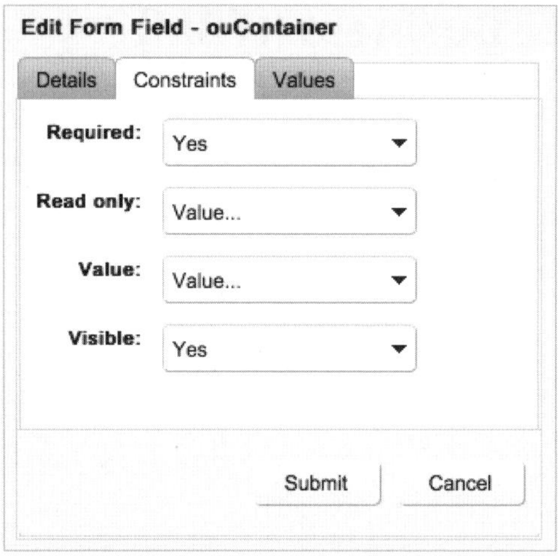

Abb. 13–13 *Setzen von Constraints*

13.4 Zusammenfassung

In diesem Kapitel haben wir den *Advanced Service Designer* (ASD) vorgestellt. Wir haben gezeigt, dass vor dem Arbeiten eine Reihe von Konfigurationen notwendig sind, da der ASD im Hintergrund mit Orchestrator interagiert. Diese Arbeiten müssen unabhängig davon ausgeführt werden, ob eventuell vorhandene Plug-Ins in Orchestrator bereits vorkonfiguriert worden sind.

Sobald dies geschehen ist, kann mit der Arbeit begonnen werden. Falls neue Ressourcen in den Service Catalog aufgenommen werden sollen, besteht der erste Schritt darin, eine entsprechende Custom Resource anzulegen. Daraufhin kann ein Service Blueprint erzeugt werden, dessen Ergebnis der Custom Resource zugewiesen werden kann. Sind Day-2-Operationen notwendig, können diese mit Resource Actions implementiert werden.

Um die Robustheit der Service Blueprints zu erhöhen, ist es auf alle Fälle ratsam, die richtigen Steuerelemente für die Eingabe zu verwenden und die Eingabe möglichst zu validieren. Dies haben wir im letzten Abschnitt des Kapitels gezeigt.

14 vRealize Business (ITBM)

Neben der technischen Bereitstellung von virtuellen Maschinen und Services ist es in größeren Umgebungen von zentraler Bedeutung, einen Überblick über die Finanzen zu erhalten. Für diesen Zweck existieren auf den Markt *IT Financial Management*-Tools (ITFM). Dabei steht Folgendes im Vordergrund:

- Die IT ist immer angehalten, *Kostentransparenz* zu gewährleisten und somit Ausgaben rechtfertigen zu können.
- Damit die anfallenden Kosten vergleichbar sind, ist ein *Kostenmodell* notwendig (wie z.B. TCO, ROI).
- Mithilfe der Daten kann der Preis für *anzubietende Services* berechnet werden.
- Nur wenn die anfallenden Kosten auch bekannt sind, ist es möglich, *Optimierungen* in der Kostenstruktur vorzunehmen.
- Unter *Demand Management* versteht man die Möglichkeit, festzustellen, durch wen (VMs, Business Groups etc.) die Ressourcen und Kosten verursacht werden.
- Oft müssen die Kosten auch aus *Compliance*-Gründen dargelegt werden.
- Zusätzlich sollte es möglich sein, die eigenen Kosten für VMs mit anderen Anbietern (z.B. Amazon AWS, Microsoft Azure) zu *vergleichen*.
- Die Kosten sollten darüber hinaus auch übersichtlich angezeigt werden. Dies kann mit *Berichten* und *Dashboards* gelingen.

Der globale Markt für ITFM-Tools ist weltweit noch relativ klein und beläuft sich auf ca. 250 Millionen Dollar[1]. VMware hat den Markt der ITFM-Tools im Jahr 2011 betreten und gehört mittlerweile zu den größten Anbietern. Für Cloud-Umgebungen bietet VMware die *ITBM Standard Edition* an (gebündelt mit *VMware vRealize Automation Advanced Edition*). Falls alle Funktionalitäten ausgenutzt werden sollen, ist die *ITBM Advanced* oder *Enterprise Edition* notwendig. Darüber hinaus bietet VMware auch eine SaaS-Lösung an. Die Umbenennung der vCloud-Automation-Produkte hat auch vor ITBM nicht haltgemacht. ITBM heißt seit Q4 2014 *VMware vRealize Business*.

1. *http://www.gartner.com/technology/reprints.do?id=1-212F7AL&ct=140909&st=sb*

In diesem Kapitel erläutern wir zuerst die Lizenzierung. Dann erläutern wir die Architektur und zeigen anschließend die Installation und Konfiguration. Abschließend gehen wir ausführlich auf die Benutzung von VMware vRealize Business ein.

14.1 Lizenzierung und Komponenten der IT Business Management Suite

Wie oben erwähnt, kann vRealize Business als *Standard*, *Advanced* oder *Enterprise Edition* lizenziert werden. Dabei unterscheiden sich die Features wie folgt:

Edition	Standard	Advanced	Enterprise
	■ Business Management for the Cloud ■ Showback von Kosten	■ Business Management for the Cloud ■ Showback von Kosten	■ Business Management for the Cloud ■ Showback von Kosten
		■ IT Financial Management ■ Chargeback-Funktionalität	■ IT Financial Management ■ Chargeback-Funktionalität
			■ Service Quality Management

Tab. 14–1 *vRealize-Business-Lizenzierung*

vRealize Automation beinhaltet dabei die Standard Edition. In dieser Edition steht die Analyse der bisherigen Kostenstruktur als Ganzes im Vordergrund. Leider ist in dieser Version nicht die Chargeback-Funktionalität enthalten, wie man sie aus vCloud Director her kennt.

Die Chargeback-Funktionalität wird ab der Advanced-Edition mitgeliefert. Chargeback ermöglicht eine granulare Berechnung von Kosten an Abteilungen, die nicht nur die Kosten der virtuellen Maschine, sondern auch umgelegte Kosten, wie Arbeitszeit etc., enthalten kann. Auch die Realisierung eines »Pay-As-You-Go«-Abrechnungsmodells, bei dem gegenüber Kunden jeden Tag die angefallenen Kosten abgerechnet und angezeigt werden können, ist damit möglich.

Die Enterprise Edition bietet darüber hinaus noch Service Quality Management, d.h. die Überwachung von Service Level Agreements SLAs.

14.2 Architektur

Wie viele andere Produkte von VMware auch wird vRealize Standard als virtuelle Appliance ausgeliefert. Diese basiert auf einem *SUSE SLES Enterprise Server* mit einer darin enthaltenen *vPostgres SQL Server*-Datenbank. Als Webserver kommt ein *Pivotal tc Server* (auf Tomcat basierend) zu Einsatz. Um überhaupt Kostenberechnungen durchführen zu können, muss ITBM an die Umgebung angebunden werden. Dies gelingt in Form von Kollektoren. Zum jetzigen

Zeitpunkt existieren Kollektoren für vCenter Server, vRealize Automation Center, vCloud Director, vCenter Operation Manager und Amazon Web Services. Um Kostenvergleiche mit anderen Cloud-Anbietern durchzuführen, benötigt vRealize Business Zugriff auf eine Referenz-Datenbank. Auch eine Kopplung an eine andere Edition von vRealize Business ist möglich (Advanced oder Enterprise Edition). Diese kann dazu dienen, ein effizientes Chargeback-Management bzw. SLA-Management durchzuführen. Abbildung 14–1 zeigt die beschriebene Architektur.

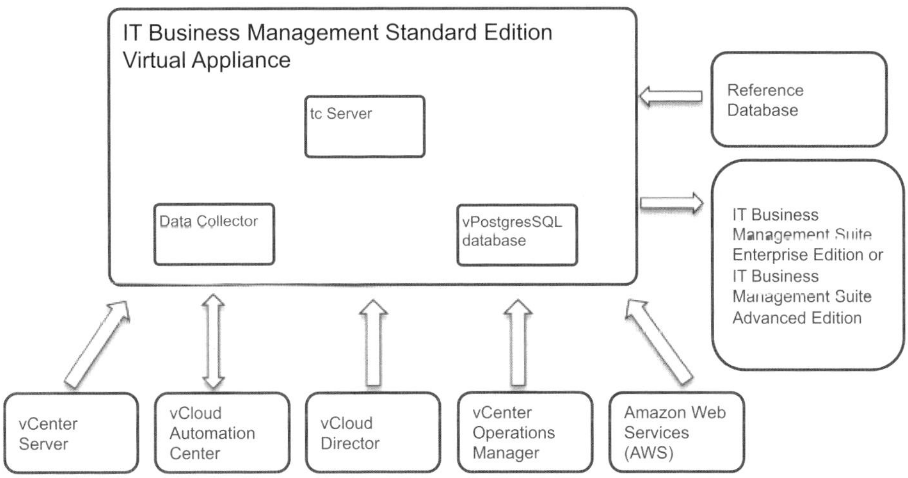

Abb. 14–1 *ITBM-Architektur*

14.3 Installation und Konfiguration

14.3.1 Voraussetzungen

Damit ITBM installiert werden kann, ist zuerst eine Reihe von Voraussetzungen zu erfüllen. Hardwaretechnisch werden dabei 50 GB Festplattenplatz, 4 GB Arbeitsspeicher und 2 vCPUs gefordert. Die Software selbst liegt als Appliance im .ova-Format vor

Darüber hinaus sind verschiedene Ports freizuschalten:

- 443:
  für die HTTPS-Verbindung des User-Interfaces
- 22:
  SSH-Zugang

- 5432:
  vPostgres-Datenbankinstanz (standardmäßig in der Appliance integriert)
- 5480:
  Web Console

14.3.2 Vorgehensweise für die Bereitstellung von ITBM

Für die Installation und Konfiguration sind verschiedene Schritte notwendig:

- Herunterladen und Deployen der ITBM-Appliance
- Konfiguration der Appliance und Anbindung an vRealize Automation
- Erstellen eines ITBM-Mandanten (optional)
- Konfiguration von ITBM

14.3.3 Herunterladen und Deployen der Architektur

Das Deployment der Appliance führen Sie so durch wie das Deployment der vRealize Automation Appliance bzw. der SSO-Appliance. Da wir die dazu notwendigen Schritte bereits in Kapitel 4 »*Installation*« ausführlich beschrieben haben, sollen diese hier nicht noch einmal erläutert werden.

14.3.4 Einstellen der Währung

Neben den üblichen `ova`-Einstellungen müssen Sie beim Deployen noch festlegen, welche Währung verwendet werden soll. Folgende Währungen werden unterstützt:

- Euro (EUR)
- US Dollar (USD)
- Britisches Pfund (GBP)
- Australischer Dollar (AUD)
- Kanadischer Dollar (CAD)
- Singapur-Dollar (SGD)
- Japanischer Yen (JPY)
- Indische Rupien (INR)
- Israelische Schekel (ILS)

14.3.5 Konfiguration der Appliance und Anbindung an vRealize Automation

Nachdem die Appliance gestartet worden ist, besteht der erste Schritt darin, sich mit der Appliance zu verbinden (URL: `https://<itbm.domain.name>:5480`).

Anschließend müssen Sie auf der Registerkarte **vCloud Automation Center** die Zugangsdaten zu vRealize Automation hinterlegen (siehe Abb. 14–2). Aktivieren Sie anschließend die Checkbox **Accept »vCloud Automation Center« certificate**, und klicken Sie auf **Register** (falls beim ersten Mal eine Fehlermeldung erscheint, wiederholen Sie bitte den Vorgang).

Wechseln Sie anschließend auf die Registerkarte **System**, und überprüfen Sie die Zeitzone sowie die Netzwerkeinstellungen unter **Network**. Ist dies erledigt, ist an dieser Stelle die Konfiguration schon fertig, und Sie können sich wieder von der Appliance abmelden.

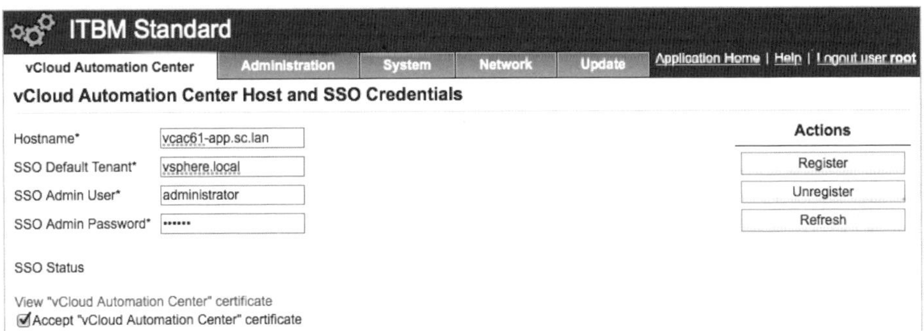

Abb. 14–2 *Anbindung von ITBM an vRealize Automation*

14.3.6 Erstellen eines ITBM-Mandanten

ITBM zeigt die Kostenstruktur innerhalb von vRealize Automation mandantenübergreifend. Aus diesem Grund wird empfohlen, ITBM nicht in einen bestehenden Mandanten zu integrieren. Vielmehr ist es besser, einen dedizierten Mandanten für ITBM einzurichten. Die dazu notwendigen Schritte wurden bereits in Kapitel 5 »*Design und Konfiguration von vRealize Automation*« ausführlich beschrieben, so dass hier nur eine kurze Zusammenfassung erfolgt:

- Zuerst müssen Sie sich als Systemadministrator am Default-Tenant anmelden (https://<vrealize-automation-appliance.domain.name>/vcac).
- Nun erzeugen Sie einen neuen Mandanten.
- Der Mandant muss an mindestens einen *Identity Store* angebunden werden.
- Bestimmen Sie den Tenant-Administrator und den Infastructure-Administrator.

Sobald dieser Schritt erledigt worden sind, können Sie sich wieder vom Standardmandanten abmelden und einen erneuten Login beim frisch erzeugten Tenant durchführen.

14.3.7 Konfiguration des ITBM-Mandanten

Hinzufügen der Rollen

Nachdem Sie sich als Tenant-Administrator am neuen Mandanten angemeldet haben, ist es zuerst notwendig, die notwendigen Business-Management-Rollen zuzuweisen, damit die Business-Management-Funktionalität auch über das Hauptmenü erreichbar ist. Dabei gibt es die Rollen *Business Manager Administrator* und *Business Management Readonly*. Während erstere Rolle für die Einrichtung benötigt wird, hat letztere nur lesenden Zugriff und eignet sich später zur Auswertung der Kostenstruktur.

Führen Sie folgende Schritte aus, um mit der Konfiguration fortzufahren:

1. Wechseln Sie dazu in das Menü **Administration > Users**, und geben Sie anschließend im Suchfeld den zu ändernden Benutzer ein.
2. Markieren Sie den zu ändernden User, und klicken Sie auf **Edit**.
3. Fügen Sie die Rollen wie beschrieben hinzu, und klicken Sie auf **Next**.
4. Klicken Sie auf **Next** und dann auf **Update**.

Nachdem Sie sich ausgeloggt und wieder eingeloggt haben, erscheint der Eintrag **Business Management** im Hauptmenü.

Einspielen der ITBM-Lizenzen

Im nächsten Schritt muss die ITBM-Lizenz eingespielt werden. Dies kann entweder über das Menü **Administration > Business Management** oder direkt über den Link **Business Management** erfolgen. Speichern Sie nach der Eingabe des Schlüssels Ihre Angaben mit **Save** ab.

Anbindung an vCenter Server

Damit vRealize Automation die Daten von vCenter Server, vCloud Director oder AWS abrufen kann, ist es notwendig, zu diesen Systemen eine Verbindung herzustellen. Im Folgenden zeigen wir dies exemplarisch mit vCenter Server:

1. Wechseln Sie in das Menü **Administration > Business Management**.
2. Erweitern Sie das Menü Manage Connections und dann Manage vCenter Server Connections.
3. Klicken Sie im Bereich **vCenter Server Connections** auf das [+]-Symbol.
4. Geben Sie die vCenter-Server-Zugangsdaten ein, und klicken Sie zum Abspeichern auf **Save** (siehe Abb. 14–3).

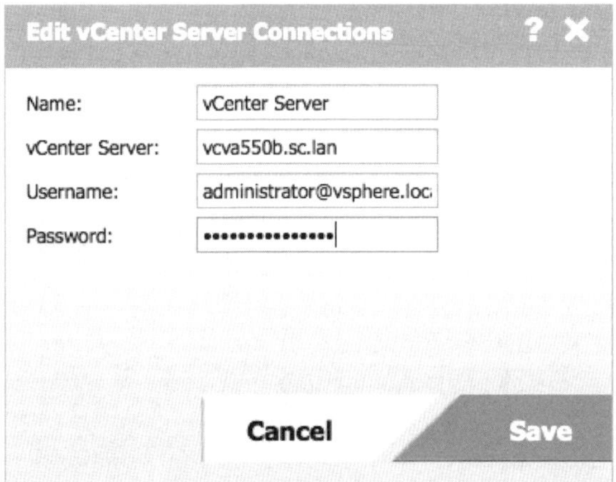

Abb. 14–3 *Hinzufügen einer vCenter-Server-Verbindung*

14.4 Benutzung des ITBM

Nachdem die Konfiguration abgeschlossen worden ist, können Sie mit der eigentlichen Auswertung beginnen. Dabei begrüßt ITBM Sie mit einem Überblicks-Dashboard (siehe Abb. 14–4).

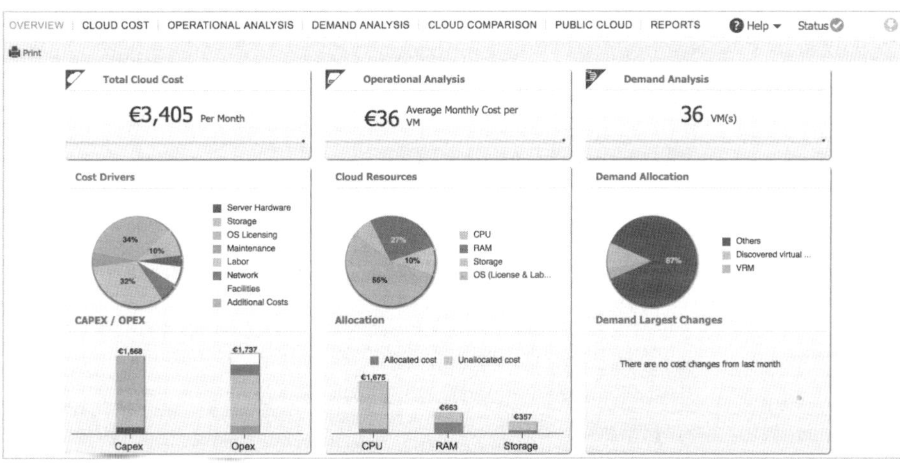

Abb. 14–4 *ITBM-Überblick*

Links auf dem Dashboard sehen Sie die **Total Cloud Cost**, die mit der *Total Cost of Ownership* (TCO) vergleichbar ist. Diese Gesamtkostenrechnung soll alle Kosten aufzeigen, die für die Indienststellung und im Betrieb anfallen. Dazu gehören die Kosten für Lieferantenauswahl, Einkauf, Nutzung, Wartung bis hin zur Aussonderung.

ITBM nimmt bei den Kosten eine Unterscheidung in *Capex* und *Opex* vor. Der betriebswirtschaftliche Begriff Capex steht für »CAPital EXpenditure« und meint die Investitionskosten, die benötigt werden, um ein Anlagegut in Betrieb zu nehmen. Unter Opex (»OPerational EXpenditure«) versteht man dagegen die Betriebskosten, die für das Anlagegut anfallen. Beide zusammen bilden die Total Cloud Cost.

Neben dem Überblick bietet ITBM folgende Einstellmöglichkeiten bzw. Funktionalitäten:

- Definition der Kosten (Cloud Cost)
- Überblick über die aktuelle Auslastung und Berechnung der Kosten (Operational Analysis)
- Anzeigen des Ressourcenverbrauchs und der Verursacher der Kosten (Demand Analysis)
- Vergleichsrechner Private Cloud/Public Cloud (Public Cloud)
- Kosten in der Public Cloud
- Berichtscenter (Reports)
- Diese Funktionen sollen im Folgenden detailliert erläutert werden.

14.4.1 Definition der Kosten

ITBM benutzt eine Referenzdatenbank, um ungefähre Kosten für die Installation und den Betrieb der Cloud-Lösung zu berechnen. Da diese Kosten jedoch von Firma zu Firma unterschiedlich und somit mit einer gewissen Unsicherheit verbunden sind, ist es möglich, die Kosten selbst zu definieren.

Kostenart	Beschreibung
Server Hardware	Zeigt die Hardwarekosten an. Dabei wird eine degressive Abschreibung über drei Jahre zur Ermittlung der Kosten ermittelt.
Storage	Der Speicher kann nach Storage-Typ bzw. -Profil berechnet werden.
OS Licencing	Lizenzierung des Betriebssystems
Maintenance	Kosten des täglichen Betriebs für Software und Hardware
Labor	Arbeitskosten für Server, virtuelle Infrastruktur und Betriebssystem
Network	Netzwerkkosten
Facilities	Kosten für Serverraum, Strom, Klimaanlage etc.
Other costs	Sonstige Kosten

Tab. 14–2 *Kostenarten*

Die verschiedenen Kostenarten sind in Tabelle 14–2 dargestellt. Dabei werden die aktuell anfallenden Kosten mittels Abschreibung ausgerechnet. Für die Berechnung steht sowohl die lineare als auch die degressive Abschreibungstechnik zur Verfügung. Dabei werden die tatsächlich anfallenden Kosten durch den größeren

Wert von beiden ermittelt. Abbildung 14–5 zeigt, wie die Kosten in ITBM definiert und geändert werden können.

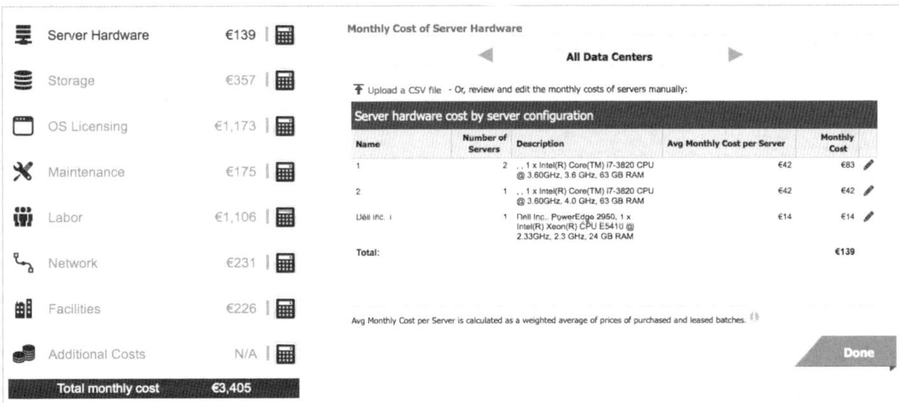

Abb. 14–5 *Ändern der Kosten*

Führen Sie die folgenden Schritte aus, um die Kosten zu editieren:

1. Klicken Sie im Menüpunkt **Cloud Cost** auf **Edit Cost.**
2. Wählen Sie die Kostenart aus, die Sie ändern wollen, und klicken Sie auf das Taschenrechnersymbol.
3. Wählen Sie die entsprechende Kostenquelle, und ändern Sie die Preise wie gewünscht ab.

14.4.2 Operational Analysis

Nachdem die anfallenden Kosten für Hardware, Speicher etc. definiert worden sind, können Sie damit anfangen, die Kosten auf die einzelnen virtuellen Maschinen umzulegen. Dies gelingt ITBM, indem es mithilfe der anfallenden monatlichen Kosten und der Server-Auslastung die Kosten pro GHz bzw. Speicher ausrechnet. Es versteht sich von selbst, dass diese Kosten davon abhängen, wie gut oder wie schlecht ein Serversystem ausgelastet ist. Falls beispielsweise auf einem neuen Server nur eine einzige virtuelle Maschine zum Einsatz kommt, werden die Gesamtkosten auf diese einzelne Maschine umgerechnet. Die Kosten sind somit deutlich höher, als wenn der Server vollständig ausgelastet ist.

Diese verschiedenen Werte für Hard- und Software werden dabei grafisch mit Zeitachse dargestellt und können eine Grundlage für die Überlegung sein, virtuelle Maschinen auf andere Serverhardware zu migrieren (siehe Abb. 14–6). Darüber hinaus werden auch die Gesamtkosten visualisiert.

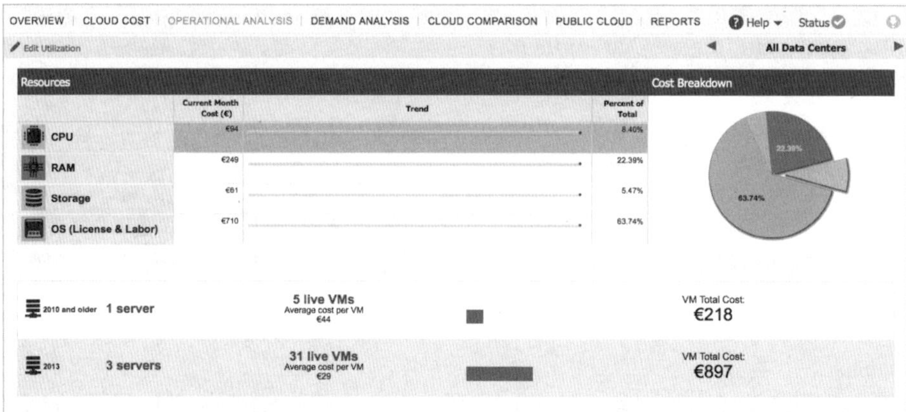

Abb. 14–6 *Operational Analysis*

14.4.2.1 Base Rate

Eine wichtige Größe innerhalb der Operational Analysis ist die sogenannte *Base Rate*. Mit dieser kann ausgerechnet werden, wie groß die erwähnten Kosten pro GHz bzw. GB Speicher sind.

Die Base Rate wird zusammen mit den direkten Kosten (z.B. Betriebssystem oder Arbeitskosten) den virtuellen Maschinen zugerechnet. Um die Base Rate zu ermitteln, bedarf es jedoch einiger Eingangswerte:

- Gesamtkosten
- Kapazität
- erwartete Auslastung
- Kosten durch Nichtauslastung

Die Auslastung kann dabei auf unterschiedliche Art und Weise ermittelt bzw. geändert werden:

- automatische Berechnung mittels historischer Daten aus den letzten drei Monaten (Standard)
- mit einem globalen Wert (für alle Cluster gültig)
- mit einem Cluster-Wert (pro Cluster definiert)

Um die Berechnung der Base Rates einzusehen, müssen Sie auf der Seite **Operational Analysis** dem Link **Edit Utilization** folgen (siehe Abb. 14–7).

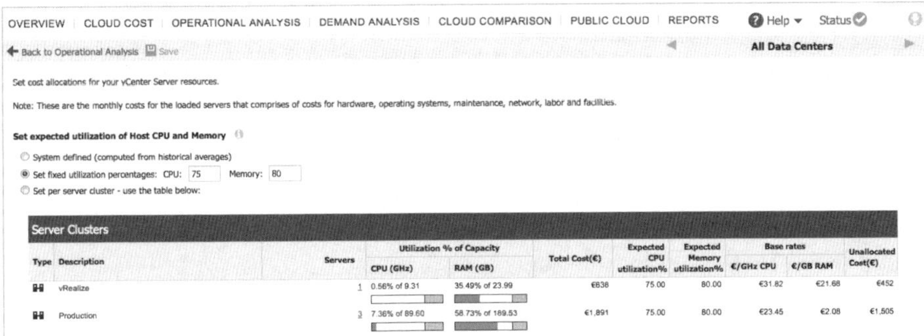

Abb. 14–7 *Berechnung der Base Rates*

Setzen des Wertes pro Server Cluster

Falls Sie die Auslastung nicht global definieren wollen, sondern pro Server-Cluster festlegen möchten, können Sie wie folgt vorgehen:

1. Klicken Sie bei **Set expected utilization of Host CPU and Memory** auf **Set per server cluster.**
2. Setzen Sie die CPU- bzw. Speicher-Werte wie gewünscht.

Automatische Berechnung

ITBM kann mittels der berechneten Gesamtkosten und der Hardwarekapazität für jeden Cluster eine Base Rate berechnen. Dabei wird wie folgt vorgegangen:

1. Zuerst wird aus allen Cost Drivers die Höhe der Gesamtkosten berechnet (siehe Abb. 14–7). Anschließend werden die Gesamtkosten prozentual in CPU und Speicherkosten umgelegt. (In der Regel sind dies ca. 80 % CPU und 20 % Speicher – die genaue Verteilung ist aber vom Servermodell abhängig.)
2. Anschließend kann die *CPU Base Rate* berechnet werden. Dabei werden die CPU-Kosten (aus Schritt 1) durch die Gesamt-GHz-Zahl des Clusters dividiert. Das Ergebnis wird anschließend mit der erwarteten CPU-Auslastung multipliziert (*Expected CPU utilization*).
3. Die Berechnung der Speicher-Base-Rate erfolgt analog wie in Schritt 2.

Sobald die Base Rates ausgerechnet worden sind, kann ITBM berechnen, welche Kosten durch die Nichtauslastung anfallen (siehe die Spalte **Unallocated costs**).

Überschreiben der Cost Profiles

Sobald die Dateneingabe in ITBM abgeschlossen ist, besteht kein Bedarf mehr, die Kosten durch Cost Profiles manuell zu verwalten. Damit dies gelingt, müssen Sie zuerst überprüfen, dass die Kostenzuweisung automatisch durch ITBM erfolgt:

1. Wechseln Sie in das Menü **Administration > Business Management**, und aktivieren Sie die Option **Pricing**.
2. Aktivieren Sie die erste Option, um die Kostenberechnung mit ITBM zu aktivieren (siehe Abb. 14–8).

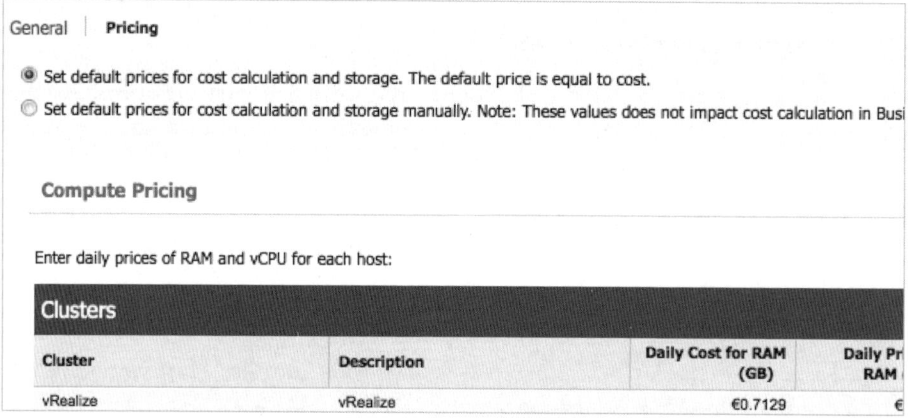

Abb. 14–8 *Aktivieren der ITBM-Bepreisung*

Als Nächstes ist es notwendig, die errechneten Kosten den einzelnen Compute Resources zuzuordnen. Dies kann auf der Seite **Infrastructure > Compute Resources > Compute Resources** erfolgen. In der Headerzeile der Ressourcentabelle müssen Sie auf den Button **Update Costs** klicken. Klicken Sie anschließend auf dem Dialogfeld **Confirm Update Costs** auf **OK**, um die ITBM-Preise zu übernehmen.

Nun ist es möglich, die geänderten Preise zu betrachten. Wählen Sie dazu die entsprechende Compute Resource, und klicken Sie auf **Edit**. Auf der Registerkarte **Configuration** sehen Sie die geänderten Werte (siehe Abb. 14–9).

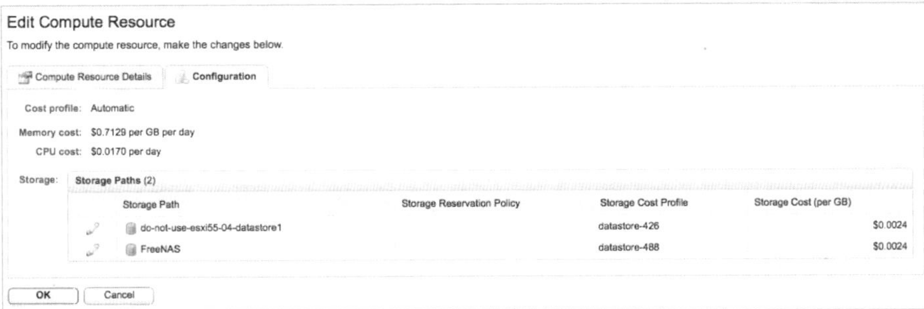

Abb. 14–9 *Änderung der Preise in den Compute Resources*

14.4.3 Demand Analysis (Cost Showback)

Mithilfe der Demand Analysis finden Sie heraus, durch wen die einzelnen Ressourcen verbraucht werden, welche Kosten damit verbunden sind und für welche Zwecke die Ressourcen eingesetzt werden. Dieses Feature wird oft auch als *Cost Showback* bezeichnet. Dabei können die folgenden Informationen angezeigt werden (siehe Abb. 14–10):

- Konsument
- Gesamtkosten
- Anzahl der virtuellen Maschinen
- CPU-Kosten
- RAM-Kosten
- Speicherkosten

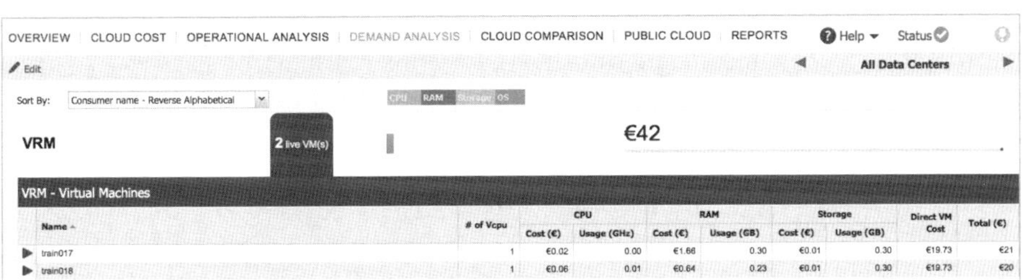

Abb. 14–10 *Demand Analysis*

Zusätzlich ist es möglich, die angezeigte Liste nach Kategorien zu gruppieren. Dafür stehen drei verschiedene Gruppierungshierarchien bereit:

- vCenter Server-Hierarchie (Standard)
- vRealize-Automation-Kategorisierung (**Tenant > Business Group > Blueprint**)
- benutzerdefinierte Zuordnung von virtuellen Maschinen zu Kunden und Projekten mittels CSV-Upload

14.4.4 Cloud Comparision

Im Menüpunkt **Cloud Comparision** ist es möglich, Kostenvergleiche zwischen der privaten und der Public Cloud zu ziehen. Dabei werden Amazon AWS, Microsoft Azure sowie VMware Hybrid Services unterstützt (siehe Abb. 14–11).

ITBM verwendet dazu aktuelle Preise von Amazon und Microsoft, die regelmäßig mithilfe der Referenzdatenbank aktualisiert werden. Dabei gehen VM-Preise, Storage-Preise und OS-Preise in die Berechnung mit ein (anfallende Netzwerkkosten werden jedoch außen vor gelassen).

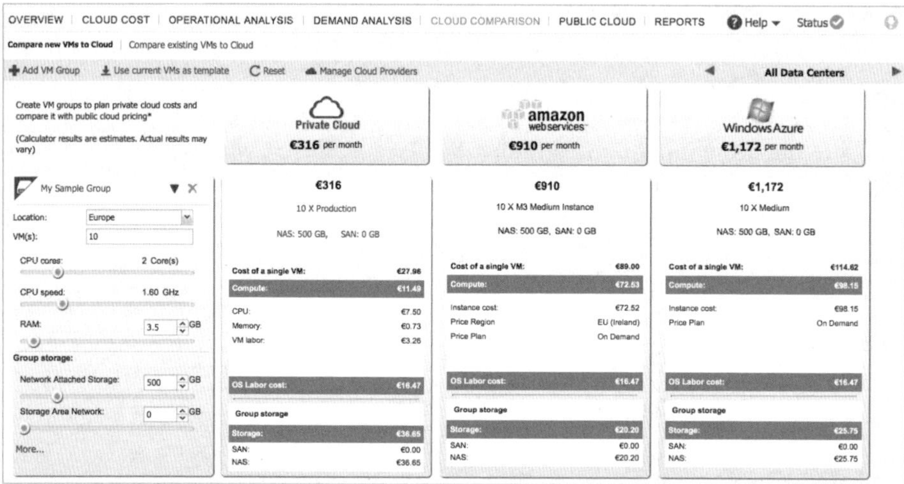

Abb. 14–11 *Cloud Comparision*

Wie in Abbildung 14–11 ersichtlich, ist es dabei möglich, an den gewünschten Hardwareanforderungen Änderungen vorzunehmen und dann die Preise zu aktualisieren. Zusätzlich ist es möglich, einen Preisvergleich für eine existierende virtuelle Maschine vorzunehmen.

14.4.5 Reports

Der letzte Menüpunkt, den wir vorstellen wollen, heißt **Reports**. Reports helfen Unternehmen, die bisherige Kostenstruktur zu überprüfen bzw. zu optimieren. Darüber hinaus ist es möglich, die gesammelten Daten zu exportieren und in anderen Tools weiterzuverarbeiten. Dabei können die Daten zu folgenden Systemen angezeigt und ausgewertet werden:

- vCenter Server
- vCloud Director
- vRealize Automation Center
- Public-Cloud-Anbieter
- Die grafische Benutzeroberfläche der Reports sehen Sie in Abbildung 14–12.

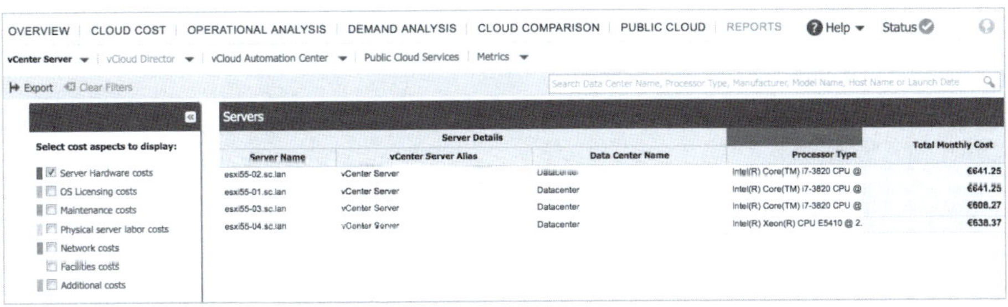

Abb. 14–12 *ITBM-Reports*

14.5 Zusammenfassung

In diesem Kapitel haben wir das ITBM-Tool von vRealize Automation vorgestellt. Lizenztechnisch benötigt dieses die Advanced Edition. Es wird als eigenständige virtuelle Appliance ausgeliefert und muss als solche erst konfiguriert und in vRealize Automation integriert werden. Ist dies geschehen, können alle anfallenden Kosten der Serverinfrastruktur durch ITBM angezeigt und verwaltet werden. Eine besondere Stärke des Tools ist die große Anzahl an vorgegebenen Metriken und Referenzkosten, die in einer Datenbank gespeichert und regelmäßig aktualisiert werden. Sind die Kosten alle erfasst, können die bisher in vRealize Automation definierten Kosten überschrieben werden. Darüber hinaus bietet ITBM eine Showback-Funktion an, mit der gezeigt werden kann, durch wen im Unternehmen die anfallenden Kosten verursacht werden. Auch ist es möglich, ITBM-Daten zu exportieren und anderen Tools zur Verfügung zu stellen.

15 Zusammenfassung und Ausblick

Für Kunden, die auf VMware-Technologien setzen, stellt die vRealize-Suite das Produkt dar, mit dem eine Cloud-Umgebung implementiert werden kann. Als Cloud Management Platform positioniert, stellt vRealize Automation die zentrale Komponente dieser Suite dar, die jedoch nicht nur VMware-Umgebungen, sondern auch heterogene Cloud-Umgebungen verwalten kann. Neben der Bereitstellung von IaaS-Diensten werden auch XaaS- und PaaS-Dienste über ein Self-Service Portal verfügbar gemacht.

Zum jetzigen Zeitpunkt (Anfang 2015) ist der Markt für Cloud-Management-Plattformen noch relativ jung. Es ist zu erwarten, dass vRealize Automation in den nächsten Jahren sukzessive um weitere Cloud-Dienste erweitert wird. Wie beschrieben zeichnet sich vRealize Automation momentan vor allem durch folgende Funktionalitäten und Eigenschaften aus:

- Self-Service Portal und Service Catalog
- eine breite Unterstützung von Hypervisoren und Cloud-Anbietern
- Provisionierung von Rechnerverbünden und Netzwerken (Integration in NSX)
- Lebenszyklusverwaltung von Rechnern und Diensten
- Mandantenfähigkeit
- Bereitstellung von XaaS-Diensten
- Financial Management durch die Anbindung von vRealize Business
- Application Services mit Integration von Puppet
- Reclamation-Workflows

Die Version 6.2 bringt darüber hinaus weitere Änderungen mit sich. So wird die Integration von vRealize Operations (vormals vCloud Operations) verstärkt. Damit ist es möglich, detailliertere Informationen über nicht ausgelastete virtuelle Maschinen zu erhalten und diese bei Bedarf wieder freizugeben. Auch ist es möglich, den Health-Status einer virtuellen Umgebung anzuzeigen.

Um wiederkehrende Aufgaben in vRealize Automation schneller erledigen zu können, soll auch ein *Command-Line Interface* (CLI) bereitgestellt werden. Aber es kann nicht nur mit dem CLI gearbeitet werden. Auch eine REST-API, ein Java-

SDK und Orchestrator-Plug-In sind verfügbar. Dies dient dazu, VMware in bestehende Umgebungen zu integrieren, ohne dass der manuelle Umweg über die grafische Benutzeroberfläche des Self-Service Portal genommen werden muss.

Auch die Endpunkte werden erweitert. Neben der Unterstützung von vSphere 6 betrifft dies vor allem Xen Desktop 7 und vCloud Air.

Um die Zahlungsabwicklung für Provider zu vereinfachen, wird zudem eine »Pay as you go«-Unterstützung integriert.

vRealize Automation beinhaltet bereits eine *Platform as a Service* (PaaS) in Form der Application Services. Diese ermöglicht es, auf einfache Art in abstrakter Weise Software-Stacks zu konfigurieren, diese Stacks virtuellen Maschinen zuzuweisen und auf diesen zu installieren. Derartige Software-Stacks können einfach mittels Drag & Drop erstellt werden. Intern basieren die Application-Services in hohem Maße auf dem Konfigurationstool *Puppet*, mit dem VMware im Jahre 2013 eine enge Zusammenarbeit beschlossen hat.

Die EMC-Tochter Pivotal bietet seit geraumer Zeit auch eine PaaS mit dem Namen *Cloudfoundry* an. Diese PaaS ist aber in erster Linie nicht für Administratoren entwickelt worden, sondern unterstützt das schnelle Deployen von Services und Applikationen im Bereich des DevOps. Auch hier ist eine Integration in vRealize Automation vorgesehen.

Neben diesen Features dürften in Zukunft noch etliche weitere folgen. Vonseiten VMwares dürfte höchstwahrscheinlich eine Integration der View-Produkte bzw. die Bereitstellung von *Storage as a Service* folgen. Auch das Verfügbarmachen von Objektspeicher (ähnlich wie Amazon S3) dürfte bald auf der Agenda stehen. Gerüchteweise arbeitet VMware auch schon daran, *Recovery as a Service* anzubieten, um virtuelle Maschinen im Fehlerfall wieder über die grafische Oberfläche zurücksetzen zu können.

Insgesamt versucht VMware, vRealize Automation auf diese Art und Weise um möglichst viele Services zu erweitern. Dies kann VMware natürlich nicht allein schaffen, sondern ist vielmehr auf Drittanbieter angewiesen. Mit dem *Orchestrator*-Plug-In und dem *Advanced Service Designer* gibt es bereits jetzt viele Möglichkeiten, zusätzliche Services in das Self-Service Portal einzubinden – viele weitere werden wohl folgen.

Index